"十四五"职业教育国家规划教材

液压与气动技术

(第六版)

朱 梅 宋志刚 朱光力 编著

U0277512

西安电子科技大学出版社

内 容 简 介

　　本书是根据高等职业教育的教学要求而编写的，全书包括液压传动和气动技术两部分内容，共分为14章，第1～6章为液压传动，第7～14章为气动技术。本书主要论述了液压与气动的流体力学基础知识，液压、气动元件的工作原理、结构特点及选用方法，液压、气动基本回路和典型系统的组成与分析，液压、气动程序控制回路和电气控制液压与气动回路的设计方法，可编程控制器的应用等。

　　本书在编写过程中，突出理论联系实际，加强针对性和实用性，注重引入新的技术内容，且在编写理念上力求章节层次清楚，内容简洁明了、通俗易懂。

　　本书内容反映当前液压与气动技术的工程应用状况，配有大量的工业应用图例及微课视频，适合作为高等职业教育的教材，同时也适合企业工程技术人员学习和参考。

图书在版编目(CIP)数据

液压与气动技术/朱梅，宋志刚，朱光力编著. --6 版. --西安：西安电子科技大学出版社，2023.9(2024.11 重印)

ISBN 978 - 7 - 5606 - 7012 - 6

Ⅰ. ①液… Ⅱ. ①朱… ②宋… ③朱… Ⅲ. ①液压传动 ②气压传动 Ⅳ. ①TH137 ②TH138

中国国家版本馆 CIP 数据核字(2023)第 152455 号

责任编辑　陈　婷

出版发行　西安电子科技大学出版社(西安市太白南路 2 号)

电　　话　(029)88202421　88201467　　　邮　编　710071

网　　址　www.xduph.com　　　　　　　电子邮箱　xdupfxb001@163.com

经　　销　新华书店

印刷单位　西安创维印务有限公司

版　　次　2023 年 9 月第 6 版　　　　2024 年 11 月第 3 次印刷

开　　本　787 毫米×1092 毫米　　　1/16　印张 17

字　　数　397 千字

定　　价　40.00 元

ISBN 978 - 7 - 5606 - 7012 - 6

XDUP 7314006 - 3

前言

PREFACE

本书是根据高等职业教育机电一体化技术、工业机器人技术等机电类相关专业人才培养目标，结合智能制造领域相关行业的岗位群要求编写的。本书自出版以来深受读者欢迎，已重印 20 次。为适应工业 4.0 和中国制造 2025 的发展路径要求，本次修订结合党的二十大精神，以培养造就大批德才兼备的高素质人才为目标，以社会主义核心价值观为引领，按照工程技术员职责以及新时代职业教育思想，将科学文化素质、职业素养、严谨求实的科学态度以及精益求精的工匠精神以润物细无声的方式融入教材中，全面提升学生的创新能力以及协作互助和协同管理等能力，满足液压与气动技术发展和教学需要。

本书在修订过程中，认真总结《液压与气动技术（第五版）》使用过程中存在的问题，修改了部分图例，对部分内容进行了精简和调整。在第 3 章、第 5 章、第 12 章和第 13 章各增加了工业实践应用项目。

编者利用本课程多年建设国家精品课程、国家精品资源共享课、国家职业教育机电一体化技术专业教学资源库子课程以及精品在线开放课程积累的数字化资源，将本书打造成新形态的立体化教材，即在每个章节的关键知识点增加了教学视频、微课、动画、彩色原理图等资源，增加了参考答案和常见问题解答（通过扫描相应位置的二维码即可获得），方便教师灵活组织教学活动，有利于学生学习。

全书包括液压传动和气动技术两篇，共分 14 章。第 1~6 章为液压传动篇，主要内容包括液压传动基础、液压动力元件、液压执行元件及辅助元件、液压控制元件、液压基本回路、典型液压系统；第 7~14 章为气动技术篇，主要内容包括气动技术概述、气源装置及压缩空气净化系统、气动执行元件、气动控制元件、真空元件、气动程序控制系统、电气气动控制系统、可编程控制器的应用。书末附录中的元件图形符号全部采用国家标准 GB/T786.1—2021 及 ISO1219-1：2012 标准。

本课程教学学时数建议为 64 学时，可通过"学银在线"的在线开放课程进行学习或教学参考，网址为 https://www. xueyinonline. com/detail/232884868，也可加入"智慧职教 MOOC 学院"在线开放课程进行学习或教学参考，网址为 https://mooc. icve. com. cn/cms/courseDetails/index. htm? cid＝yyyszz044szg681（或者输入网址 https://mooc. icve. com. cn，在右上角搜索栏输入"液压与气动技术"，找到该课程）。本课程在上述两个平台进行周期性开课，学员根据进度进行学习，学习综合成绩达到 60 分可获得平台颁发的课程证书。任课教师可在上述在线开放课程的基础上开展线上线下混合式 SPOC 教学，各院校也可根据实际情况灵活选择和安排教学内容。

本书第六版由宋志刚、朱梅负责修订。在修订过程中，德国费斯托（中国）有限公司提供了相关技术资料和图片，在此深表感谢！

虽然我们对全书进行了认真的审读和修改，但书中难免有不妥之处，恳请广大读者指正。联系邮箱：522628442@qq. com。

编　者

2023 年 6 月

第 一 版 前 言

培养实用型和技能型人才已成为目前我国高等职业技术教育和高等专科教育的发展方向，因此，对相关教材的实用性和新颖性就提出了较高的要求，即教材的内容要易懂、实用，能反映当今先进企业的生产和技术应用状况及发展脉络，要有利于学生应用技能的培养。本书正是基于这种理念编写的。

本书作者长期在企业及高等院校从事液压与气动技术的实际应用工作和教学科研工作，先后在意大利、新加坡等国家的公司、职业技术培训机构、院校进行过长期的学习与技术交流，曾在深圳外资企业从事自动生产线技术改造工作多年，并作为职业技术教师从教近 10 年，熟知工业发达国家和地区的职业技术教育状况和当今企业液压与气动技术的应用情况及企业的实际需求。本书就是作者根据自己在企业的实际工作经验及教学体验，并综合国内外职业技术教育的需求及著名专业厂商的资料编写的。

全书包括液压传动和气动技术两部分内容，共分为 15 章，第 1~7 章为液压传动，第 8~15 章为气动技术。本书主要论述了液压与气动的流体力学基础知识；液压、气动元件的工作原理、结构特点及选用方法；液压、气动基本回路和典型系统的组成与分析；液压、气动程序控制回路和电气控制液压与气动回路的设计方法；可编程控制器的应用等内容。

本书有如下特点：

（1）内容新颖。本书以当前广泛应用并代表发展趋势的液压与气动新技术为背景，取材新颖实用，在综合总结当今国外职业技术教育经验的前提下，力求符合我国高等职业技术教育的教学特点。

（2）内容适度、易懂。在内容取舍上，基础理论以必需和够用为度，力求简单实用。全书配有大量工业应用图例，有一些为立体图形，学生易学、易懂。

（3）应用性强。为加强学生实际应用技能的培养，本书着重强调元件的应用及回路的设计方法，一些举例为作者在外资企业工作的实例，符合当今沿海外资企业生产自动线、专用设备上所使用的液压与气动技术的实际情况。

（4）编写体系新。为适应企业界对机电一体化人才的需求情况，根据当今自动化技术发展的现状，本书在气动技术部分投入了较大篇幅，并增加了液压、气动回路的电气控制设计和可编程控制器的应用及各系统的接口部分，从而较好地体现了当今自动化技术的系统工程理念。

本书可作为高等职业技术学院、高等专科院校、职工大学、成人教育学院、夜大、函授大学等大专层次的机电类及机械类专业的教学用书，同时可供工程技术人员参考。

全书由深圳职业技术学院教师朱梅、朱光力编著。其中第一篇(第1～7章)由朱光力编著，第二篇(第8～15章)由朱梅编著。全书的校对工作由深圳职业技术学院教师钟健、刘小平完成。

在本书的编写过程中，德国FESTO中国有限公司提供了一些编写建议和技术资料，在此深表感谢！

由于编者水平有限，书中不足之处在所难免，恳请广大读者批评指正。

编　者

2004年3月于深圳

目 录

CONTENTS

第一篇 液 压 传 动

第1章 液压传动基础 …………………… 2
1.1 液压传动的基本概念 …………… 2
1.2 液压系统的组成 ………………… 3
1.3 液压传动的优缺点 ……………… 3
1.4 液压传动基本理论 ……………… 4
1.4.1 液体静压力 ………………… 4
1.4.2 液体静压力的基本方程 …… 4
1.4.3 绝对压力、表压力及真空度 … 5
1.4.4 帕斯卡原理 ………………… 6
1.4.5 连续性方程 ………………… 6
1.4.6 伯努利方程 ………………… 7
1.4.7 薄壁小孔与阻流管 ………… 8
1.4.8 液体流动中的压力和流量的
　　　损失 ……………………… 9
1.4.9 液压冲击和空穴现象 ……… 9
1.5 液压油 …………………………… 10
1.5.1 液压油的用途 ……………… 10
1.5.2 液压油的种类 ……………… 10
1.5.3 液压油的性质 ……………… 11
1.5.4 液压油的选用 ……………… 12
1.5.5 液压油的污染与保养 ……… 12
思考题与习题 ……………………… 13

第2章 液压动力元件 ………………… 15
2.1 液压泵的工作原理 ……………… 15
2.2 液压泵的主要性能和参数 ……… 15
2.3 液压泵的结构 …………………… 17
2.3.1 齿轮泵 ……………………… 17
2.3.2 螺杆泵 ……………………… 18

2.3.3 叶片泵 ……………………… 19
2.3.4 柱塞泵 ……………………… 20
2.3.5 液压泵的职能符号 ………… 21
2.3.6 常用泵的性能 ……………… 22
2.4 液压泵与电动机参数的选择 …… 22
2.4.1 液压泵大小的选择 ………… 22
2.4.2 电动机参数的选择 ………… 23
2.4.3 计算举例 …………………… 23
思考题与习题 ……………………… 24

第3章 液压执行元件及辅助元件 …… 26
3.1 液压缸 …………………………… 26
3.1.1 液压缸分类 ………………… 26
3.1.2 液压缸结构 ………………… 26
3.1.3 液压缸的参数计算 ………… 27
3.1.4 其他液压缸 ………………… 29
3.2 液压马达 ………………………… 31
3.2.1 液压马达分类及特点 ……… 31
3.2.2 液压马达职能符号 ………… 31
3.2.3 液压马达的参数计算 ……… 32
3.3 液压辅助元件 …………………… 32
3.3.1 油箱 ………………………… 32
3.3.2 滤油器 ……………………… 34
3.3.3 空气滤清器 ………………… 36
3.3.4 油冷却器 …………………… 37
3.3.5 蓄能器 ……………………… 39
3.3.6 油管与管接头 ……………… 41
3.4 工业实践项目：长柄勺汲取装置 …… 42
思考题与习题 ……………………… 43

第4章　液压控制元件 ·············· 45
4.1　方向控制阀 ·············· 45
 4.1.1　单向阀 ·············· 45
 4.1.2　换向阀 ·············· 45
4.2　压力控制阀及其应用 ·············· 51
 4.2.1　溢流阀及其应用 ·············· 52
 4.2.2　减压阀及其应用 ·············· 54
 4.2.3　顺序阀及其应用 ·············· 57
 4.2.4　增压器及其应用 ·············· 58
 4.2.5　压力继电器 ·············· 58
4.3　流量控制阀及其应用 ·············· 59
 4.3.1　速度控制的概念 ·············· 59
 4.3.2　节流阀 ·············· 60
 4.3.3　调速阀 ·············· 62
 4.3.4　基本的速度控制回路 ·············· 63
 4.3.5　行程减速阀及其应用 ·············· 64
 4.3.6　比例式流量阀 ·············· 65
4.4　叠加阀 ·············· 65
 4.4.1　叠加阀的构造 ·············· 66
 4.4.2　叠加阀用基座板的构造 ·············· 69
 4.4.3　叠加阀的回路 ·············· 69
4.5　插装阀 ·············· 71
 4.5.1　插装阀的结构 ·············· 72
 4.5.2　插装阀的动作原理 ·············· 73
 4.5.3　插装阀用作方向控制阀 ·············· 74
 4.5.4　插装阀用作方向和流量控制阀 ·············· 76
 4.5.5　插装阀用作压力控制阀 ·············· 76
思考题与习题 ·············· 77

第5章　液压基本回路 ·············· 81
5.1　压力控制回路 ·············· 81
 5.1.1　调压回路 ·············· 81
 5.1.2　减压回路 ·············· 82
 5.1.3　卸荷回路 ·············· 82

 5.1.4　增压回路 ·············· 84
 5.1.5　保压回路 ·············· 85
 5.1.6　平衡回路 ·············· 86
5.2　速度控制回路 ·············· 87
 5.2.1　快速运动回路 ·············· 87
 5.2.2　速度换接回路 ·············· 88
5.3　多缸工作控制回路 ·············· 90
 5.3.1　同步回路 ·············· 90
 5.3.2　顺序动作回路 ·············· 92
5.4　其他回路 ·············· 93
5.5　工业实践项目：装配设备液压系统 ····· 95
思考题与习题 ·············· 97

第6章　典型液压系统 ·············· 100
6.1　组合机床动力滑台液压系统 ·············· 100
 6.1.1　概述 ·············· 100
 6.1.2　YT4543型动力滑台液压系统的工作原理 ·············· 101
 6.1.3　YT4543型动力滑台液压系统的特点 ·············· 102
6.2　180吨钣金冲床液压系统 ·············· 103
 6.2.1　概述 ·············· 103
 6.2.2　180吨钣金冲床液压系统的工作原理 ·············· 104
 6.2.3　180吨钣金冲床液压回路图的特点 ·············· 105
6.3　多轴钻床液压系统 ·············· 105
6.4　塑料注射成型机液压系统 ·············· 108
 6.4.1　概述 ·············· 108
 6.4.2　SZ-250A型注塑机液压系统工作原理 ·············· 109
 6.4.3　SZ-250A型注塑机液压系统特点 ·············· 112

第二篇　气　动　技　术

第7章　气动技术概述 ·············· 114
7.1　气动系统 ·············· 114
7.2　气动技术的应用 ·············· 114
7.3　气动技术的特点和应用准则 ·············· 115
7.4　气动技术的发展趋势 ·············· 118

第8章　气源装置及压缩空气净化系统 ·············· 119
8.1　压缩空气 ·············· 119
 8.1.1　空气的物理性质 ·············· 119
 8.1.2　气体状态方程 ·············· 121

8.2 气源系统及空气净化处理装置 ……… 122
　　8.2.1 空气压缩机 ……… 123
　　8.2.2 储气罐 ……… 127
　　8.2.3 压缩空气净化处理装置 ……… 127
8.3 压缩空气的输送 ……… 136
　　8.3.1 管路的分类 ……… 136
　　8.3.2 主管路配管方式 ……… 136
思考题与习题 ……… 138

第9章　气动执行元件 ……… 139
9.1 气缸 ……… 139
　　9.1.1 气缸的分类 ……… 139
　　9.1.2 普通气缸 ……… 140
　　9.1.3 标准气缸 ……… 144
　　9.1.4 气缸的规格 ……… 145
　　9.1.5 普通气缸的设计计算 ……… 146
　　9.1.6 无杆气缸 ……… 149
　　9.1.7 磁感应气缸 ……… 150
　　9.1.8 带磁性开关的气缸 ……… 150
　　9.1.9 摆动气缸 ……… 151
　　9.1.10 气爪（手指气缸） ……… 153
　　9.1.11 气、液阻尼缸 ……… 153
9.2 气动马达 ……… 154
9.3 气缸的选择和使用要求 ……… 156
思考题与习题 ……… 157

第10章　气动控制元件 ……… 158
10.1 方向控制阀 ……… 158
　　10.1.1 分类 ……… 158
　　10.1.2 换向阀的结构特点及
　　　　　工作原理 ……… 162
　　10.1.3 单向型方向阀 ……… 169
　　10.1.4 方向控制阀的选用 ……… 172
10.2 流量控制阀 ……… 173
10.3 压力控制阀 ……… 176
思考题与习题 ……… 178

第11章　真空元件 ……… 179
11.1 真空发生器 ……… 179
11.2 真空吸盘 ……… 180
11.3 真空顺序阀 ……… 180
11.4 真空开关 ……… 181

11.5 真空回路 ……… 182
思考题与习题 ……… 182

第12章　气动程序控制系统 ……… 183
12.1 气动基本回路 ……… 183
　　12.1.1 气动回路的符号表示法 ……… 183
　　12.1.2 回路图内元件的命名 ……… 185
　　12.1.3 各种元件的表示方法 ……… 185
　　12.1.4 管路的表示 ……… 186
　　12.1.5 气动常用回路 ……… 186
12.2 气动程序控制回路 ……… 192
　　12.2.1 动作顺序及发信开关作用状况的
　　　　　表示方法 ……… 192
　　12.2.2 障碍信号的消除方法 ……… 194
　　12.2.3 直觉法 ……… 195
　　12.2.4 串级法 ……… 200
12.3 工业实践项目：切割机气动系统 ……… 208
12.4 工业实践项目：物料翻转机构
　　　气动系统 ……… 209
思考题与习题 ……… 210

第13章　电气气动控制系统 ……… 211
13.1 电气控制的基本知识 ……… 211
13.2 电气回路图绘图原则 ……… 212
13.3 基本电气回路 ……… 213
13.4 电气气动程序回路设计 ……… 215
13.5 工业实践项目：进料与夹紧机构
　　　电气动控制 ……… 229
思考题与习题 ……… 230

第14章　可编程控制器的应用 ……… 231
14.1 可编程控制器概述 ……… 231
　　14.1.1 可编程控制器的一般概念 ……… 231
　　14.1.2 可编程控制器的特点 ……… 232
　　14.1.3 可编程控制器的发展趋势 ……… 232
　　14.1.4 可编程控制器在气动控制中的
　　　　　应用 ……… 232
14.2 可编程控制器的组成及
　　　工作原理 ……… 233
　　14.2.1 可编程控制器的组成 ……… 233
　　14.2.2 可编程控制器的结构 ……… 235

14.2.3 可编程控制器的
工作原理 ………… 236

14.2.4 可编程控制器的主要
技术指标 ………… 237

14.2.5 三菱微型可编程控制器 FX_{2N} 系列
的编程语言 ………… 240

14.3 可编程控制器控制系统的
设计步骤 ………… 251

14.4 气动自动控制系统设计举例………… 252

思考题与习题 ………… 254

附录　常用液压与气动元件图形符号 …………………………………………… 255

参考文献 ……………………………………………………………………… 261

第一篇 液压传动

　　液压传动是以液体作为工作介质对能量进行传动和控制的一种传动形式。相对于电气传动和机械传动而言，液压传动具有输出力大、重量轻、惯性小、调速方便以及易于控制等优点，因而，广泛应用于汽车、农林、医疗、装备制造乃至国防建设等方面，尤其在"中国制造 2025"期间，液压传动技术在各种智能装备中起着关键作用。

　　党的二十大报告中提出以国家战略需求为导向，集聚力量进行原创性、引领性科技攻关，坚决打赢关键核心技术攻坚战。我国相继研制出的诸如 500m 球面射电望远镜(天眼)、刀盘直径 16m 盾构机、8 万吨级模锻液压机等一批大国重器都离不开液压传动技术。

　　本篇主要介绍液压传动的基本理论、常用的液压元件、液压基本回路、典型液压系统等。

第1章 液压传动基础

1.1 液压传动的基本概念

液压传动是指以液体为工作介质，利用液体的压力能来传递能量和进行控制的一种传动形式。图 1-1(a)所示为一驱动机床工作台的液压传动系统，它由油箱 1、滤油器 2、液压泵 3、溢流阀 4、换向阀 5 和 7、节流阀 6、液压缸 8 以及连接这些元件的油管、管接头等组成。该液压传动系统的工作原理是：液压泵由电机带动旋转而从油箱吸油，油液经滤油器进入压力油路后，在图示状态下，通过换向阀 5、节流阀 6，经换向阀 7 进入液压缸左腔，此时液压缸右腔的油液经换向阀 7 和回油管排回油箱，液压缸中的活塞推动工作台 9 向右移动；若将换向阀 7 的手柄往左扳，则换向阀状

液压传动的应用

液压传动系统的概念

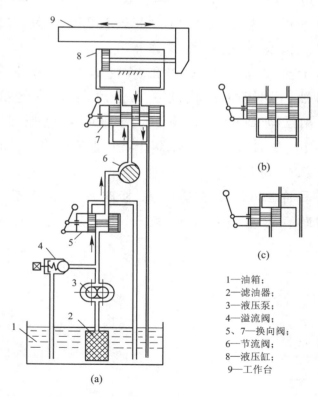

1—油箱；
2—滤油器；
3—液压泵；
4—溢流阀；
5、7—换向阀；
6—节流阀；
8—液压缸；
9—工作台

图 1-1 机床工作台液压系统的工作原理图

态如图 1-1(b)所示，此时液压缸的活塞推动工作台向左移动；若换向阀 5 处于图 1-1(c)所示的状态，则液压泵输出的压力油将经换向阀 5 直接回油箱，而不能进入液压缸。工作台的移动速度是通过调节节流阀 6 的开口大小来控制的。

由以上分析可知，液压传动系统由液压泵、控制阀、执行元件和油箱等一些辅助元件组成。该系统将电动机输出的机械能转变成液体的压力能并对外做功，即经过控制元件由执行元件将液体的压力能再次转变成机械能。

1.2　液压系统的组成

一个完整的液压系统由以下四部分组成：

（1）动力装置。最常见的动力装置是液压泵，它将电动机输出的机械能转换成液体压力能，是向系统提供压力油的能源装置。泵的最高压力设定由压力控制阀来调整。

（2）执行元件。液压系统的最终目的是要推动负载运动。一般执行元件可分为液压缸与液压马达（或摆动缸）两类：液压缸使负载作直线运动，液压马达（或摆动缸）使负载转动（或摆动）。

（3）控制元件。液压系统除了让负载运动以外，还要完全控制负载的整个运动过程。在液压系统中，用压力阀来控制输出力，用流量阀来控制速度，用方向阀来控制运动方向。

（4）辅助元件。除了以上几种元件外，还有用来储存液压油的油箱，去除油内杂质的过滤器，防止油温过高的冷却器，储存油液压力能的蓄能器等液压元件。这些元件称为辅助元件。

1.3　液压传动的优缺点

1. 优点

液压传动具有以下优点：

（1）体积小，输出力大。液压传动一般使用的压力在 7 MPa 左右，也可高达 50 MPa。而液压装置的体积比具有同样输出功率的电机及机械传动装置的体积小得多。

（2）不会有过负载的危险。液压系统中装有溢流阀，当压力超过设定压力时，阀门开启，液压油经溢流阀流回油箱，此时液压油不处在密闭状态，故系统压力永远不会超过设定压力。

（3）输出力调整容易。液压装置的输出力调整非常简单，只要调整压力控制阀即可轻易达到。

（4）速度调整容易。液压装置的速度调整非常简单，只要调整流量控制阀即可轻易达到，且可实行无级调速。

（5）易于自动化。液压设备配上电磁阀、电气元件、可编程控制器和计算机等，可装配成各式自动化机械。

2. 缺点

液压传动也有一些缺点：

（1）接管不良时易造成液压油外泄，油液除了会污染工作场所外，还有引起火灾的危险。

（2）油温上升时，黏度降低；油温下降时，黏度升高。油的黏度发生变化时，流量也会跟着改变，造成速度不稳定。

（3）系统将电动机输出的机械能转换成液体压力能，再把液体压力能转换成机械能来做功，能量经两次转换后，损失较大，能源使用效率比传统机械传动低。

（4）液压系统大量使用各式控制阀、接头及管子，为了防止泄漏损耗，元件的加工精度要求较高。

1.4 液压传动基本理论

1.4.1 液体静压力

液压传动基础知识

静止液体在单位面积上所受的法向力称为静压力。静压力在液压传动中简称压力，在物理学中则称为压强。

静止液体中某点处微小面积 ΔA 上作用有法向力 ΔF，则该点的压力定义为

$$p = \lim_{\Delta A \to 0} \frac{\Delta F}{\Delta A} \tag{1-1}$$

若法向作用力 F 均匀地作用在面积 A 上，则压力可表示为

$$p = \frac{F}{A} \tag{1-2}$$

我国采用法定计量单位 Pa 来计量压力，1 Pa = 1 N/m²，液压传动中习惯用 MPa（N/mm²）作为压力单位，在企业中还习惯使用 bar（kgf/cm²）作为压力单位，各单位之间的关系为 1 MPa = 10^6 Pa = 10 bar。

液体静压力有如下两个重要特性：

（1）液体静压力垂直于承压面，其方向和该面的内法线方向一致。这是由于液体质点间的内聚力很小，不能受拉只能受压所致。

（2）静止液体内任一点所受到的压力在各个方向上都相等。如果某点受到的压力在某个方向上不相等，那么液体就会流动，这就违背了液体静止的条件。

1.4.2 液体静压力的基本方程

现在我们想象在静止不动的液体中有如图 1-2 所示的一个高度为 h、底面积为 ΔA 的假想微小液柱，其表面上的压力为 p_0，求其在 A 点的压力。因这个小液柱在重力及周围液

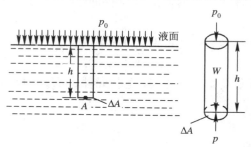

图 1-2 离液面 h 深处的压力

体的压力作用下处于平衡状态，故我们可把其在垂直方向上的力平衡关系表示为

$$p\Delta A = p_0 \Delta A + \rho g h \Delta A$$

式中，$\rho g h \Delta A$ 为小液柱的重力，ρ 为液体的密度，g 为重力加速度，一般取 g 为 9.8 m/s^2。该式化简后得

$$p = p_0 + \rho g h \tag{1-3}$$

式(1-3)为静压力的基本方程。此式表明：

(1) 静止液体中任何一点的静压力为作用在液面的压力 p_0 和液体重力所产生的压力 $\rho g h$ 之和。

(2) 液体中的静压力随着深度 h 的增加而线性增加。

(3) 在连通器里，静止液体中只要深度 h 相同，其压力就相等。

【例1-1】 如图1-3所示，容器内盛满油液。已知油的密度 $\rho = 900 \text{ kg/m}^3$，活塞上的作用力 $F = 1000 \text{ N}$，活塞的面积 $A = 1 \times 10^{-3} \text{ m}^2$。假设活塞的重量忽略不计，活塞下方深度为 $h = 0.5 \text{ m}$ 处的压力等于多少？

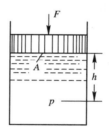

图 1-3　静止液体内的压力

解　活塞与液体接触面上的压力均匀分布，有

$$p_0 = \frac{F}{A} = \frac{1000 \text{ N}}{1 \times 10^{-3} \text{ m}^2} = 10^6 \text{ N/m}^2$$

根据静压力的基本方程式(1-3)，深度为 h 处的液体压力为

$$p = p_0 + \rho g h = 10^6 + 900 \times 9.8 \times 0.5$$
$$= 1.0044 \times 10^6 (\text{N/m}^2) \approx 10^6 \text{ Pa}$$

从本例可以看出，液体在受外界压力作用的情况下，液体自重所形成的那部分压力 $\rho g h$ 相对甚小，在液压系统中常可忽略不计，因而可近似认为整个液体内部的压力是相等的。以后我们在分析液压系统的压力时，一般都采用这一结论。

1.4.3　绝对压力、表压力及真空度

根据度量方法的不同，压力有表压力 p（Gauge Pressure）和绝对压力 p_{abs}（Absolute Pressure）之分。以当地大气压力 p_{at}（atomosphere）为基准所表示的压力称为表压力（又称相对压力），以绝对零压力为基准所表示的压力称为绝对压力。

若液体中某点处的绝对压力小于大气压力，则此时该点的绝对压力比大气压力小的那部分压力值称为真空度。所以有

$$真空度 = 大气压力 - 绝对压力 \tag{1-4}$$

有关表压力、绝对压力和真空度的关系如图 1-4 所示。

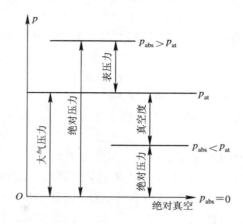

图 1-4　绝对压力、表压力和真空度的关系

注意：如不特别指明，液、气压传动中所提到的压力均为表压力。

1.4.4　帕斯卡原理

在密封容器内，施加于静止液体上的压力将以等值同时传递到液体内各点，容器内压力的方向垂直于内表面，如图 1-5 所示。

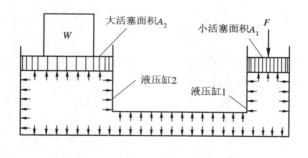

图 1-5　帕斯卡原理

帕斯卡原理动画

容器内液体各点的压力为

$$p = \frac{W}{A_2} = \frac{F}{A_1} \tag{1-5}$$

式(1-5)建立了一个很重要的概念，即在液压传动中，工作的压力取决于负载，而与流入的流体多少无关。

1.4.5　连续性方程

液体在流动时，液体中任何一点的速度、压力和密度不随时间改变的流动称为恒定流动；反之，速度、压力和密度其中一项随时间改变的，就称为非恒定流动。

对恒定流动而言，液体通过流管内任一截面的液体质量必然相等。图 1-6 所示管路内，两个流通截面面积为 A_1 和 A_2，流速分别为 v_1 和 v_2，则通过任一截面的流量 Q 为

$$Q = Av = A_1 v_1 = A_2 v_2 = 常数 \tag{1-6}$$

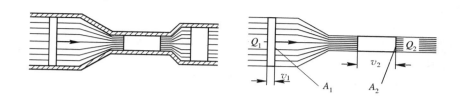

图 1-6 管路中液体的流量对各截面而言皆相等

流量的单位通常用 L/min 表示，与 m^3/s 的换算关系如下：

$$1 \ L = 1 \times 10^{-3} \ m^3$$

$$1 \ m^3/s = 6 \times 10^4 \ L/min$$

式(1-6)即连续性方程，它是质量守恒定律在流体力学中的应用。通过此式还可得出另一个重要的基本概念，即运动速度取决于流量，而与流体的压力无关。

【例 1-2】 图 1-7 所示为相互连通的两个液压缸，已知大缸内径 $D=100$ mm，小缸内径 $d=20$ mm，大活塞上放一质量为 5000 kg 的物体 G。问：

（1）在小活塞上所加的力 F 有多大时才能使大活塞顶起重物？

（2）若小活塞下压速度为 0.2 m/s，则大活塞上升速度是多少？

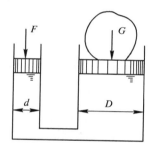

图 1-7 帕斯卡原理应用实例

解 （1）物体的重力为

$$G = mg = 5000 \ kg \times 9.8 \ m/s^2$$
$$= 49 \ 000 \ kg \cdot m/s^2 = 49 \ 000 \ N$$

根据帕斯卡原理，因为外力产生的压力在两缸中均相等，即

$$\frac{F}{\pi d^2/4} = \frac{G}{\pi D^2/4}$$

所以，为了顶起重物，应在小活塞上加力为

$$F = \frac{d^2}{D^2}G = \frac{20^2 \ mm^2}{100^2 \ mm^2} \times 49 \ 000 \ N = 1960 \ N$$

（2）由连续性方程

$$Q = Av = 常数$$

得

$$\frac{\pi d^2}{4}v_小 = \frac{\pi D^2}{4}v_大$$

故大活塞上升速度为

$$v_大 = \frac{d^2}{D^2}v_小 = \frac{20^2}{100^2} \times 0.2 = 0.008 (m/s)$$

本例说明了液压千斤顶等液压起重机械的工作原理，体现了液压装置的力的放大作用。

1.4.6 伯努利方程

没有黏性和不可压缩的理想液体在管内作恒定流动时，依能量守恒定律可得

$$\frac{p}{\rho g} + \frac{v^2}{2g} + h = 常数 \tag{1-7}$$

式中，p 表示压力（Pa），ρ 表示密度（kg/m³），v 表示流速（m/s），g 表示重力加速度（m/s²），h 表示水位高度（m）。

式（1-7）称为伯努利方程。

如图 1-8 所示，在有黏性和不可压缩的恒定流动中，依能量守恒定律得

$$\frac{p_1}{\rho g} + \frac{v_1^2}{2g} + h_1 = \frac{p_2}{\rho g} + \frac{v_2^2}{2g} + h_2 + \sum H_\nu \tag{1-8}$$

式中，$\sum H_\nu$ 表示因粘性而产生的能量损失（m）。

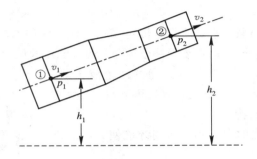

图 1-8 点①和点②截面的能量相等

1.4.7 薄壁小孔与阻流管

液体流动时，改变流通截面面积可改变流体的压力和流量，这就是节流阀的工作原理。

1. 薄壁小孔

如图 1-9 所示，当 $l/d \leqslant 0.5$ 时称为薄壁小孔，其流量 Q 为

$$Q = \alpha A \sqrt{\frac{2(p_1 - p_2)}{\rho}} \tag{1-9}$$

式中，α 表示流量系数，通常取 $0.62 \sim 0.63$；A 表示小孔的截面积。

2. 阻流管（细长孔）

如图 1-10 所示，当 $l/d > 4$ 时称为阻流管，其流量 Q 为

$$Q = \frac{\pi d^4 (p_1 - p_2)}{128 \rho \nu l} \tag{1-10}$$

式中，ν 表示运动黏度（St，m²/s）。

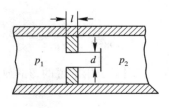

图 1-9 薄壁小孔

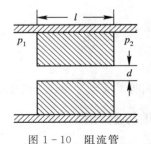

图 1-10 阻流管

1.4.8 液体流动中的压力和流量的损失

1. 压力损失

由于液体具有黏性，在管路中流动时不可避免地存在着摩擦力，因此液体在流动过程中必然要损耗一部分能量。这部分能量损耗主要表现为压力损失。

压力损失有沿程压力损失和局部压力损失两种。沿程压力损失是当液体在直径不变的直管中流过一段距离时，因摩擦而产生的压力损失。局部压力损失是由于管子截面形状突然变化、液流方向改变或其他形式的液流阻力而引起的压力损失。总的压力损失等于沿程压力损失与局部压力损失之和。

由于液压元件结构不同(尺寸的偏差与表面粗糙度的不同)，因此，要准确地计算出总的压力损失的数值是比较困难的。但压力损失又是液压传动中一个必须考虑的因素，它关系到确定系统所需的供油压力和系统工作时的温升。在生产实践中，希望压力损失尽可能小些。

由于压力损失的必然存在性，因此，泵的额定压力要略大于系统工作时所需的最大工作压力。一般可将系统工作所需的最大工作压力乘以一个 1.3~1.5 的系数来估算。

2. 流量损失

在液压系统中，各液压元件都有相对运动的表面，如液压缸内表面和活塞外表面。因为要有相对运动，所以它们之间都有一定的间隙，如果间隙的一边为高压油，另一边为低压油，那么高压油就会经间隙流向低压区，从而造成泄漏。同时，由于液压元件密封不完善，因此，一部分油液也会向外部泄漏。这种泄漏会造成实际流量有所减少，这就是我们所说的流量损失。

流量损失影响运动速度，而泄漏又难以绝对避免，所以在液压系统中泵的额定流量要略大于系统工作时所需的最大流量。通常也可以用系统工作所需的最大流量乘以一个 1.1~1.3 的系数来估算。

1.4.9 液压冲击和空穴现象

1. 液压冲击

在液压系统中，当油路突然关闭或换向时，会产生急剧的压力升高，这种现象称为液压冲击。

造成液压冲击的主要原因是：液流速度的急剧变化、高速运动工作部件的惯性力和某些液压元件的反应动作不够灵敏。

当管路内的油液以某一速度运动时，若在某一瞬间迅速截断油液流动的通道(如关闭阀门)，则油液的流速将从某一数值在某一瞬间突然降至零，此时油液流动的动能将转化为油液的挤压能，从而使压力急剧升高，造成液压冲击。高速运动的工作部件的惯性力也会引起系统中的压力冲击。例如液压缸部件要换向时，换向阀迅速关闭液压缸原来的排油管路，这时油液不再排出，但活塞由于惯性作用仍在运动，从而引起压力急剧上升，造成压力冲击。液压系统中由于某些液压元件动作不灵敏，如不能及时地开启油路等，也会引起压力的迅速升高而形成冲击。

产生液压冲击时，系统中的压力瞬间就要比正常压力大好几倍，特别是在压力高、流量大的情况下，极易引起系统的振动、噪音，甚至会导致管路或某些液压元件的损坏。这样既影响了系统的工作质量，又会缩短系统的使用寿命。还要注意的是，由于压力冲击产生的高压力可能会使某些液压元件(如压力继电器)产生误动作而损坏设备。

避免液压冲击的主要办法是避免液流速度的急剧变化。延缓速度变化的时间，能有效地防止液压冲击，如将液动换向阀和电磁换向阀联用可减少液压冲击，这是因为液动换向阀能把换向时间控制得慢一些。

2. 空穴现象

在液流中，当某点压力低于液体所在温度下的空气分离压力时，原来溶于液体中的气体会分离出来而产生气泡，这就叫空穴现象。当压力进一步减小直至低于液体的饱和蒸气压时，液体就会迅速汽化，形成大量蒸气气泡，使空穴现象更为严重，从而使液流呈不连续状态。

如果液压系统中发生了空穴现象，液体中的气泡随着液流运动到压力较高的区域时，一方面，气泡在较高压力作用下将迅速破裂，从而引起局部液压冲击，造成噪音和振动；另一方面，由于气泡破坏了液流的连续性，降低了油管的通油能力，造成流量和压力的波动，使液压元件承受冲击载荷，因此影响了其使用寿命。同时，气泡中的氧也会腐蚀金属元件的表面，我们把这种因发生空穴现象而造成的腐蚀叫气蚀。

在液压传动装置中，气蚀现象可能发生在液压泵、管路以及其他有节流装置的地方，特别是液压泵装置(这种现象最为常见)。

为了减少气蚀现象，应使液压系统内所有点的压力均高于液压油的空气分离压力。例如，应注意液压泵的吸油高度不能太大，吸油管径不能太小(因为管径过小就会使流速过快，从而造成压力降得很低)，油泵的转速不要太高，管路应密封良好，油管入口应没入油面以下等。总之，应避免流速的剧烈变化和外界空气的混入。

气蚀现象是液压系统产生各种故障的原因之一，特别在高速、高压的液压设备中更应注意这一点。

1.5 液 压 油

液压油

液压系统中完全靠液压油把能量从液压泵经管路、控制阀传递到执行元件。根据统计，许多液压设备的故障皆起因于液压油的使用不当，故应对液压油要有充分的了解。

1.5.1 液压油的用途

液压油主要有以下几种作用：

(1) 传递运动与动力。将液压泵输出的压力能传递给执行元件，由于液压油本身具有粘性，因此，在传递过程中会产生一定的动力损失。

(2) 润滑。液压元件内各移动部位都可受到液压油充分润滑，从而降低元件磨损。

(3) 密封。油本身的粘性对细小的间隙有密封的作用。

(4) 冷却。系统损失的能量会变成热能，被液压油带出。

1.5.2 液压油的种类

液压油主要有下列两种。

1. 矿物油系液压油

矿物油系液压油主要由石腊基(Paraffin Base)的原油精制而成,再加抗氧化剂和防锈剂,为用途最广的一种。其缺点为耐火性差。

2. 耐火性液压油

耐火性液压油是专用于防止有引起火灾危险的乳化型液压油,有水中油滴型(O/W)和油中水滴型(W/O)两种。水中油滴型的润滑性差,会侵蚀油封和金属;油中水滴型的化学稳定性很差。

1.5.3 液压油的性质

液压油的主要性质包括密度、闪火点、黏度和可压缩性。

1. 密度

单位体积液体的质量称为液体的密度。矿物油系工业液压油的密度约为 $0.85 \sim 0.95$ g/cm³,W/O 型的密度约为 $0.92 \sim 0.94$ g/cm³,O/W 型的密度约为 $1.05 \sim 1.1$ g/cm³。液压油的密度越大,泵吸入性越差。

2. 闪火点

油温升高时,部分油会蒸发而与空气混合成油气,此油气所能点火的最低温度称为闪火点。如继续加热,则会连续燃烧,此温度称为燃烧点。

3. 黏性

液体流动时,分子间的内聚力要阻止分子相对运动而产生一种内摩擦力,这种现象称为液体的黏性。液压油的黏性对机械效率、压力损失、容积效率、漏油及泵的吸入性影响很大。

度量黏性大小的物理量称为黏度。黏度可分为动力黏度和运动黏度两种。液体的黏性的示意如图 1-11 所示,其表达式为

$$\tau = \mu \frac{\mathrm{d}u}{\mathrm{d}y} \qquad (1-11)$$

式中,τ 表示剪应力(N/m²),μ 表示动力黏度(Pa·s,也称为帕·秒)。

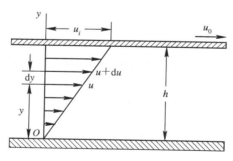

图 1-11　液体的黏性示意图

运动黏度表示为

$$\nu = \frac{\mu}{\rho} \qquad (1-12)$$

式中,ν 表示运动黏度(m²/s),ρ 表示密度(kg/m³)。

黏度是液压油的性能指标。工程上常用运动黏度标志液体的黏度,例如机械油的牌号就是用其在 40℃时的平均运动黏度(m²/s)为其标号。

油的黏度易受温度影响，温度上升，黏度降低，造成泄漏、磨损增加、效率降低等问题；温度下降，黏度增加，造成流动困难及泵转动不易等问题。如运转时油液温度超过60℃，就必须加装冷却器，因油温在60℃以上，每超过10℃，油的恶化速度就会加倍。图1-12所示是几种国产液压油的黏度—温度曲线。

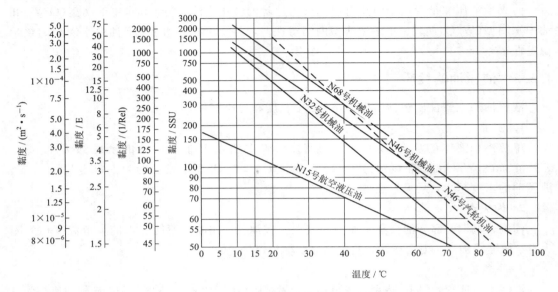

图 1-12　几种国产液压油的黏度—温度曲线

4. 可压缩性

液压油在低、中压时可视为非压缩性液体，但在高压时压缩性就不可忽视了，此时，液压油的可压缩性是钢的100～150倍。可压缩性会降低运动的精度，增大压力损失而使油温上升。压力信号传递时，会有时间延迟及响应不良的现象。

液压油还有其他一些性质，如稳定性、抗泡沫性、抗乳化性、防锈性、润滑性以及相容性等。

1.5.4　液压油的选用

液压油有很多品种，可根据不同的使用场合选用合适的品种。在品种确定的情况下，最主要考虑的是油液的黏度。其选择主要考虑如下因素：

（1）液压系统的工作压力。工作压力较高的系统宜选用黏度较高的液压油，以减少泄露；反之便选用黏度较低的油。例如，当压力 $p = 7.0 \sim 20.0$ MPa 时，宜选用 N46～N100 的液压油；当压力 $p < 7.0$ MPa 时，宜选用 N32～N68 的液压油。

（2）运动速度。执行机构运动速度较高时，为了减小液流的功率损失，宜选用黏度较低的液压油。

（3）液压泵的类型。在液压系统中，对液压泵的润滑要求苛刻，不同类型的泵对油的黏度有不同的要求，具体可参见有关资料。

1.5.5　液压油的污染与保养

液压油使用一段时间后会受到污染，常使阀内的阀芯卡死，并使油封加速磨损及液压缸内壁磨损。造成液压油污染的原因有如下三个方面。

1）污染

液压油的污染一般可分为外部侵入的污物和外部生成的不纯物。

（1）外部侵入的污物：液压设备在加工和组装时残留的切屑、焊渣、铁锈等杂物混入所造成的污物，只有在组装后立即清洗方可解决。

（2）外部生成的不纯物：泵、阀、执行元件、"O"形环长期使用后，因磨损而生成的金属粉末和橡胶碎片在高温、高压下和液压油发生化学反应所生成的胶状污物。

2）恶化

液压油的恶化速度与含水量、气泡、压力、油温、金属粉末等有关，其中以温度影响为最大，故液压设备运转时，须特别注意油温之变化。

3）泄漏

液压设备配管不良、油封破损是造成泄漏的主要原因。泄漏发生时，空气、水、尘埃便可轻易地侵入油中。故当泄漏发生时，必须立即加以排除。

液压油经长期使用，油质必会恶化，一般采用目视法判定油质是否恶化，当油的颜色混蚀并有异味时，须立即更换。

液压油的保养方法有两种：一种是定期更换（约为5000～20 000小时）；另一种是使用过滤器定期过滤。

思考题与习题

常见问题解答

1-1 液压系统通常由哪些部分组成？各部分的主要作用是什么？

1-2 液压系统中压力的含义是什么？压力的单位是什么？

1-3 液压系统中压力是怎样形成的？压力的大小取决于什么？

1-4 液压油的性能指标是什么？并说明各性能指标的含义。

1-5 选用液压油主要应考虑哪些因素？

1-6 如题图1-6所示，已知活塞面积 $A=10\times10^{-5}$ m^2，包括活塞自重在内的总负重 $G=10\ 000$ N。从压力表上读出的压力 p_1、p_2、p_3、p_4、p_5 各是多少？

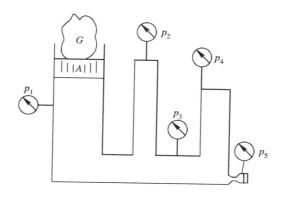

题图 1-6

1-7 如题图1-7所示的连通器，中间有一活动隔板 T，已知活塞面积 $A_1=$

$1×10^{-3}\,m^2$，$A_2=5×10^{-3}\,m^2$，$F_1=100\,N$，$G=1000\,N$，活塞自重不计。问：

（1）当中间用隔板 T 隔断时，连通器两腔压力 p_1、p_2 各是多少？

（2）当把中间隔板 T 抽去使连通器连通时，两腔压力 p_1、p_2 各是多少？力 F_1 能否顶起重物 G？

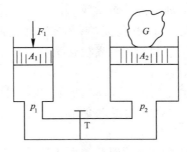

题图 1-7

1-8　如题图 1-7 所示的连通器，当抽去中间隔板 T 后，若要使两活塞保持平衡，F_1 应是多少？

1-9　如题图 1-7 所示的连通器，若 $G=0$，其他已知条件都同题 1-7，在抽去隔板 T 后，两腔的压力 p_1、p_2 是多少？

1-10　如题图 1-10 所示的液压系统，已知使活塞 1、2 向左运动所需的压力分别为 p_1、p_2，阀门 T 的开启压力为 p_3，且 $p_1<p_2<p_3$。问：

（1）哪个活塞先动，此时系统中的压力为多少？

（2）另一个活塞何时才能动？这个活塞动时系统中的压力是多少？

（3）阀门 T 何时才会开启？此时系统压力又是多少？

1-11　在题 1-10 中，若 $p_3<p_2<p_1$，此时两个活塞能否运动？为什么？

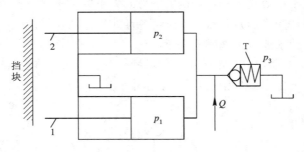

题图 1-10

1-12　什么是液压冲击？它发生的原因是什么？

1-13　什么是空穴现象？它有哪些危害？应怎样避免？

第2章 液压动力元件

任何工作系统都需要动力。液压系统以液压泵作为向系统提供一定的流量和压力的动力元件，液压泵由电动机带动将液压油从油箱吸上来，并以一定的压力输送出去，使执行元件推动负载做功。液压泵性能的好坏直接影响到液压系统的工作性能和可靠性，在液压传动中占有极其重要的地位。

2.1 液压泵的工作原理

图 2-1 所示为液压泵的工作原理图。柱塞 2 装在缸体 3 内，并可作左右移动，在弹簧 4 的作用下，柱塞紧压在偏心轮 1 的外表面上。当电机带动偏心轮旋转时，偏心轮推动柱塞左右运动，使密封容积 a 的大小发生周期性的变化。当 a 由小变大时，就形成部分真空，使油箱中的油液在大气压的作用下，经吸油管道顶开单向阀 6 进入油腔 a 实现吸油；反之，当 a 由大变小时，a 腔中吸满的油液将顶开单向阀 5 流入系统而实现压油。电机带动偏心轮不断旋转，液压泵就不断地吸油和压油。

由于这种泵是依靠泵的密封工作腔的容积变化来实现吸油和压油的，因而称之为容积式泵。

容积式泵的流量大小取决于密封工作腔容积变化的大小和次数。若不计泄漏，则流量与压力无关。

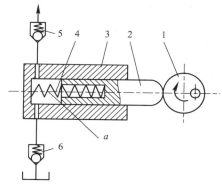

液压泵的基本原理

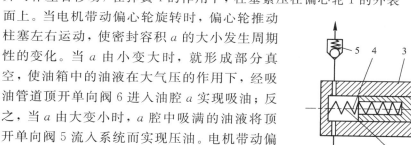

1—偏心轮；2—柱塞；3—缸体；
4—弹簧；5、6—单向阀

图 2-1 液压泵工作原理图

液压泵的分类方式很多，可按压力的大小分为低压泵、中压泵和高压泵；可按流量是否可调节分为定量泵和变量泵；还可按泵的结构分为齿轮泵、叶片泵和柱塞泵，其中，齿轮泵和叶片泵多用于中、低压系统，柱塞泵多用于高压系统。

2.2 液压泵的主要性能和参数

1. 压力

1）工作压力

液压泵实际工作时的输出压力称为液压泵的工作压力。工作压力的大小取决于外负载

液压泵的基本参数

的大小和排油管路上的压力损失，而与液压泵的流量无关。

2）额定压力

液压泵在正常工作条件下，按试验标准规定连续运转的最高压力称为液压泵的额定压力。

3）最高允许压力

在超过额定压力的条件下，根据试验标准规定，允许液压泵短暂运行的最高压力值称为液压泵的最高允许压力，超过此压力，泵的泄漏会迅速增加。

2. 排量

排量是泵主轴每转一周所排出液体体积的理论值，如泵排量固定，则为定量泵；排量可变，则为变量泵。一般定量泵因密封性较好，泄漏小，故在高压时效率较高。

3. 流量

流量为泵在单位时间内排出的液体体积（L/min），有理论流量 Q_{th} 和实际流量 Q_{ac} 两种。

$$Q_{th} = qn \tag{2-1}$$

式中，q 表示泵的排量（L/r），n 表示泵的转速（r/min）。

$$Q_{ac} = Q_{th} - \Delta Q \tag{2-2}$$

式中，ΔQ 表示泵运转时油从高压区泄漏到低压区的泄漏损失。

4. 容积效率和机械效率

液压泵的容积效率 η_V 的计算公式为

$$\eta_V = \frac{Q_{ac}}{Q_{th}} \tag{2-3}$$

液压泵的机械效率 η_m 的计算公式为

$$\eta_m = \frac{T_{th}}{T_{ac}} \tag{2-4}$$

式中，T_{th} 表示泵的理论输入扭矩，T_{ac} 表示泵的实际输入扭矩。

5. 泵的总效率和功率

泵的总效率 η 的计算公式为

$$\eta = \eta_m \eta_V = \frac{P_{ac}}{P_M} \tag{2-5}$$

式中，P_{ac} 表示泵的实际输出功率，P_M 表示电动机输出功率。

泵的功率 P_{ac} 的计算公式为

$$P_{ac} = \frac{pQ_{ac}}{60} \quad (\text{kW}) \tag{2-6}$$

式中，p 表示泵输出的工作压力（MPa）；Q_{ac} 表示泵的实际输出流量（L/min），1 L $=10^3$ cm^3。

【例 2-1】 某液压系统，泵的排量 $Q=10$ mL/r，电机转速 $n=1200$ r/min，泵的输出压力 $p=5$ MPa，泵容积效率 $\eta_V=0.92$，总效率 $\eta=0.84$。求：

（1）泵的理论流量；

（2）泵的实际流量；

（3）泵的输出功率；

（4）驱动电机功率。

解 （1）泵的理论流量为

$$Q_{th} = Q \cdot n \cdot 10^{-3} = 10 \times 1200 \times 10^{-3} = 12 \ (\text{L/min})$$

（2）泵的实际流量为

$$Q_{ac} = Q_{th} \cdot \eta_V = 12 \times 0.92 = 11.04 \ (\text{L/min})$$

（3）泵的输出功率为

$$P_{ac} = \frac{pQ_{ac}}{60} = \frac{5 \times 11.04}{60} = 0.9 \ (\text{kW})$$

（4）驱动电机功率为

$$P_M = \frac{P_{ac}}{\eta} = \frac{0.9}{0.84} = 1.07 \ (\text{kW})$$

2.3　液压泵的结构

2.3.1　齿轮泵

齿轮泵是液压泵中结构最简单的一种，且价格便宜，故在一般机械上被广泛使用。齿轮泵是定量泵，可分为外啮合齿轮泵和内啮合齿轮泵两种。

1. 外啮合齿轮泵

外啮合齿轮泵的结构和工作原理如图 2-2 所示。它由装在壳体内的一对齿轮所组成，齿轮两侧由端盖罩住，壳体、端盖和齿轮的各个齿间槽组成了许多密封工作腔。当齿轮按图 2-2 所示方向旋转时，右侧吸油腔由于相互啮合的齿轮逐渐脱开，密封工作容积逐渐增大，形成部分真空，因此油箱中的油液在外界大气压的作用下，经吸油管进入吸油腔，将齿间槽充满，并随着齿轮旋转，

齿轮泵、叶片泵和柱塞泵

把油液带到左侧的压油腔内。在压油区的一侧，由于齿轮在这里逐渐进入啮合，密封工作腔容积不断减小，油液便被挤出去，从压油腔输送到压油管路中去。这里的啮合点处的齿

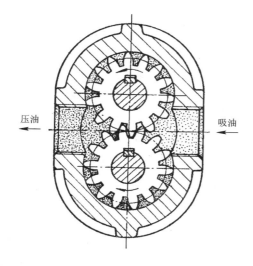

图 2-2　外啮合齿轮泵工作原理

外啮合齿轮泵动画

面接触线一直起着隔离高、低压腔的作用。

外啮合齿轮泵运转时泄漏的主要途径有二：一为齿顶与齿轮壳体内壁的间隙，二为齿轮端面与端盖侧面之间的间隙。其中后者对泄漏影响最大，占总泄漏量的 75%～80%，它是影响齿轮泵压力提高的首要问题。

为解决外啮合齿轮泵的内泄漏、提高压力的关键是：控制齿轮端面和端盖之间保持一个合适的间隙。在高、中压齿轮泵中，一般采用浮动轴套的轴向间隙自动补偿办法，使之在液压力的作用下压紧齿轮端面，使轴向间隙减小，从而减小泄漏。中、高压齿轮泵的工作压力可达 16～20 MPa。

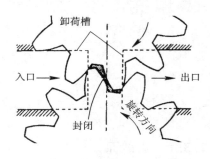

图 2-3　困油现象

齿轮泵要平稳工作，齿轮啮合的重合度必须大于 1，即在前一对轮齿尚未脱离啮合前，后一对轮齿已经进入啮合。两对齿同时啮合时，留在齿间的油液被困在一个封闭的空间，如图 2-3 所示，我们称之为困油现象。因为液压油不可压缩而使外啮合齿轮泵在运转过程中产生极大的振动和噪音，所以必须在侧板上开设卸荷槽，以防止振动和噪音的发生。

2. 内啮合齿轮泵

图 2-4(a) 所示为有隔板的内啮合齿轮泵，图 2-4(b) 所示为摆动式内啮合齿轮泵。它们共同的特点是：内外齿轮转向相同，齿面间相对速度小，运转时噪音小；齿数相异，不会发生困油现象。因为外齿轮的齿面必须始终与内齿轮的齿面紧贴，以防内漏，所以内啮合齿轮泵不适用于较高压力的场合。

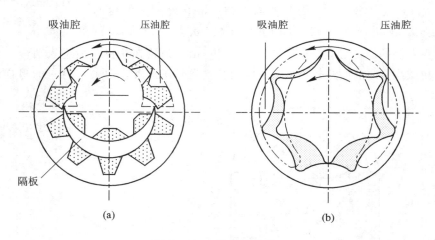

(a)　　　　　　　　　　　　　(b)

图 2-4　内啮合齿轮泵

(a) 有隔板的内啮合齿轮泵；(b) 摆动式内啮合齿轮泵

2.3.2　螺杆泵

图 2-5 所示为螺杆泵。它的液压油沿螺旋方向前进，转轴径向负载各处均相等，脉动少，运动时噪音低；可高速运转，适合作大容量泵；但压缩量小，不适合高压的场合。一般用作燃油、润滑油泵，而不用作液压泵。

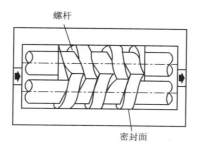

图 2-5 螺杆泵

2.3.3 叶片泵

叶片泵的优点是：运转平稳，压力脉动小，噪音小；结构紧凑，尺寸小，流量大。其缺点是：对油液要求高，如油液中有杂质，则叶片容易卡死；与齿轮泵相比结构较复杂。它广泛应用于机械制造中的专用机床和自动线等中、低压液压系统中。该泵有两种结构形式：一种是单作用叶片泵，另一种是双作用叶片泵。

1. 单作用叶片泵

单作用叶片泵的工作原理如图 2-6 所示。单作用叶片泵由转子 1、定子 2、叶片 3 和端盖等组成。定子具有圆柱形内表面，定子和转子间有偏心距 e；叶片装在转子槽中，并可在槽内滑动，当转子回转时，由于离心力的作用，使叶片紧靠在定子内壁。这样，在定子、转子、叶片和两侧配油盘间就形成了若干个密封的工作空间，当转子按逆时针方向回转时，在图 2-6 的右部，叶片逐渐伸出，叶片间的空间逐渐增大，从吸油口吸油，这是吸油腔。在图 2-6 的左部，叶片被定子内壁逐渐压进槽内，工作空间逐渐缩小，将油液从压油口压出，这就是压油腔。在吸油腔和压油腔之间有一段封油区，把吸油腔和压油腔隔开，这种叶片泵每转一周，每个工作腔就完成一次吸油和压油，因此称之为单作用叶片泵。转子不停地旋转，泵就不断地吸油和排油。

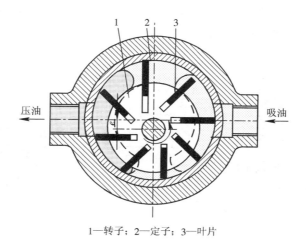

1—转子；2—定子；3—叶片

图 2-6　单作用叶片泵工作原理

改变转子与定子的偏心量，即可改变泵的流量，偏心量越大，则流量越大。若调成几乎是同心的，则流量接近于零。因此，单作用叶片泵大多为变量泵。

另外还有一种限压式变量泵，当负荷小时，泵输出流量大，负载可快速移动；当负荷增加时，泵输出流量变少，输出压力增加，负载速度降低。如此可减少能量消耗，避免油温上升。

2. 双作用叶片泵

双作用叶片泵的工作原理如图 2-7 所示，定子内表面近似椭圆，转子和定子同心安装，有两个吸油区和两个压油区对称布置。转子每转一周，完成两次吸油和压油。双作用叶片泵大多是定量泵。

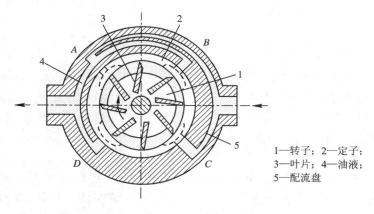

1—转子；2—定子；
3—叶片；4—油液；
5—配流盘

图 2-7　双作用叶片泵工作原理　　　　　　　双作用叶片泵动画

2.3.4　柱塞泵

柱塞泵的工作原理是通过柱塞在液压缸内做往复运动来实现吸油和压油的。与齿轮泵和叶片泵相比，该泵能以最小的尺寸和最小的重量供给最大的动力，为一种高效率的泵，但制造成本相对较高。该泵用于高压、大流量、大功率的场合。它可分为轴向式和径向式两种。

1. 轴向柱塞泵

轴向柱塞泵的工作原理如图 2-8 所示。轴向柱塞泵可分为直轴式（见图 2-8(a)）和斜轴式（见图 2-8(b)）两种。这两种泵都是变量泵，通过调节斜盘倾角 γ，即可改变泵的输出流量。

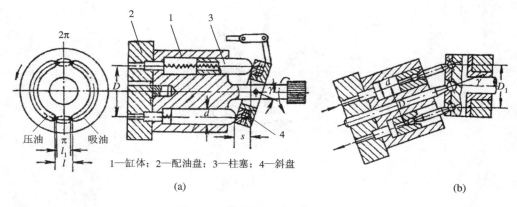

1—缸体；2—配油盘；3—柱塞；4—斜盘

(a)　　　　　　　　　　　　　　　　　　(b)

图 2-8　轴向柱塞泵工作原理
（a）直轴式；（b）斜轴式

2．径向柱塞泵

径向柱塞泵(柱塞运动方向与液压缸体的中心线垂直)可分为固定液压缸式和回转液压缸式两种。

图2-9所示为固定液压缸式，利用偏心轮的旋转，可使活塞产生往复行程，以进行泵的吸、压油作用。偏心轮的偏心量固定，所以固定液压缸式径向柱塞泵一般为定量泵，最高输出压力可达21 MPa以上。图2-10所示为回转液压缸式柱塞泵，其活塞安装在压缸体上，压缸体的中心和转子的中心有一偏心量e，压缸体和轴一同旋转。分配轴固定，上有四条油路，其中两条油路成一组，分别充当压油的进、出通道，并和盖板的进、出油口相通。改变偏心量即可改变流量，因此，回转液压缸式柱塞泵为一种变量泵。

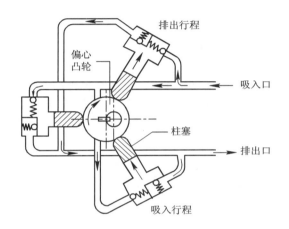

图2-9　固定液压缸式径向柱塞泵

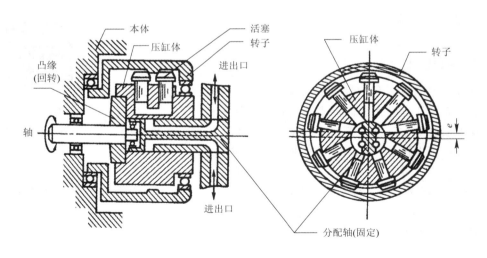

图2-10　回转液压缸式径向柱塞泵

2.3.5　液压泵的职能符号

液压泵的职能符号如图2-11所示。

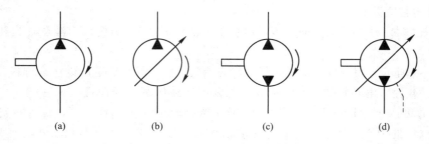

图 2-11 液压泵的职能符号

（a）单向定量液压泵；（b）单向变量液压泵；（c）双向定量液压泵；（d）双向变量液压泵

2.3.6 常用泵的性能

了解各种常用泵的性能有助于我们正确地选用泵。表 2-1 列举了最常用泵的各种性能值，供大家在选用时参考。

表 2-1 几种常用泵的各种性能值

泵类型	速度/(r/min)	排量/(cm³/r)	工作压力/MPa	总效率
外啮合齿轮泵	500～3500	12～250	6.3～16	0.8～0.91
内啮合齿轮泵	500～3500	4～250	16～25	0.8～0.91
螺杆泵	500～4000	4～630	2.5～16	0.7～0.85
叶片泵	960～3000	5～160	10～16	0.8～0.93
轴向柱塞泵	750～3000	100 25～800	20 16～32	0.8～0.92
径向柱塞泵	960～3000	5～160	16～32	0.9

2.4 液压泵与电动机参数的选择

2.4.1 液压泵大小的选择

通常先根据液压泵的性能要求来选定液压泵的型式，再根据液压泵所应保证的压力和流量来确定它的具体规格。

液压泵的工作压力是根据执行元件的最大工作压力来决定的，考虑到各种压力损失，泵的最大工作压力 $p_泵$ 可按下式确定：

$$p_泵 \geqslant k_压 \times p_缸$$

式中，$p_泵$ 表示液压泵所需要提供的压力（Pa）；$k_压$ 表示系统中压力损失系数，一般取 1.3～1.5；$p_缸$ 表示液压缸中所需的最大工作压力（Pa）。

液压泵的输出流量取决于系统所需最大流量及泄漏量，即

$$Q_泵 \geqslant k_流 \times Q_缸$$

式中，$Q_泵$ 表示液压泵所需输出的流量（L/min）；$k_流$ 表示系统的泄漏系数，一般取 1.1～1.3；$Q_缸$ 表示液压缸所需提供的最大流量（L/min）。

若为多液压缸同时动作，$Q_缸$ 应为同时动作的几个液压缸所需的最大流量之和。

在 $p_泵$、$Q_泵$ 求出以后，就可具体选择液压泵的规格。选择时，应使实际选用泵的额定

液压泵和电动机的
参数计算与选用

压力大于所求出的 $p_{泵}$ 值，通常可放大 25％。泵的额定流量一般选择略大于或等于所求出的 $Q_{缸}$ 值即可。

2.4.2　电动机参数的选择

液压泵是由电动机驱动的，可根据液压泵的功率计算出电动机所需要的功率，再考虑液压泵的转速，然后从样本中合理选定标准的电动机。

驱动液压泵所需的电动机功率可按下式确定：

$$P_{M} = \frac{p_{泵} \times Q_{泵}}{60\eta} \ (kW) \tag{2-7}$$

式中，P_M 表示电动机所需的功率(kW)，$p_{泵}$ 表示泵所需的最大工作压力(MPa)，$Q_{泵}$ 表示泵所需输出的最大流量(L/min)，η 表示泵的总效率。

各种泵的总效率大致为

(1) 齿轮泵：0.6～0.7；

(2) 叶片泵：0.6～0.75；

(3) 柱塞泵：0.8～0.85。

2.4.3　计算举例

【例 2-2】　已知某液压系统如图 2-12 所示，工作时，活塞上所受的外载荷为 $F = 9720$ N，活塞有效工作面积 $A = 0.008$ m²，活塞运动速度 $v = 0.04$ m/s。问：应选择额定压力和额定流量为多少的液压泵？驱动它的电机功率应为多少？

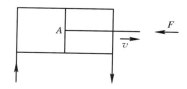

图 2-12　液压系统

解　首先确定液压缸中最大工作压力 $p_{缸}$ 为

$$p_{缸} = \frac{F}{A} = \frac{9720}{0.008} = 12.15 \times 10^{5} (Pa) = 1.215 \ (MPa)$$

选择 $k_{压} = 1.3$，计算液压泵所需最大压力为

$$p_{泵} = 1.3 \times 1.215 = 1.58 \ (MPa)$$

再根据运动速度计算液压缸中所需的最大流量为

$$Q_{缸} = vA = 0.04 \times 0.008 = 3.2 \times 10^{-4} \ (m^3/s)$$

选取 $k_{流} = 1.1$，计算泵所需的最大流量为

$$Q_{泵} = k_{流} Q_{缸} = 1.1 \times 3.2 \times 10^{-4} = 3.52 \times 10^{-4} (m^3/s) = 21.12 \ (L/min)$$

查液压泵的样本资料，选择 CB-B25 型齿轮泵。该泵的额定流量为 25 L/min，大于 $Q_{泵}$；该泵的额定压力为 25 kgf/cm²（约为 2.5 MPa），大于泵所需要提供的最大压力。

选取泵的总效率 $\eta = 0.7$，驱动泵的电动机功率为

$$P_{\text{M}} = \frac{p_{\text{泵}}\,Q_{\text{泵}}}{60\eta} = \frac{1.58 \times 25}{60 \times 0.7} = 0.94 \ (\text{kW})$$

由上式可见，在计算电机功率时用的是泵的额定流量，而没有用计算出来的泵的流量，这是因为所选择的齿轮泵是定量泵的缘故。定量泵的流量是不能调节的。

【例2-3】 如图2-12所示的液压系统，已知负载 $F = 30\ 000$ N，活塞的有效面积 $A = 0.01$ m²，空载时快速前进的速度为 0.05 m/s，负载工作时的前进速度为 0.025 m/s，选取 $k_{\text{压}} = 1.5$，$k_{\text{流}} = 1.3$，$\eta = 0.75$。试从下列已知泵中选择一台合适的泵，并计算其相应的电动机功率。

已知泵的型号及参数如下：

YB-32型叶片泵，$Q_{\text{额}} = 32$ L/min，$p_{\text{额}} = 63$ kgf/cm²；

YB-40型叶片泵，$Q_{\text{额}} = 40$ L/min，$p_{\text{额}} = 63$ kgf/cm²；

YB-50型叶片泵，$Q_{\text{额}} = 50$ L/min，$p_{\text{额}} = 63$ kgf/cm²。

解
$$p_{\text{缸}} = \frac{F}{A} = \frac{30\ 000}{0.01} = 30 \times 10^5 \ (\text{Pa})$$

$$p_{\text{泵}} = k_{\text{压}} \times p_{\text{缸}} = 1.5 \times 30 \times 10^5 = 45 \times 10^5 \ (\text{Pa}) = 4.5 \ (\text{MPa})$$

因为快速前进的速度大，所需流量也大，所以泵必须保证的流量应满足快进的要求，此时流量按快进计算，即

$$Q_{\text{缸}} = v_{\text{快进}} \times A = 0.05 \times 0.01 = 5 \times 10^{-4} \ (\text{m}^3/\text{s})$$

$$Q_{\text{泵}} = k_{\text{流}} \times Q_{\text{缸}} = 1.3 \times 5 \times 10^{-4} = 6.5 \times 10^{-4} \ (\text{m}^3/\text{s}) = 39 \ (\text{L/min})$$

在 $p_{\text{泵}}$、$Q_{\text{泵}}$ 求出后，就可从已知泵中选择一台。

因为求出的 $p_{\text{泵}} = 45 \times 10^5$ Pa $= 4.5$ MPa，而求出的 $Q_{\text{泵}} = 39$ L/min，所以应选择YB-40型叶片泵。电动机功率为

$$P_{\text{M}} = \frac{p_{\text{泵}}\,Q_{\text{泵}}}{60\eta} = \frac{4.5 \times 40}{60 \times 0.75} = 4 \ (\text{kW})$$

若YB-40型泵的转速为960 r/min，则可根据计算出来的电机功率为4 kW和转速为960 r/min从样本中选择合适的电动机。

上例是选用一个泵既要满足空载快速行程的要求（此时压力较低，流量较大），又要满足负载工作行程的要求（此时压力较高，流量相对较小）的题型，所以在计算时压力和流量两者都必须取大值。

思考题与习题

2-1 何谓泵的排量、理论流量和实际流量？

2-2 何谓定量泵和变量泵？

2-3 何谓泵的工作压力、额定压力和最高工作压力？

2-4 液压泵的种类有哪三大类？各有何优缺点？

2-5 为什么齿轮泵通常只能做低压泵使用？

2-6 某液压泵的输出压力为 5 MPa，排量为 10 mL/r，机械效率为0.95，容积效率为0.9。当转速为1000 r/min时，泵的输出功率和驱动泵的电机功率各为多少？

2－7　某液压泵的转速为 950 r/min，排量 $q = 168$ mL/r，在额定压力为 29.5 MPa 和同样转速下，测得的实际流量为 150 L/min，额定工作情况下的总效率为 0.87。求：

（1）泵的理论流量；

（2）泵的容积效率和机械效率；

（3）泵在额定工作情况下所需的电机驱动功率。

2－8　已知某液压系统工作时所需最大流量 $Q = 5 \times 10^{-4}$ m^3/s，最大工作压力 $p = 40 \times 10^5$ Pa，取 $k_压 = 1.3$，$k_流 = 1.1$，试从下列泵中选择液压泵。若泵的效率 $\eta = 0.7$，计算电机功率。

CB－B50 型泵，$Q_额 = 50$ L/min，$p_额 = 25 \times 10^5$ Pa

YB－40 型泵，$Q_额 = 40$ L/min，$p_额 = 63 \times 10^5$ Pa

第3章 液压执行元件及辅助元件

　　液压执行元件是把液体的压力能转换成机械能的装置,它驱动机构作直线往复或旋转(或摆动)运动,其输出为力和速度或转矩和转速。

　　液压辅助元件则是为使液压系统在各种状态下都能正常运作所需的一些设备,包括蓄能器、过滤器、油箱等装置。液压辅助元件的合理设计与选用,将在很大程度上影响液压系统的效率、噪声、温升、工作可靠性等技术性能。

3.1　液　压　缸

液压缸的结构与
参数计算

　　液压缸是使负载作直线运动的执行元件。

3.1.1　液压缸分类

　　液压缸可分为单作用式液压缸和双作用式液压缸两类。单作用式液压缸又可分为无弹簧式、附弹簧式、柱塞式三种,如图 3-1 所示;双作用式液压缸又可分为单杆式和双杆式两种,如图 3-2 所示。

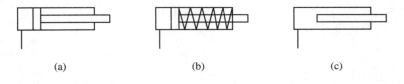

(a)　　　　　　　　　(b)　　　　　　　　　(c)

图 3-1　单作用式液压缸
(a)无弹簧式;(b)附弹簧式;(c)柱塞式

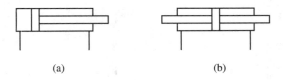

(a)　　　　　　　　　　　(b)

图 3-2　双作用式液压缸
(a)单杆式;(b)双杆式

3.1.2　液压缸结构

　　图 3-3 所示为液压缸,它由缸筒、端盖、活塞、活塞杆、缓冲装置、放气装置和密封装置等组成。选用液压缸时,首先应考虑活塞杆的长度(由行程决定),再根据回路的最高

压力选用适合的液压缸。

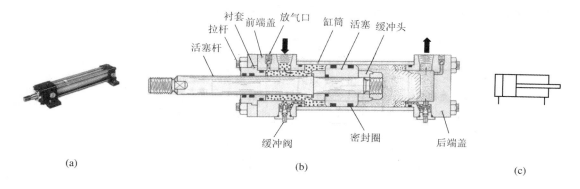

图 3-3 液压缸结构

（a）外观；（b）结构；（c）职能符号

（1）缸筒。缸筒主要由钢材制成。缸筒内要经过精细加工，表面粗糙度 $R_a < 0.08\ \mu m$，以减少密封件的摩擦。

（2）端盖。通常它由钢材制成，有前端盖和后端盖之分，它们分别安装在缸筒的前后两端。端盖和缸筒的连接方法有焊接、拉杆、法兰、螺纹连接等。

（3）活塞。活塞的材料通常是钢或铸铁，有时也采用铝合金。活塞和缸筒内壁间需要密封，采用的密封件有"O"形环、"V"形油封、"U"形油封、"X"形油封和活塞环等。而活塞应有一定的导向长度，一般取活塞长度为缸筒内径的 0.6～1.0 倍。

（4）活塞杆。它是由钢材做成的实心杆或空心杆。其表面经淬火再镀铬处理并抛光。

（5）缓冲装置。为了防止活塞在行程的终点与前后端盖发生碰撞，引起噪音和液压冲击，影响工作精度或使液压缸损坏，常在液压缸前后端盖上设有缓冲装置，以使活塞移到快接近行程终点时速度减慢下来直至停止。图 3-3（b）所示前后端盖上的缓冲阀是附有单向阀的结构。当活塞接近端盖时，缓冲环插入端盖，即液压油的出入口，强迫液压油经缓冲阀的孔口流出，促使活塞的速度缓慢下来。相反，当活塞从行程的终点将离去时，如液压油只作用在缓冲环上，活塞要移动的那一瞬间将非常不稳定，甚至无足够力量推动活塞，故必须使液压油经缓冲阀内的单向阀作用在活塞上，才能使活塞平稳地前进。

（6）放气装置。在安装过程中或停止工作一段时间后，空气将侵入液压系统内。缸筒内如存留空气，将使液压缸在低速时产生爬行、颤抖等现象，换向时易引起冲击，因此在液压缸结构上要能及时排除缸内留存的气体。一般双作用式液压缸不设专门的放气孔，而是将液压油出入口布置在前、后端盖的最高处。大型双作用式液压缸则必须在前、后端盖设放气栓塞。对于单作用式液压缸，液压油出入口一般设在缸筒底部，放气栓塞一般设在缸筒的最高处。

（7）密封装置。液压缸的密封装置用以防止油液的泄漏。液压缸的密封主要是指活塞、活塞杆处的动密封和缸盖等处的静密封。常采用"O"形密封圈和"Y"形密封圈。

3.1.3　液压缸的参数计算

液压缸的工作原理如图 3-4 所示。液压缸缸体是固定的，液压油从 A 口进入作用在活塞上，产生一推力 F，通过活塞杆以克服负荷 W，使活塞以速度 v 向前推进，同时活塞杆侧的液压油通过 B 口流回油箱。相反，若高压油从 B 口进入，则活塞后退。

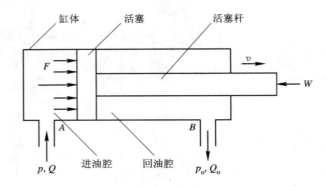

图 3-4 液压缸的工作原理

1. 速度和流量

若忽略泄漏，则液压缸的速度和流量关系如下：

$$Q = Av \qquad\qquad (3-1)$$

$$v = \frac{Q}{A} \qquad\qquad (3-2)$$

式中，Q 表示液压缸的输入流量（m^3/s 或 L/min，其中 $1\ \text{L} = 1 \times 10^{-3}\ \text{m}^3$），$A$ 表示液压缸活塞上有效工作面积（mm^2），v 表示活塞移动速度（m/s）。

通常，活塞上有效工作面积是固定的，由式（3-2）可知，活塞的速度取决于输入液压缸的流量。故由上述理论可知，速度和负载无关。

2. 推力和压力

推力 F 是压力为 p 的液压油作用在有效工作面积为 A 的活塞上，以平衡负载 W。若液压缸回油接油箱，则 $p_0 = 0$，故有

$$F = W = p \cdot A \quad (\text{N}) \qquad\qquad (3-3)$$

式中，p 表示液压缸的工作压力（MPa），A 表示液压缸活塞的有效工作面积（mm^2）。

推力 F 可看成是液压缸的理论推力，因为活塞的有效面积固定，故压力取决于总负载。

如图 3-5(a)所示，当油液从液压缸左腔（无杆腔）进入时，活塞前进速度 v_1 和产生的推力 F_1 为

$$v_1 = \frac{Q}{A_1} = \frac{4Q}{\pi D^2} \qquad\qquad (3-4)$$

$$F_1 = p_1 \cdot A_1 - p_2 \cdot A_2 = \frac{\pi}{4}\big[(p_1 - p_2)D^2 + p_2 d^2\big] \qquad\qquad (3-5)$$

如图 3-5(b)所示，当油液从液压缸右腔（有杆腔）进入时，活塞后退的速度 v_2 和产生的推力 F_2 为

$$v_2 = \frac{Q}{A_2} = \frac{4Q}{\pi(D^2 - d^2)} \qquad\qquad (3-6)$$

$$F_2 = p_1 \cdot A_2 - p_2 \cdot A_1 = \frac{\pi}{4}\left[(p_1 - p_2)D^2 - p_2 d^2\right] \tag{3-7}$$

因为活塞的有效面积 $A_1 > A_2$，所以 $v_1 < v_2$，$F_1 > F_2$。

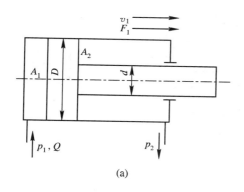 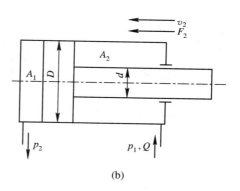

图 3 - 5　单杆活塞缸

图 3 - 6 所示为单杆活塞缸的另一种联结方式。它把右腔的回油管道和左腔的进油管道接通，这种联结方式称为差动联结。活塞前进的速度 v 及推力 F 为

$$v_3 = \frac{Q + Q'}{A_1} = \frac{Q + \frac{\pi}{4}(D^2 - d^2)v_3}{\frac{\pi}{4}D^2}$$

则有

$$v_3 = \frac{4Q}{\pi d^2} \tag{3-8}$$

$$F_3 = p(A_1 - A_2) = p\,\frac{\pi d^4}{4} \tag{3-9}$$

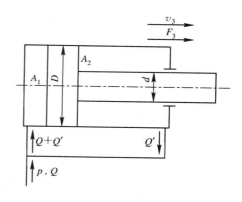

图 3 - 6　差动缸

显然，差动联结时活塞运动速度较快，产生的推力较小。所以，差动联结常用于空载快进场合。

3.1.4　其他液压缸

1. 摆动缸

摆动式液压缸也称摆动马达。当它通入液压油时，它的主轴输出小于 $360°$ 的摆动运动。图 3 - 7(a)所示为单叶片式摆动缸，它的摆动角度较大，可达 $300°$。当摆动缸进、出油口压力为 p_1 和 p_2，输入流量为 Q 时，它的输出转矩 T 和角速度 ω 为

$$T = b\int_{R_1}^{R_2}(p_1 - p_2)r\,\mathrm{d}r = \frac{b}{2}(R_2^2 - R_1^2)(p_1 - p_2) \tag{3-10}$$

$$\omega = 2\pi n = \frac{2Q}{b(R_2^2 - R_1^2)} \tag{3-11}$$

式中，b 为叶片的宽度，R_1、R_2 为叶片底部和顶部的回转半径。

图 3-7(b)所示为双叶片式摆动缸,它的摆动角度和角速度为单叶片式的一半,而输出转矩是单叶片式的两倍。图 3-7(c)所示为摆动缸的职能符号。

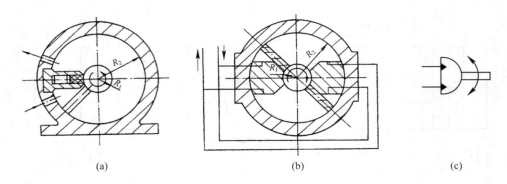

图 3-7 摆动缸

(a)单叶片式摆动缸;(b)双叶片式摆动缸;(c)职能符号

2. 增压缸

在某些短时或局部需要高压的液压系统中,常用增压缸与低压大流量泵配合作用。单作用式增压缸的工作原理如图 3-8(a)所示,输入低压力为 p_1 的液压油,输出高压力为 p_2 的液压油,增大的压力关系为

$$p_2 = p_1 \left(\frac{D}{d} \right)^2 \tag{3-12}$$

单作用增压缸不能连续向系统供油。图 3-8(b)所示为双作用式增压缸,可由两个高压端连续向系统供油。

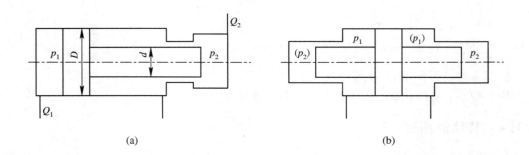

图 3-8 增压缸

(a)单作用式增压缸;(b)双作用式增压缸

3. 伸缩缸

如图 3-9 所示,伸缩式液压缸由两个或多个活塞式液压缸套装而成,前一级活塞缸的活塞是后一级活塞缸的缸筒,可获得很长的工作行程。伸缩缸可广泛用于起重运输车辆上。

图 3-9(a)所示是单作用式伸缩缸,图 3-9(b)是双作用式伸缩缸。

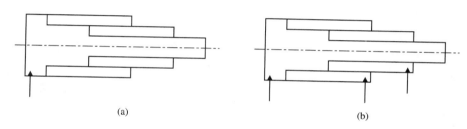

(a)   (b)

图 3-9 伸缩缸

（a）单作用式伸缩缸；（b）双作用式伸缩缸

4. 齿轮缸

图 3-10 所示为齿轮缸。它由两个柱塞和一套齿轮齿条传动装置组成，当液压油推动活塞左右往复运动时，齿条就推动齿轮往复转动，从而由齿轮驱动工作部件作往复旋转运动。

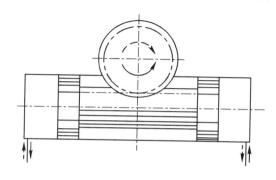

图 3-10 齿轮缸

3.2 液 压 马 达

液压马达是使负载作连续旋转的执行元件。其内部构造与液压泵类似，差别仅在于液压泵的旋转是由电机带动的，且输出的是液压油；液压马达输入的是液压油，输出的是转矩和转速。因此，液压马达和液压泵在内部结构上存在一定的差别。

3.2.1 液压马达分类及特点

液压马达按其结构类型来分，可以分为齿轮式、叶片式、柱塞式等形式；按液压马达的额定转速分，可分为高速和低速两大类，额定转速高于 500 r/min 的属于高速液压马达，额定转速低于 500 r/min 的属于低速液压马达。高速液压马达的基本形式有齿轮式、螺杆式、叶片式和轴向柱塞式等。高速液压马达的主要特点是转速高，转动惯量小，便于启动和制动等。通常高速液压马达的输出转矩不大（仅几十牛·米到几百牛·米），因此又称为高速小转矩马达。低速液压马达的基本形式是径向柱塞式，主要特点是排量大，体积大，转速低（几转甚至零点几转每分钟），输出转矩大（可达几千牛·米到几万牛·米），因此又称为低速大转矩液压马达。

3.2.2 液压马达职能符号

液压马达的职能符号如图 3-11 所示。

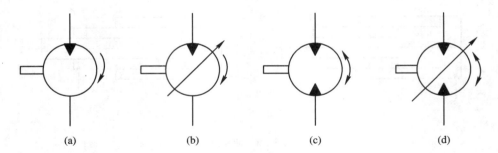

图 3-11　液压马达的职能符号

（a）单向定量液压马达；（b）单向变量液压马达；（c）双向定量液压马达；（d）双向变量液压马达

3.2.3　液压马达的参数计算

因为理论上液压马达输入、输出功率相等，所以有如下关系：

$$\Delta p Q_{ac} = T_{th}\omega \tag{3-13}$$

即有

$$\Delta pqn = T_{th}2\pi \cdot n \tag{3-14}$$

式中，Q_{ac} 表示输入液压马达的实际流量（m^3/min），ω 表示马达角速度（rad/min），T_{th} 表示理论转矩（$N \cdot m$），Δp 表示马达的输入压力与马达出口压力差（Pa）。

所以有

$$T_{th} = \frac{\Delta pq}{2\pi} \tag{3-15}$$

$$T_{ac} = \eta_m T_{th} \tag{3-16}$$

式中，T_{ac} 表示液压马达实际输出转矩（$N \cdot m$），q 表示马达排量（m^3/r），η_m 表示液压马达的机械效率。

$$n = \frac{Q}{q}\eta_V \tag{3-17}$$

式中，n 表示马达转速（r/min），η_V 表示液压马达的容积效率。

$$P_r = \frac{2\pi \cdot nT_{ac}}{60 \times 10^3} \quad (kW) \tag{3-18}$$

式中，P_r 表示液压马达输出功率。

3.3　液压辅助元件

液压系统中除了动力元件、执行元件、控制元件外，还有油箱、滤油器、蓄能器、压力表、密封装置、管件等，均称为液压系统辅助元件。

辅助元件

3.3.1　油箱

油箱的主要功能是储存油液，此外，还有散热（以控制油温）、阻止杂质进入、沉淀油中杂质、分离气泡等功能。

油箱容量如果太小，就会使油温上升。油箱容量一般设计为泵每分钟流量的 2～4 倍，或所有管路及元件均充满油，且油面高出滤油器 50～100 mm，而液面高度只占油箱高度的 80% 时的油箱容积。

1. 油箱形式

油箱可分为开式和闭式两种，开式油箱中的油液面和大气相通，而闭式油箱中的油液面和大气隔绝。液压系统中大多数采用开式油箱。

2. 油箱结构

开式油箱大部分是由钢板焊接而成的，图 3-12 所示为工业上使用的典型焊接式油箱。

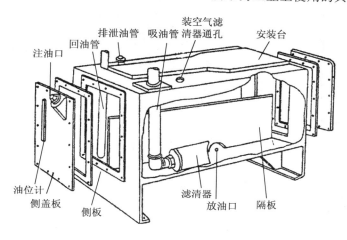

图 3-12　焊接式油箱

3. 隔板及配油管的安装位置

隔板装在吸油侧和回油侧之间，如图 3-13 所示，起到沉淀杂质、分离气泡及散热的作用。

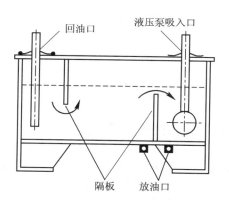

图 3-13　隔板的位置

油箱中常见的配油管有回油管、吸油管及泄油管等，有关安装尺寸见图 3-14 所示。吸油管的口径应为其余供油管径的 1.5 倍，以免泵吸入不良。回油管末端要浸在液面下，且其末端切成 45°倾角并面向箱壁，以使回油冲击箱壁而形成回流，这样有利于冷却油温和沉淀杂质。

系统中泄油管应尽量单独接入油箱。各类控制阀的泄油管端部应在液面以上，以免产生背压；泵和马达的外泄油管其端部应在液面之下，以免吸入空气。

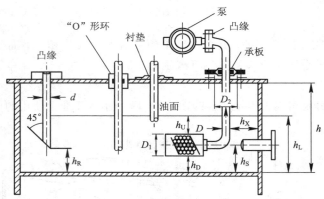

回油管：$h_R \geqslant 2d$；吸入管：$D_2 > D_1$；

吸入位置：$h_S = \dfrac{1}{4}h$ 为基准，h_D、h_U 在 $50 \sim 100 \, mm$ 范围内，$h_X \geqslant 3D$

图 3-14　配油管的安装及尺寸

4）附设装置

为了监测液面，油箱侧壁应装油面指示计。为了检测油温，一般在油箱上装温度计，且温度计直接浸入油中。在油箱上亦装有压力表，可用以指示泵的工作压力。

3.3.2　滤油器

1. 滤油器的结构

滤油器（filter）一般由滤芯（或滤网）和壳体构成。其通流面积由滤芯上无数个微小间隙或小孔构成。当混入油中的污物（杂质）大于微小间隙或小孔时，杂质被阻隔而滤清出来。若滤芯使用磁性材料，则可吸附油中能被磁化的铁粉杂质。

滤油器可以安装在油泵的吸油管路上或某些重要零件之前，也可安装在回油管路上。

滤油器可分成液压管路中使用的和油箱中使用的两种。油箱内部使用的滤油器亦称为滤清器和粗滤器，用来过滤一些太大的、容易造成泵损坏的杂质（在 $0.1 \, mm^3$ 以上）。图 3-15 为壳装滤清器（strainer），装在泵和油箱吸油管途中。图 3-16 所示为无外壳滤清器，安装在油箱内，拆装不方便，但价格便宜。

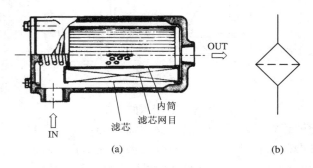

图 3-15　壳装滤清器

（a）结构；（b）职能符号

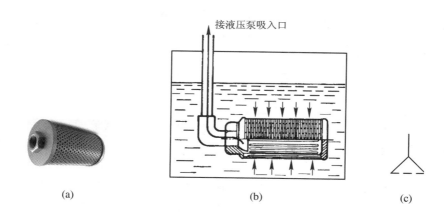

接液压泵吸入口

(a)   (b)   (c)

图 3-16　无外壳滤清器

(a) 外观；(b) 结构；(c) 职能符号

　　管用滤油器有压力管用滤油器及回油管用滤油器。图 3-17 所示为压力管用滤油器，因要受压力管路中的高压力，所以耐压力问题必须考虑；回油管用滤油器是装在回油管路上的，压力低，只需注意冲击压力的发生即可。就价格而言，压力管用滤油器较回油管用滤油器贵出许多。

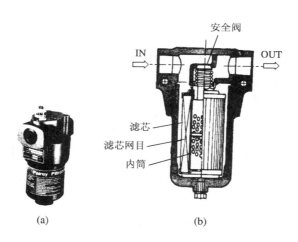

安全阀

IN   OUT

滤芯

滤芯网目

内筒

(a)   (b)

图 3-17　压力管用滤油器

(a) 外观；(b) 结构

2. 滤油器的选用

选用滤油器时应考虑如下问题：

（1）过滤精度。原则上大于滤芯网目的污染物是不能通过滤芯的。滤油器上的过滤精度常用能被过滤掉的杂质颗粒的公称尺寸大小来表示。系统压力越高，过滤精度越低。表 3-1 为液压系统中建议采用的过滤精度。

表 3 - 1　建议采用的过滤精度

使用场所	提高换向阀操作的可靠度	保持微小流量控制	一般液压机器操作的可靠度	保持伺服阀的可靠度
建议采用的过滤精度	10 μm 左右	10 μm	25 μm 左右	5～10 μm

（2）液压油通过的能力。液压油通过的流量大小和滤芯的通流面积有关，一般可根据要求通过的流量选用相对应规格的滤油器。为降低阻力，滤油器的容量为泵流量的 2 倍以上。

（3）耐压。选用滤油器时必须注意系统中冲击压力的发生。而滤油器的耐压包含滤芯的耐压和壳体的耐压。一般滤芯的耐压为 0.01～0.1 MPa，这主要靠滤芯有足够的通流面积，使其压降小，以避免滤芯被破坏。滤芯被堵塞，压降便增加。

必须注意：滤芯的耐压和滤油器的使用压力是不同的，当提高使用压力时，要考虑壳体是否承受得了，而与滤芯的耐压无关。

3. 滤油器的安装位置

图 3-18 所示为液压系统中滤油器的几种可能安装位置。

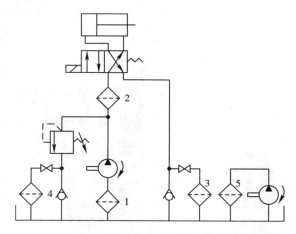

图 3-18　滤油器的安装位置

（1）滤油器（滤清器）1：安装在泵的吸入口，其作用如前文所述。

（2）滤油器 2：安装在泵的出口，属于压力管用滤油器，用来保护泵以外的其他元件。一般装在溢流阀下游的管路上或和安全阀并联，以防止滤油器被堵塞时泵形成过载。

（3）滤油器 3：安装在回油管路上，属于回油管用滤油器，此滤油器的壳体耐压性可较低。

（4）滤油器 4：安装在溢流阀的回油管上，因其只通过泵部分的流量，故滤油器容量可较小。如滤油器 2、3 的容量相同，则通过降低流速，可使过滤效果更好。

（5）滤油器 5：为独立的过滤系统，其作用是不断净化系统中的液压油，常用在大型的液压系统里。

3.3.3　空气滤清器

为防止灰尘进入油箱，通常在油箱的上方通气孔装有空气滤清器。有的油箱利用此通气孔当作注油口，如图 3-19 所示为带注油口的空气滤清器。对空气滤清器的容量要求是，当液压系统达到最大负荷状态时，仍能保持大气压力的程度。

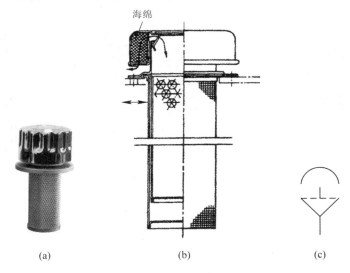

图 3-19　带注油口的空气滤清器
（a）外观；（b）结构；（c）职能符号

3.3.4　油冷却器

液压油的工作温度以 40～60℃ 为宜，最高不得大于 60℃，最低不得低于 15℃。液压系统在运转时难免会有能量损失，其损失大部分变成了热量。热量中的一小部分由元件或管路等表面散掉了，另外大部分被液压油带回油箱而使油温上升。油温如超过 60℃，将加速液压油的恶化，促使系统性能下降。如果油箱的表面散热量能够和所产生的热量相平衡，那么油温就不会过高，否则必须加油冷却器来抑制油温的上升。

一般说来，由于油箱散热面积不够，必须采用油冷却器来抑制油温，具体有如下三个原因：

（1）因机械整体的体积和空间使油箱的大小受到限制。

（2）因经济原因，需要限制油箱的大小等。

（3）要把液压油的温度控制得更低。

油冷却器可分成水冷式和气冷式两大类。

1. 水冷式油冷却器

水冷式油冷却器通常采用壳管式（shell-and-tube type）油冷却器。它是由一束小管子（冷却管）装置在一个外壳里所构成的。

壳管式油冷却器有多种形式，但一般都采用直管形油冷却器，如图 3-20 所示。其构造是把直管形冷却管装在一外壳内，两端再用可移动的端盖（管帽）封闭，将金属隔板装置在内，使液压油垂直于冷却管流动以加强热的传导。

冷却管通常由小直径管子组成（$\phi\frac{1}{4}''\sim\phi1''$）；材料可用铝、钢、不锈钢等无缝钢管，但为增加传热效果，一般采用铜管，并在铜管上滚牙以增进散热面积。冷却管的安装分为固

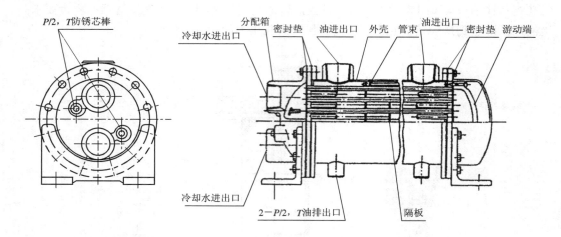

图 3-20　水冷式直管形油冷却器结构图

定式安装和可移动式安装两种。可移动式冷却器可由外壳中抽出来清洗或修理；固定式冷却器被固定在内不能取出。

冷却器的外壳是由 2″～30″开口的管子构成的，材料可用铝、铜或不锈钢管等。

2. 气冷式油冷却器

气冷式油冷却器的构造如图 3-21 所示，由风扇和许多带散热片的管子所构成。油在冷却管中流动，风扇使空气穿过管子和散热片表面，以冷却液压油。其冷却效率较水冷低，但在冷却水不易取得或水冷式油冷却器不易安装的场所，有时还必须采用气冷式，尤以行走机械的液压系统使用较多。

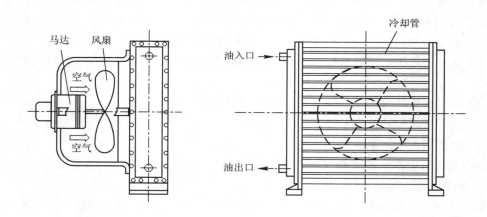

图 3-21　气冷式油冷却器

3. 油冷却器安装的场所

油冷却器安装在热发生体附近，且液压油流经油冷却器时，压力不得大于 1 MPa。有时必须用安全阀来保护，以使它免于高压的冲击而造成损坏。一般将油冷却器安装在如下一些场所：

（1）热发生源，如溢流阀附近，如图 3-22 所示。

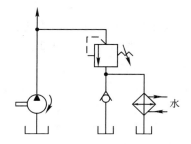

图 3-22 冷却溢流阀流出来的油的回路

（2）发热为配油管的摩擦阻抗产生热以及外来的辐射热，常把油冷却器装在配油管的回油侧，如图 3-23 所示。图中截止阀为保养用，方便油冷却器拆装。单向阀在防止油冷却器受各自机器的冲击力的破坏以及在大流量时，仅让需要流量通过油冷却器。

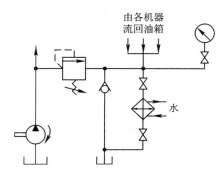

图 3-23 冷却器装在回油侧的回路

（3）当液压装置很大且运转的压力很高时，使用独立的冷却系统，如图 3-24 所示。

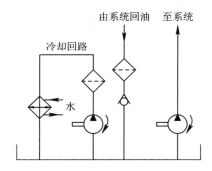

图 3-24 独立冷却回路

4. 油冷却器的冷却水

为防止冷却器累积过多的水垢而影响热交换效率，可在冷却器内装一滤油器。冷却水要采用清洁的软化水。

3.3.5 蓄能器

1. 蓄能器（Accumulators）的功用

蓄能器是液压系统中一种储存油液压力能的装置，其主要功用如下。

（1）作辅助动力源。在液压系统工作循环中，当不同阶段需要的流量变化很大时，常将蓄能器和一个流量较小的泵组成油源；当系统需要很小流量时，蓄能器可将液压泵多余的流量储存起来；当系统短时期需要较大流量时，蓄能器将储存的液压油释放出来，与泵一起向系统供油。在某些特殊的场合：如驱动泵的原动机发生故障，蓄能器可作应急能源使用；如现场要求防火、防爆，也可用蓄能器作为独立油源。

（2）保压和补充泄漏。有的液压系统需要在液压泵处于卸荷状态下较长时间保持压力，此时可利用蓄能器释放所存储的液压油，补偿系统的泄漏，保持系统的压力。

（3）吸收压力冲击和消除压力脉动。由于液压阀的突然关闭或换向，系统可能产生压力冲击，此时可在压力冲击处安装蓄能器以起吸收作用，使压力冲击峰值降低。如在泵的出口处安装蓄能器，还可以吸收泵的压力脉动，提高系统工作的平稳性。

2. 蓄能器的分类和选用

蓄能器有弹簧式、重锤式和充气式三类。常用的是充气式，它利用气体的压缩和膨胀储存、释放压力能。在蓄能器中，气体和油液被隔开，而根据隔离的方式不同，充气式蓄能器又分为活塞式、皮囊式和气瓶式等三种。下面主要介绍常用的活塞式和皮囊式蓄能器。

1）活塞式蓄能器

图 3-25(a)所示为活塞式蓄能器，用缸筒 2 内浮动的活塞 1 将气体与油液隔开，气体（一般为惰性气体氮气）经充气阀 3 进入上腔，活塞 1 的凹部面向充气阀，以增加气室的容积，蓄能器的下腔油口 a 充液压油。活塞式结构简单，安装和维修方便，寿命长，但由于活塞惯性和密封部件的摩擦力影响，其动态响应较慢。它适用于压力低于 20 MPa 的系统储能或吸收压力脉动。

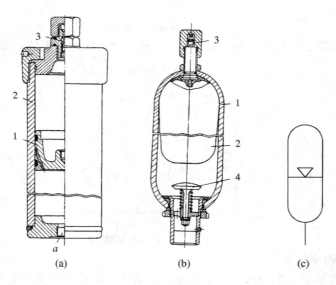

图 3-25　充气式蓄能器
（a）活塞式；（b）皮囊式；（c）职能符号

2）皮囊式蓄能器

图 3-25(b)所示为皮囊式蓄能器，采用耐油橡胶制成的气囊 2 内腔充入一定压力的惰性气体，气囊外部液压油经壳体 1 底部的限位阀 4 通入，限位阀还保护皮囊不被挤出容器之外。此蓄能器的气、液是完全隔开的，皮囊受压缩储存压力能的影响，其惯性小，动作灵

敏，适用于储能和吸收压力冲击，工作压力可达 32 MPa。

图 3-25(c)所示为蓄能器的职能符号。

3.3.6 油管与管接头

1. 油管

油管材料可用金属或橡胶，选用时由耐压和装配的难度来决定。吸油管路和回油管路一般用低压的有缝钢管，也可使用橡胶和塑料软管，但当控制油路中流量小时，多用小铜管。考虑配管和工艺方便，在中、低压油路中也常使用铜管，高压油路一般使用冷拔无缝钢管。必要时也采用价格较贵的高压软管。高压软管是由橡胶中间加一层或几层钢丝编织网制成的。高压软管比硬管安装方便，且可以吸收振动。

管路内径的选择主要考虑降低流动时的压力损失。对于高压管路，通常流速在 3～4 m/s 范围内；对于吸油管路，考虑泵的吸入和防止气穴，通常流速在 0.6～1.5 m/s 范围内。

在装配液压系统时，油管的弯曲半径不能太小，一般应为管道半径的 3～5 倍。应尽量避免小于 90°弯管，平行或交叉的油管之间应有适当的间隔，并用管夹固定，以防振动和碰撞。

2. 管接头

管接头有焊接管接头、卡套管接头、扩口管接头、扣压式管接头、快速接头等几种形式，如图 3-26～图 3-30 所示，一般由具体使用需要来决定采用何种连接方式。

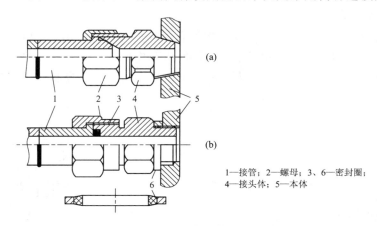

1—接管；2—螺母；3、6—密封圈；
4—接头体；5—本体

图 3-26　焊接管接头

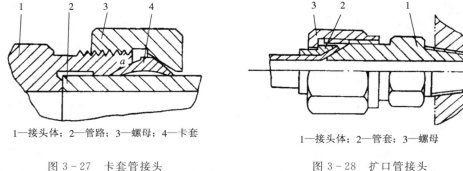

1—接头体；2—管路；3—螺母；4—卡套

图 3-27　卡套管接头

1—接头体；2—管套；3—螺母

图 3-28　扩口管接头

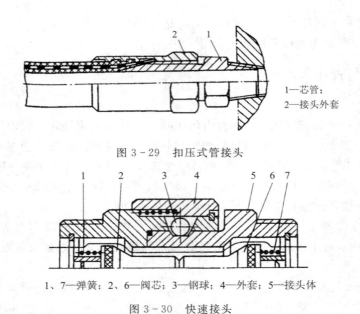

1—芯管；
2—接头外套

图 3-29 扣压式管接头

1、7—弹簧；2、6—阀芯；3—钢球；4—外套；5—接头体

图 3-30 快速接头

3.4 工业实践项目：长柄勺汲取装置

1. 控制要求和技术参数

铝液汲取装置如图 3-31 所示。要求将液态铝从恒温炉中舀出，然后经导流槽放入压铸机模具中。为达到此目的，采用长柄勺，并使用双作用液压缸操作长柄勺，以完成相应运动。系统压力为 50 bar。图 3-32 为采用二位四通换向阀直接控制双作用液压缸的回路图，试想这种方案是否能解决该问题。

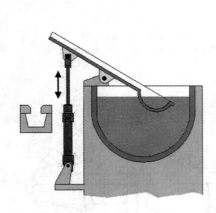

图 3-31 铝液汲取装置

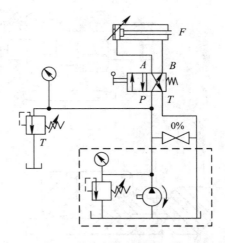

图 3-32 二位四通换向阀直接控制双作用液压缸回路

2. 任务实施

按照图 3-32 从液压实训台选取相应元件组装液压回路，按照操作规范操纵二位四通换向阀使液压缸伸出、缩回，观察液压缸在拉力负载下的运动过程，是否存在液压缸活塞

杆伸出较快的现象。如何使液压缸伸出时其驱动的长柄勺平稳下降至恒温炉而不致铝液飞溅。完善改进长柄勺汲取装置液压系统，解决上述问题。观察记录液压缸运动过程，将所使用的元器件名称及数量填入表3-2，不完整的名称请补充。

表 3-2　实践使用元器件清单

实训名称	液压实验台	双作用液压缸	二位四通手动方向控制阀	溢流阀	单向阀	压力表	三通接头	油管	…
数量	1								

3. 解决方案：绘制改进后的液压回路图

要求解决拉力负载下液压缸快速伸出问题，即在回路图中增加背压阀。

4. 任务反思

按照改进后的液压回路图从液压实训台选取相应元件组装液压回路，按照操作规范操纵换向阀使液压缸运动，观察记录液压缸运动过程，了解背压阀是否起作用以及液压缸伸出运动是否平稳。

5. 拓展与创新

除了采用溢流阀在本系统中做背压，还可以用哪些元件提供系统背压？哪种背压回路是更加优化的？

思考题与习题

常见问题解答

3-1　简述液压缸的分类。

3-2　液压缸由哪几部分组成？

3-3　哪种液压马达属于高速低扭矩马达？哪些液压马达属于低速高扭矩马达？

3-4　简述油箱以及油箱内隔板的功能。

3-5　油箱上装空气滤清器的目的是什么？

3-6　根据经验，开式油箱有效容积为泵流量的多少倍？

3-7　滤油器在选择时应该注意哪些问题？

3-8　简述液压系统中安装冷却器的原因。

3-9　油冷却器依冷却方式分为哪两大类？

3-10　简述蓄能器的功能。

3-11　蓄能器有哪几类？常用的是哪一类？

3-12　如题图3-12所示，试分别计算图3-12(a)、(b)中的大活塞杆上的推力和运动速度。

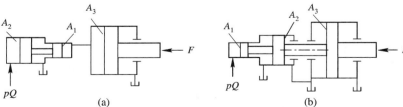

题图 3-12

3-13 某一差动液压缸，求在 $v_{快进}=v_{快退}$ 和 $v_{快进}=2v_{快退}$ 两种条件下活塞面积 A_1 和活塞杆面积 A_2 之比。

3-14 单叶片摆动液压马达的供油压力 $p_1=2$ MPa，供油流量 $Q=25$ L/min，回油压力 $p_2=0.3$ MPa，缸体内径 $D=240$ mm，叶片安装轴直径 $d=80$ mm。设输出轴的回转角速度 $\omega=0.7$ rad/s，试求叶片的宽度 b 和输出轴的转矩 T。

3-15 已知某液压马达的排量 $q=250$ mL/r，液压马达入口压力为 $p_1=10.5$ MPa，出口压力 $p_2=1.0$ MPa，其总效率 $\eta=0.9$，容积效率 $\eta_V=0.92$。当输入流量 $Q=22$ L/min时，试求液压马达的实际转速 n 和液压马达的输出转矩 T。

第4章 液压控制元件

在液压系统中,除需要液压泵来提供动力和液压执行元件来驱动工作装置外,还要对执行元件的运动方向、运动速度及力的大小进行控制,这就需要一些控制元件。

在液压系统中,液压控制元件主要是各种控制阀,用来控制液体流动的方向、流量的大小和压力的高低,以满足执行元件的工作要求。

液压控制阀的
控制机理与分类

4.1 方 向 控 制 阀

方向控制阀(Direction Control Valves)是用来通断油路或改变油液流动方向来控制执行元件运动的控制元件,如控制液压缸的前进、后退与停止,液压马达的正、反转与停止等。

4.1.1 单向阀

单向阀(Check Valve)控制油液只能在一个方向流动,反方向截止。它的结构及职能符号如图4-1所示。

液控单向阀如图4-2所示,它是在普通单向阀的基础上多了一个控制口C。当控制口不通压力油时,该阀相当于一个普通单向阀;若控制口接压力油,则油液可双向流动。

单向阀

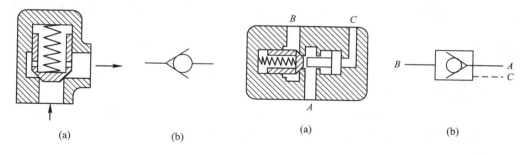

图 4-1 单向阀　　　　　　图 4-2 液控单向阀
（a）结构；（b）职能符号　　（a）结构；（b）职能符号

为减少压力损失,单向阀的弹簧刚度一般很小,普通单向阀的开启压力为0.035~0.05 MPa。但若将其置于回油路作背压阀使用时,则应换成较大刚度的弹簧,此时阀的开启压力为0.3~0.5 MPa。

4.1.2 换向阀

换向阀是利用阀芯对阀体的相对位置改变来控制油路接通、关断或

换向阀

改变油液流动方向的。

1. 换向阀的分类

1）按接口数及切换位置数分类

所谓接口，是指阀上各种接油管的进、出口。进油口通常标为 P，回油口标为 R 或 T，出油口则以 A、B 来表示。阀芯相对于阀体可移动的位置数称为切换位置数。通常，我们将接口称为"通"，将阀芯的位置称为"位"。例如，图 4-3 所示的手动换向阀有 3 个切换位置、4 个接口，我们称该阀

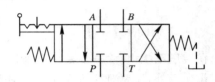

图 4-3 手动三位四通换向阀

为三位四通换向阀。该阀的三个工作位置与阀芯在阀体中的对应位置如图 4-4 所示。各种"位"和"通"的换向阀职能符号如图 4-5 所示。

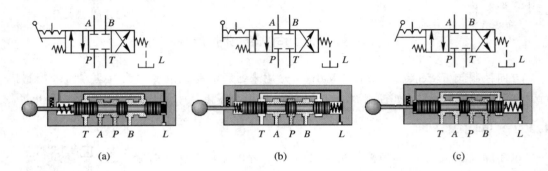

图 4-4 换向阀动作原理说明

（a）手柄左扳，阀左位工作；（b）松开手柄，阀中位工作；（c）手柄右扳，阀右位工作

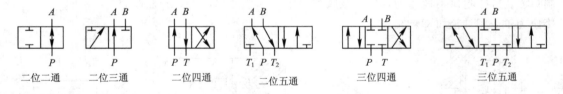

二位二通　　二位三通　　二位四通　　二位五通　　三位四通　　三位五通

图 4-5 换向阀的"位"和"通"的职能符号

2）按操作方式分类

推动阀内阀芯移动的方法有手动、脚动、机械动、液压动、电磁动等，如图 4-6 所示。阀内如装有弹簧，则当外加压力消失时，阀芯会回到原位。

手动　　机械动(滚轮式)　　电磁动　　弹簧　　液压动　　液压先导控制　　电磁-液压先导控制

图 4-6 换向阀操纵方式符号

2. 换向阀结构

在液压传动系统中广泛采用的是滑阀式换向阀，在这里主要介绍这种换向阀的几种结构。

1）手动换向阀

手动换向阀是利用手动杠杆改变阀芯位置来实现换向的。图4-7所示为手动换向阀的结构图和职能符号。

图4-7(a)为自动复位式手动换向阀，手柄左扳则阀芯右移，阀的油口P和A通，B和T通；手柄右扳则阀芯左移，阀的油口P和B通，A和T通；放开手柄，阀芯2在弹簧3的作用下自动回复中位(四个油口互不相通)。

如果将该阀阀芯右端弹簧3的部位改为图4-7(b)的形式，即成为可在三个位置定位的手动换向阀。图4-7(c)、图4-7(d)所示为手动换向阀的职能符号图。

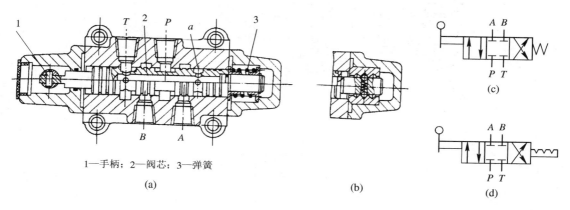

1—手柄；2—阀芯；3—弹簧

图4-7 手动换向阀

2）机动换向阀

机动换向阀又称行程阀，主要用来控制液压机械运动部件的行程。它借助于安装在工作台上的挡铁或凸轮来迫使阀芯移动，从而控制油液的流动方向。机动换向阀通常是二位的，有二通、三通、四通和五通几种，其中二位二通、二位三通机动换向阀又分常闭和常开两种。

图4-8(a)所示为滚轮式二位二通常闭式机动换向阀的结构图，若滚轮未被压住，则油口P和A不通；当挡铁或凸轮压住滚轮时，阀芯右移，则油口P和A接通。图4-8(b)所示为其职能符号。

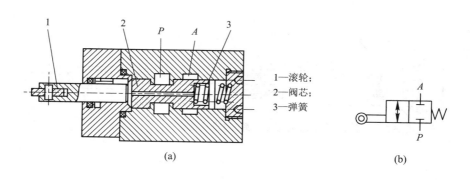

1—滚轮；
2—阀芯；
3—弹簧

图4-8 机动换向阀

(a)结构；(b)职能符号

3）电磁换向阀

电磁换向阀是利用电磁铁的通、断电而直接推动阀芯来控制油口的连通状态的。图 4-9 所示为三位五通电磁换向阀，当左边电磁铁通电，右边电磁铁断电时，阀油口的连接状态为 P 和 A 通，B 和 T_2 通，T_1 封闭；当右边电磁铁通电，左边电磁铁断电时，P 和 B 通，A 和 T_1 通，T_2 封闭；当左右电磁铁全断电时，阀芯在两端弹簧作用下回到中位，五个油口全部封闭。

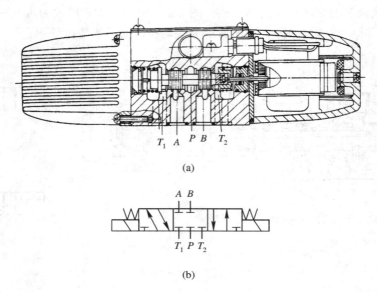

(a)

(b)

图 4-9　三位五通电磁换向阀

(a) 结构；(b) 职能符号

4）液动换向阀

图 4-10 所示为三位四通液动换向阀，当 K_1 通压力油，K_2 回油时，P 与 A 接通，B 与 T 接通；当 K_2 通压力油，K_1 回油时，P 与 B 接通，A 与 T 接通；当 K_1、K_2 都未通压力油时，阀芯回到中位，P、T、A、B 四个油口全部封闭。

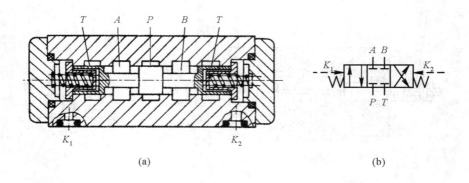

(a)

(b)

图 4-10　三位四通液动换向阀

(a) 结构；(b) 职能符号

5）电液换向阀

电液换向阀是由电磁换向阀和液动换向阀组合而成的。电磁换向阀起先导作用，它可以改变和控制液流的方向，从而改变液动换向阀的位置。由于操纵液动换向阀的液压推力可以很大，因此主阀可以做得很大，允许有较大的流量通过。这样用较小的电磁铁就能控制较大的液流了。图4-11所示为三位四通电液换向阀。

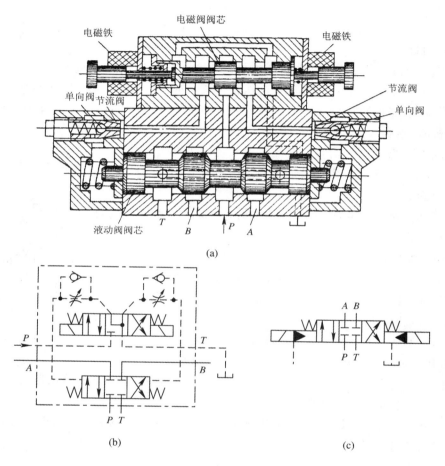

图4-11 三位四通电液换向阀

（a）结构；（b）职能符号；（c）简化职能符号

该阀的工作状态（不考虑内部结构）和普通电磁阀一样，但工作位置的变换速度可通过液动阀上的节流阀调节，使换向阀换向平稳而无冲击。

3. 比例方向阀

比例方向阀（Proportional Directional-flow Valve）是由比例电磁阀所产生的电磁力来控制阀芯移动的。它依靠控制线圈电流来控制方向阀内阀芯的位移量，故可同时控制油流动的方向和流量。

图4-12为比例方向阀的职能符号，通过控制器可以得到任何想要的流量大小和方向，同时也有压力及温度补偿的功能。比例方向阀有进油和回油流量控制两种类型。

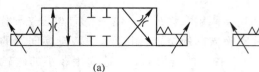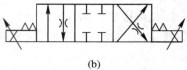

(a)   (b)

图 4-12 比例方向阀

（a）进口节流；（b）出口节流

4. 中位机能

当液压缸或液压马达需在任何位置均可停止时，要使用三位阀(即除前进端与后退端外，还有第三个位置)，此类阀阀芯双边皆装弹簧，如无外来的推力，阀芯将停在中间位置，称此位置为中间位置，简称中位。换向阀中间位置各接口的连通方式称为中位机能。各种中位机能如表 4-1 所示。

换向阀不同的中位机能可以满足液压系统的不同要求，由表 4-1 可以看出，中位机能是通过改变阀芯的形状和尺寸得到的。

在分析和选择三位换向阀的中位机能时，通常需要考虑以下几个方面：

（1）系统保压。中位为"O"型，如图 4-13 所示，P 口被封闭时，油需从溢流阀流回油箱，从而增加了功率消耗，此时活塞在任一位置均可停住；但是，液压泵能用于多缸系统。

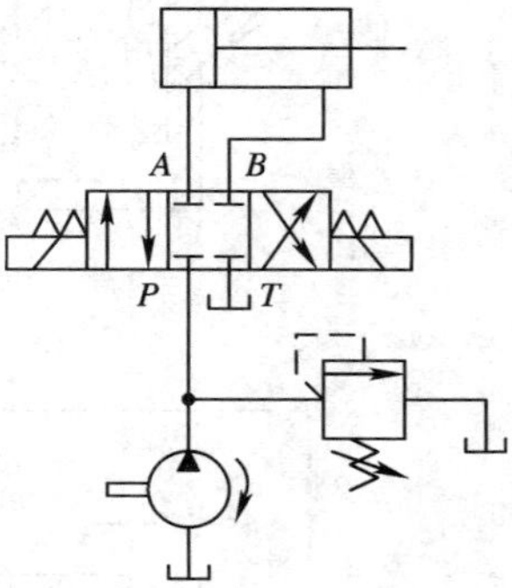

（2）系统卸荷。中位为"M"型，如图 4-14 所示，当方向阀处于中位时，A、B 口被封闭。因 P、T 口相通，泵输出的油液不经溢流阀即可流回油箱。由于泵直接接油箱，因此泵的输出压力近似为零，也称泵卸荷，系统即可减少功率损失。

（3）液压缸快进。中位为"P"型，如图 4-15 所示，当换向阀处于中位时，因 P、A、B 口相通，故可用作差动回路。

图 4-13 换向阀中位为"O"型

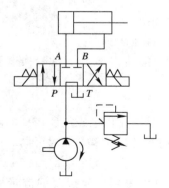

图 4-14 换向阀中位为"M"型

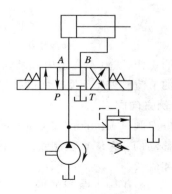

图 4-15 换向阀中位为"P"型

表 4-1 三位换向阀的中位机能

中位机能型式	中间位置时的滑阀状态	中间位置的符号	
		三位四通	三位五通
O			
H			
Y			
J			
C			
P			
K			
X			
M			
U			

4.2 压力控制阀及其应用

在液压传动系统中，控制液压油压力高低的液压阀称为压力控制阀。这类阀的共同点主要是利用在阀芯上的液压力和弹簧力相平衡的原理来工作的。

4.2.1 溢流阀及其应用

溢流阀

当液压执行元件不动时，泵排出的油因无处可去而形成一密闭系统，理论上液压油的压力将一直增至无限大。实际上，压力将增至液压元件破裂为止；或电机为维持定转速运转，输出电流将无限增大至电机烧掉为止。前者使液压系统破坏，液压油四溅；后者会引起火灾。因此，要绝对避免或防止上述现象发生的方法，就是在执行元件不动时给系统提供一条旁路，使液压油能经此路回到油箱，这就是"溢流阀(Relief Valve)"。其主要用途有如下两个：

（1）作溢流阀用。在定量泵的液压系统中，如图 4-16(a)所示，常利用流量控制阀调节进入液压缸的流量，多余的压力油可经溢流阀流回油箱，这样可使泵的工作压力保持定值。

（2）作安全阀用。图 4-16(b)所示液压系统，在正常工作状态下，溢流阀是关闭的，只有在系统压力大于其调整压力时，溢流阀才被打开，油液溢流。溢流阀对系统起过载保护作用。

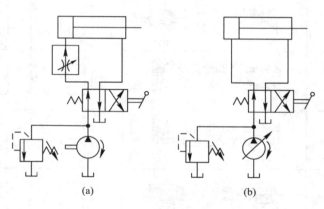

(a)   (b)

图 4-16　溢流阀的作用
（a）作溢流阀用；（b）作安全阀用

1. 溢流阀的结构及分类

1）直动型溢流阀（Spring Loaded Type Relief Valve）

直动型溢流阀如图 4-17 所示，其压力由弹簧设定，当油的压力超过设定值时，提动头上移，油液就从溢流口流回油箱，并使进油压力等于设定压力。由于压力为弹簧直接设定，因此一般将其当安全阀使用。

2）先导型溢流阀（Pilot operated relief valve）

先导型溢流阀如图 4-18 所示，主要由主阀和先导阀两部分组成。其原理主要是利用了主阀中平衡活塞上、下两腔油液压力差和弹簧力相平衡的特点。

从压力口进来的压力油作用在平衡活塞环部下方的面积上，同时还通过阻尼孔作用在平衡活塞环部的上方和先导阀内的提动头的截面积上。当压力较低时，作用在提动头上的压力不足以克服调压弹簧力，提动头处于关闭状态，此时没有压力油通过平衡活塞上的阻尼孔流动，故平衡活塞上、下两腔压力相等，平衡活塞在弹簧力的作用下轻轻地顶在阀座上，压力口和溢流口不通。一般，安装在平衡活塞内的弹簧刚度很小。

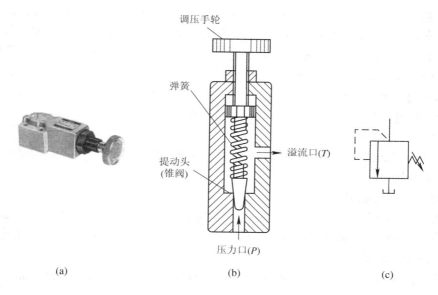

图 4-17　直动型溢流阀
（a）外观；（b）结构；（c）职能符号

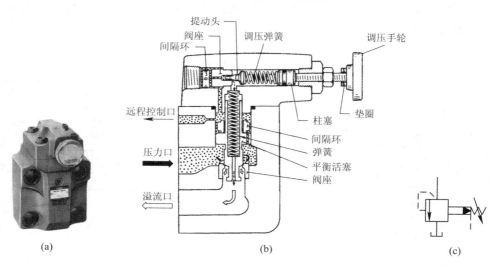

图 4-18　先导型溢流阀
（a）外观；（b）内部结构；（c）职能符号

　　如果压力口压力升高，当作用在提动头上的油液压力超过弹簧力时，提动头打开，压力油经平衡活塞上的阻尼孔、提动头开口、平衡活塞轴心的油路及溢流口流回油箱。由于压力油通过阻尼孔时会产生压力降，因此平衡活塞的上腔油压力小于下腔油压力。当通过提动头的流量达到一定大小时，平衡活塞上、下两腔的油压力差将形成向上的液压力超过弹簧的预紧力和平衡活塞的摩擦阻力及平衡活塞自重等力的总和，平衡活塞上移，使压力口和溢流口相通，大量压力油便由溢流口流回油箱。当平衡活塞上、下两腔压力差形成向上的油液压力和弹簧压力、摩擦力、平衡活塞自重处于平衡状态时，平衡活塞上升距离保持一定开度。平衡活塞上升距离的大小根据溢流的多少来自动调节，而上升距离的大小又取决于平衡活塞上、下两腔所形成的压差。当流经平衡活塞上阻尼孔的流量增加时，平衡活塞上、下两侧的压差增加，平衡活塞上升距离增加，反之则减小；又因为弹簧的刚度很小，使平衡活塞上移所需压差变化很小，所以通过提动头的流量变化也不大。因此，提动头的开口变化很小，提动头开启的压力可以说是不变的，亦即当先导阀的弹簧一经设定后，提动头被打开时的平衡活塞上腔的压力基本保持不变。

2. 溢流阀的应用

溢流阀除了如图 4 - 16(a)所示在回路中起调压作用，如图 4 - 16(b)所示作安全阀用外，还有下列用途。

1）远程压力控制回路

溢流阀可从较远距离的地方来控制泵工作压力的回路。图 4 - 19 所示为用溢流阀作遥控的回路，其回路压力调定是由遥控溢流阀（Remote Control Relief Valves）所控制的，使回路压力维持在 3 MPa。

遥控溢流阀的调定压力一定要低于主溢流阀调定压力，否则等于将主溢流阀引压口堵塞。

2）多级压力切换回路

图 4 - 20 所示为多级压力切换回路，利用电磁换向阀可调出三种回路压力。注意，最大压力一定要在主溢流阀上设定。

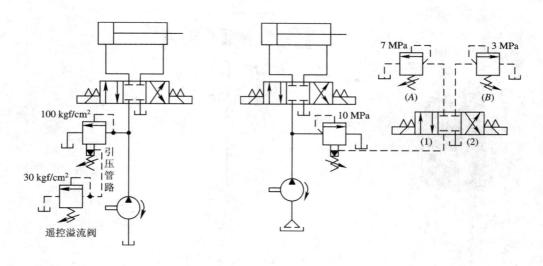

图 4 - 19　用溢流阀作遥控的回路　　　　　　图 4 - 20　三级压力调压回路

4.2.2　减压阀及其应用

当回路内有两个以上液压缸，且其中之一需要较低的工作压力，同时其他的液压缸仍需高压工作时，就得用减压阀（Reducing valve）提供一个比系统压力低的压力给低压缸。

减压阀

1. 减压阀的结构及工作原理

减压阀有直动型和先导型两种。图 4-21 所示为先导型减压阀，由主阀和先导阀组成，先导阀负责调定压力，主阀负责减压作用。

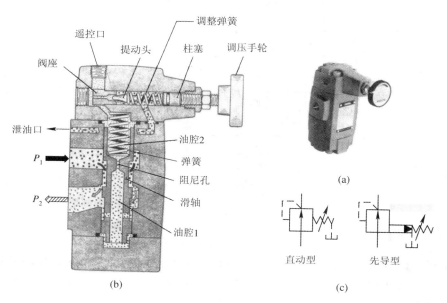

图 4-21 先导型减压阀

（a）外观；（b）结构；（c）职能符号

压力油由 P_1 流入，经主阀和阀体所形成的减压缝隙从 P_2 流出，故出口压力小于进口压力，出口压力经油腔 1、阻尼孔、油腔 2 作用在先导阀的提动头上。当负载较小，出口压力低于先导阀的调定压力时，先导阀的提动头关闭，油腔 1、油腔 2 的压力均等于出口压力，主阀的滑轴在油腔 2 里面的一根刚性很小的弹簧作用下处于最低位置，主阀滑轴凸肩和阀体所构成的阀口全部打开，减压阀无减压作用。当负载增加，出口压力 p_2 上升到超过先导阀弹簧所调定的压力时，提动头打开，压力油经泄油口流回油箱。由于有油液流过阻尼孔，油腔 1 的压力 p_2 大于油腔 2 的压力 p_3，当此压力差所产生的作用力大于主阀滑轴弹簧的预压力时，滑轴上升，减小了减压阀阀口的开度，使 p_2 下降，直到 p_2 与 p_3 之差和滑轴作用面积的乘积同滑轴上的弹簧力相等时，主阀滑轴进入平衡状态，此时减压阀保持一定的开度，出口压力 p_2 保持在定值。

如果外界干扰使进口压力 p_1 上升，则出口压力 p_2 也跟着上升，从而使滑轴上升，此时出口压力 p_2 又降低，而在新的位置取得平衡，但出口压力始终保持为定值。

又当出口压力 p_2 降到调定压力以下时，提动头关闭，则作用在滑轴内的弹簧力使滑轴向下移动，减压阀口全打开，减压阀不起减压作用。

注意：减压阀在持续做减压作用时，会有一部分油（约 1 L/min）经泄油口流回油箱而损失泵的一部分输出流量。故在一系统中，如使用数个减压阀，则必须考虑到泵输出流量的损失问题。

2. 减压阀的应用

图 4-22 所示为减压回路，不管回路压力多高，A 缸压力不会超过 3 MPa。

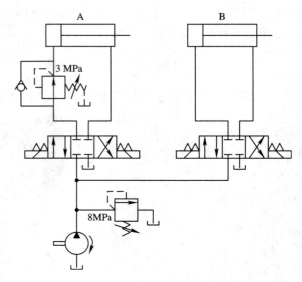

图 4 - 22　减压回路

【例 4 - 1】　如图 4 - 23 所示，溢流阀的调定压力 $p_{s1} = 4.5$ MPa，减压阀的调定压力 $p_{s2} = 3$ MPa，活塞前进时，负荷 $F = 1000$ N，活塞面积 $A = 20 \times 10^{-4}$ m²，减压阀全开时的压力损失及管路损失忽略不计。求：

（1）活塞在运动时和到达尽头时，A、B 两点的压力；

（2）当负载 $F = 7000$ N 时，A、B 两点的压力。

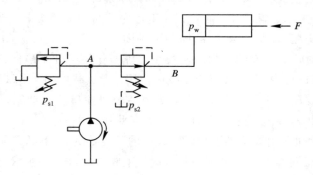

图 4 - 23

解　（1）活塞运动时，作用在活塞上的工作压力为

$$p_w = \frac{F}{A} = \frac{1000}{20 \times 10^{-4}} = 0.5 \text{（MPa）}$$

因为作用在活塞上的工作压力相当于减压阀的出口压力，且小于减压阀的调定压力，所以减压阀不起减压作用，阀口全开，故有

$$p_A = p_B = p_w = 0.5 \text{（MPa）}$$

活塞走到尽头时，作用在活塞上的工作压力 p_w 增加，且当此压力大于减压阀的调定压力时，减压阀起减压作用，所以有

$$p_A = p_{s1} = 4.5 \text{（MPa）}$$

$$p_B = p_{s2} = 3 \text{（MPa）}$$

（2）当负载 $F = 7000$ N 时，有

$$p_w = \frac{F}{A} = \frac{7000}{20 \times 10^{-4}} = 3.5 \text{（MPa）}$$

因为 $p_{s2} < p_w$，减压阀阀口关闭，减压阀出口压力最大是 3 MPa，无法推动活塞，所以有

$$p_A = p_{s1} = 4.5 \text{（MPa）}$$

$$p_B = p_{s2} = 3 \text{（MPa）}$$

4.2.3 顺序阀及其应用

1. 顺序阀的结构及动作原理

顺序阀（Sequence Valve）是使用在一个液压泵供给两个以上液压缸且依一定顺序动作的场合的一种压力阀。

顺序阀

顺序阀的构造及其工作原理类似于溢流阀，有直动式和先导式两种，目前较常用直动式。顺序阀与溢流阀不同的是：出口直接接执行元件，另外有专门的泄油口。

2. 顺序阀的应用

1）用于顺序动作回路

图 4 - 24 所示为一定位与夹紧回路，其前进的动作顺序是先定位后夹紧，后退是同时退后。

2）起平衡阀的作用

在大形压床上由于压柱及上模很重，为防止因自重而产生的自走现象，因此必须加装平衡阀（单向顺序阀），如图 4 - 25 所示。

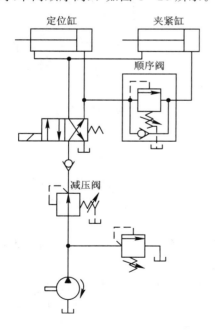

图 4 - 24　利用顺序阀的顺序动作回路

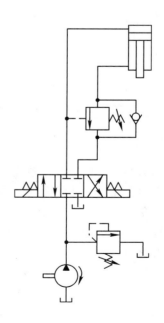

图 4 - 25　平衡回路

4.2.4 增压器及其应用

回路内有三个以上的液压缸，其中，有一个需要较高的工作压力，而其他的仍用较低的工作压力，此时即可用增压器(Booster)提供高压给那个特定的液压缸；或是在液压缸伸出遇到阻力而停止时，不用泵增压而用增压器，如此可利用低压泵产生高压，以降低成本。图 4-26 所示为增压器动作原理及符号。

图 4-27 所示为增压器应用的例子。当液压缸不需高压时，由顺序阀来截断增压器的进油；当液压缸进到底时压力升高，油又经顺序阀进入增压器以提高液压缸的推力。图 4-27 中减压阀是用来控制增压器的输入压力的。

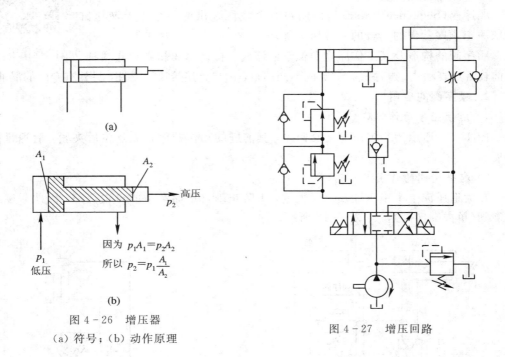

图 4-26　增压器
(a) 符号；(b) 动作原理

图 4-27　增压回路

4.2.5 压力继电器

压力继电器是一种将液压系统的压力信号转换为电信号输出的元件。其作用是根据液压系统压力的变化，通过压力继电器内的微动开关自动接通或断开电路，实现执行元件的顺序控制或安全保护。

压力继电器按结构特点可分为柱塞式、弹簧管式和膜片式等。图 4-28 所示为单触点柱塞式压力继电器，主要零件包括柱塞 1、调节螺帽 2 和电气微动开关 3。如图 4-28 所示，压力油作用在柱塞的下端，液压力直接与柱塞上端弹簧力相比较：当液压力大于或等于弹簧力时，柱塞向上移以压下微动开关触头，接通或断开电路；当液压力小于弹簧力时，微动开关触头复位。显然，柱塞上移将引起弹簧的压缩量增加，因此压下微动开关触头的压力(开启压力)与微动开关复位的压力(闭合压力)存在一个差值，此差值对压力继电器的正常工作是必要的，但不易过大。

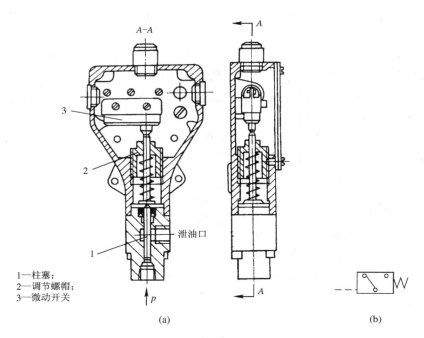

図 4-28 单触点柱塞式压力继电器

（a）结构；（b）职能符号

1—柱塞；
2—调节螺帽；
3—微动开关

泄油口

4.3 流量控制阀及其应用

液压系统在工作时，常需随工作状态的不同以不同的速度工作，而只要控制了流量就控制了速度。无论哪一种流量控制阀，其内部一定有节流阀，因此，节流阀可以说是最基本的流量控制阀。

4.3.1 速度控制的概念

1. 执行元件的速度

对液压执行元件而言，控制"流入执行元件的流量"或"流出执行元件的流量"都可控制执行元件的速度。

液压缸活塞移动速度为

$$v = \frac{Q}{A}$$

液压马达的转速为

$$n = \frac{Q}{q}$$

式中，Q 表示流入执行元件的流量，A 表示液压缸活塞的有效工作面积，q 表示液压马达的排量。

2. 节流调速

任何液压系统都有液压泵，不管执行元件的推力和速度如何变化，定量泵的输出流量是固定不变的。速度控制或控制流量只是使流入执行元件的流量小于泵的流量而已，故常将其称为节流调速。

图 4-29 说明了定量泵在无负载且设回路无压力损失的状况下，其节流前后的差异。节流前，泵打出的油全部进入回路，此时泵输出压力趋近于零；节流后，泵的 50 L/min 的流量只有 30 L/min 能进入回路，虽然其压力趋近于零，但是剩余的 20 L/min 需经溢流阀流回油箱，若将溢流阀压力设定为 5 MPa，则此时即使没有负载，系统压力仍会大于 4 MPa。也就是说，不管负载的大小如何，只要作了速度控制，泵的输出压力就会趋近溢流阀的设定压力，趋近的程度由节流量的多少与负载的大小来决定。

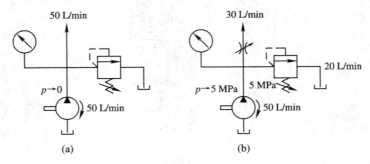

图 4-29 定量泵节流前后的差异
(a) 无节流；(b) 有节流

4.3.2 节流阀

节流阀(Throttle Valve)是根据第 1 章中薄壁小孔与阻流管原理工作的。图 4-30 所示为节流阀的结构，油液从入口进入，经滑轴上的节流口后，由出口流出。调整手轮使滑轴轴向移动，以改变节流口节流面积的大小，从而改变流量大小以达到调速的目的。图中油压平衡用孔道在于减

节流阀

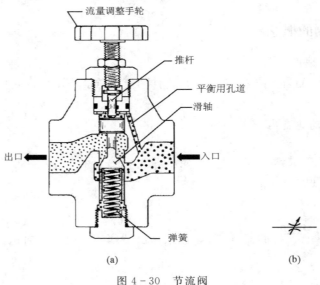

图 4-30 节流阀
(a) 结构；(b) 职能符号

小作用于手轮上的力，使滑轴上、下油压平衡。

图4-31所示为单向节流阀，与普通节流阀不同的是：它只能控制一个方向上的流量大小，而在另一个方向则无节流作用。

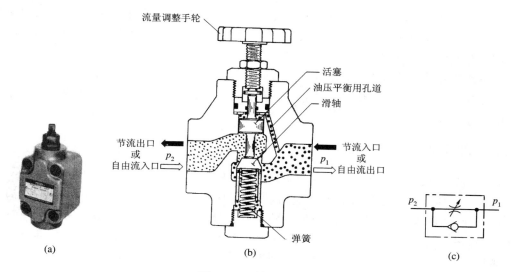

图4-31 单向节流阀
(a) 外观；(b) 结构；(c) 职能符号

1. 节流阀的压力特性

图4-32(a)所示的液压系统未装节流阀，若推动活塞前进所需最低工作压力为1 MPa，则当活塞前进时，压力表指示的压力为1 MPa。装有节流阀以控制活塞前进速度的装置如图4-32(b)所示，当活塞前进时，节流阀入口压力会上升到溢流阀所调定的压力，溢流阀被打开，一部分油液经溢流阀流入油箱。

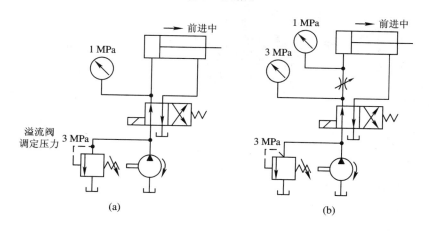

图4-32 节流阀的压力特性

2. 节流阀流量特性

节流阀的节流口通常有三种基本形式：薄壁小孔、阻流管与介于两者之间的节流孔。根据实验，通过节流口的流量可用下式表式为

$$Q = kA\Delta p^m \tag{4-1}$$

式中，A 表示节流口节流面积的大小；k 表示由节流口形状与油液黏度决定的系数；Δp 表示节流阀进出口压力差；m 表示节流口形状指数，$0.5 < m < 1$，孔口 $m = 0.5$，阻流管 $m = 1$。

由式（4－1）可知，当 k、Δp 和 m 不变时，改变节流阀的节流面积 A 可改变通过节流阀的流量大小；又当 k、A 和 m 不变时，若节流阀进出口压力差 Δp 有变化，则通过节流阀的流量也会有变化。

液压缸所推动的负载变化，使得节流阀进出口压力差变化，则通过节流阀的流量也有变化，从而使活塞的速度不稳定。为使活塞运动速度不会因负载的变化而变化，应该采用下述的调速阀。

4.3.3 调速阀

调速阀能在负载变化的状况下保持进口、出口的压力差恒定。

图 4－33 所示为调速阀的结构。其动作原理说明如下：

调速阀

压力油 p_1 进入调速阀后，先经过定差减压阀的阀口 x（压力由 p_1 减至 p_2），然后经过节流阀阀口 y 流出，出口压力为 p_3。从图中可以看到，节流阀进、出口压力 p_2 和 p_3 经过阀体上的流道被引到定差减压阀阀芯的两端（p_3 引到阀芯弹簧端，p_2 引到阀芯无弹簧端），作用在定差减压阀阀芯上的力包括液压力和弹簧力。

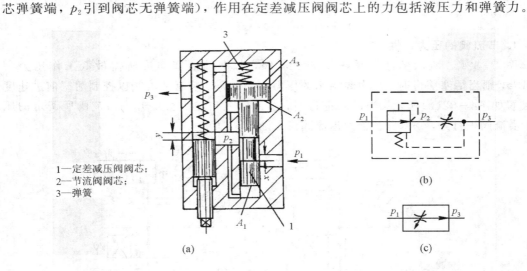

1—定差减压阀阀芯；
2—节流阀阀芯；
3—弹簧

(a)　　　　　　　　　　(b)

(c)

图 4－33　调速阀的工作原理图

(a) 结构；(b) 职能符号；(c) 简化职能符号

调速阀工作时的静态方程如下：

调速阀内阀芯 1 处于平衡状态时，其方程为

$$F_s + A_3 \cdot p_3 = (A_1 + A_2) p_2$$

式中，F_s 表示弹簧力。

在设计时确定

$$A_3 = A_1 + A_2$$

所以有

$$p_2 - p_3 = \frac{F_s}{A_3}$$

此时只要将弹簧力固定，则在油温无什么变化时，输出流量就可固定。另外，要使阀能在工作区正常动作，进、出口间压力差要在 0.5～1 MPa 以上。

以上讲的调速阀是压力补偿调速阀，即不管负载如何变化，通过调速阀内部具有的活塞和弹簧来使主节流口的前后压差保持固定，从而控制通过节流阀的流量维持不变。

另外，还有温度补偿流量调速阀，它能在油温变化的情况下，保持通过阀的流量不变。

4.3.4　基本的速度控制回路

液压回路基本的速度控制有进油节流调速、回油节流调速、旁路节流调速等三种方法。

节流调速回路

1. 进油节流调速

进油节流调速就是控制执行元件入口的流量，如图 4-34 所示。该回路不能承受负向负载，如有负向负荷（负荷与运动方向同向者），则速度失去控制。

2. 回油节流调速

回油节流调速就是控制执行元件出口的流量，如图 4-35 所示。回油节流调速可控制排油的流量；节流阀可提供背压，使液压缸能承受各种负荷。

3. 旁路节流调速

旁路节流调速是控制不需流入执行元件也不经溢流阀而直接流回油箱的油的流量，从而达到控制流入执行元件油液流量的目的。图 4-36 所示为旁路节流调速回路，该回路的特点是液压缸的工作压力基本上等于泵的输出压力，其大小取决于负载，该回路中的溢流阀只有在过载时才被打开。

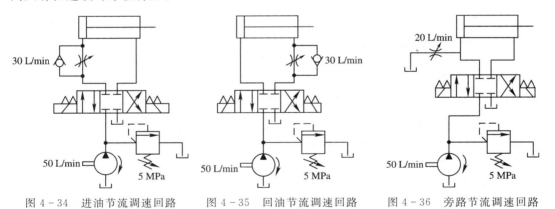

图 4-34　进油节流调速回路　　图 4-35　回油节流调速回路　　图 4-36　旁路节流调速回路

上述三种调速方法的不同点如下：

（1）进油节流调速和回油节流调速会使回路压力升高，造成压力损失；旁路节流调速则几乎不会。

（2）用旁路节流调速作速度控制时，无溢流损失，效率比进油和回油节流调速回路高，但低速承载能力较差，调速范围较小，主要用于高速、负载变化较小、对速度和平稳性要求不高且要求功率损失较小的系统中。

（3）用进油节流调速作速度控制时，效率较旁路节流调速回路次之，主用用于低速轻载的正向负载的场合。

（4）用回油调速作速度控制时，效率与进油节流调速回路相同，运动平稳性较好，主要用于有负向负载的场合。

4.3.5 行程减速阀及其应用

一般的加工机械，如车床、铣床，其刀具尚未接触工件时，需快速进给以节省时间，开始加工时则应慢速进给，以保证加工质量；或是液压缸前进时，本身冲力过大，需要在行程的末端使其减速，以便液压缸能停止在正确的位置，此时就需要用如图 4-37 所示的行程减速阀。

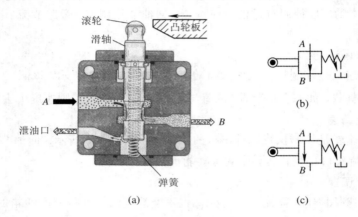

图 4-37　行程减速阀

（a）常开型结构；（b）常通型职能符号；（c）常断型职能符号

图 4-38 为行程减速阀的应用实例，其中，图（a）为利用凸轮操作减速阀的减速回路，图（b）为其特性。

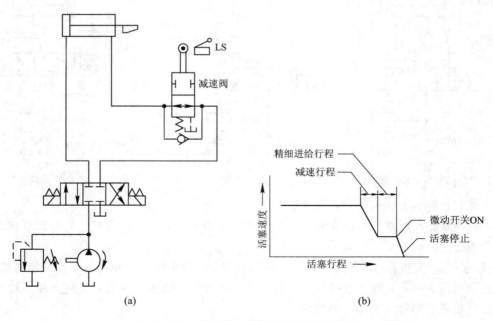

图 4-38　利用凸轮操作减速阀的减速回路

（a）回路；（b）特性

4.3.6 比例式流量阀

前面所述的流量阀都需用手动调整的方式来做流量设定，而在需要经常调整流量或要做精密流量控制的液压系统中，就得用到比例式流量阀了。

比例式流量阀（Proportional Flow Control Valve）也是以在提动杆外装置的电磁线圈所产生的电磁力来控制流量阀的开口大小的。由于电磁线圈有良好的线性度，因此其产生的电磁力和电流的大小成正比，在应用时可产生连续变化的流量，从而可任意控制流量阀的开口大小。

各种比例式流量控制阀的符号如图4-39所示。

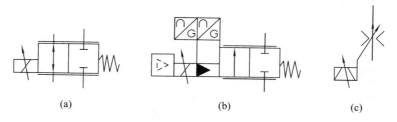

(a)　　　　　　　　　　(b)　　　　　　　　　(c)

图4-39　比例式流量控制阀

（a）直动式比例流量控制阀；（b）先导式比例流量控制阀（带主级和先导级的位置控制和电子放大器）；
（c）双线圈比例电磁铁控制的比例流量控制阀（调速阀）

4.4　叠　加　阀

叠加阀（Modular Valves）是一种阀体本身就拥有共同油路的回路板，也就是说回路板内部本身就具有阀的机构。

叠加阀是采用堆叠的方式形成各种液压回路的，阀和阀之间采用"O"形环来作密封装置，但也有些是设计另一块隔板上、下用"O"形环来作为中介媒介层。

图4-40所示为一传统液压回路，如采用传统配管，则如图4-41所示，但如果采用叠加式减压阀，则如图4-42所示，此时省略了电磁阀和叠加阀之间的配管。

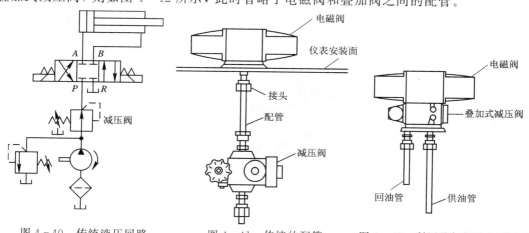

图4-40　传统液压回路　　　图4-41　传统的配管　　　图4-42　利用叠加阀的配管方式

叠加阀有如下特点：

（1）液压回路是由叠加阀堆叠而成的，可大幅缩小安装空间。

（2）组装工作不需熟练，并可容易而迅速地实现回路的增添或更改。

（3）减少了由于配管引起的外部漏油、振动、噪音等事故，因而提高了可靠性。

（4）元件集中设置，维护、检修容易。

（5）回路的压力损失较少，可节省能源。

另外，流经每一个叠加阀的压力损失须详查供应商资料。

4.4.1　叠加阀的构造

叠加阀构成的回路如图 4-43(a)所示。展示叠加阀的内部构造之前，先让大家看一下如图 4-43(b)所示的用叠加阀所构成的回路的外观图。最下面的基座板（Base Plate）是用

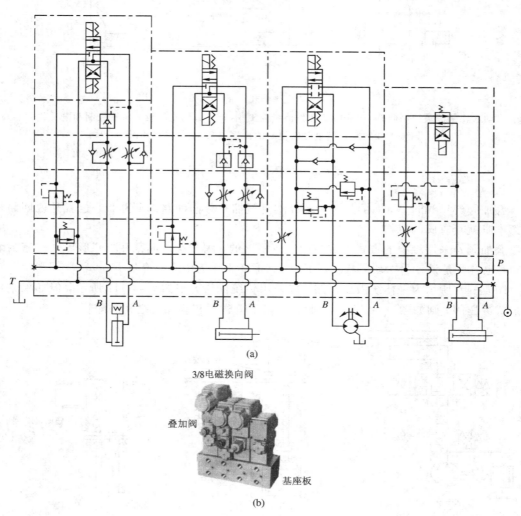

(a)

(b)

图 4-43　用叠加阀构成的回路

（a）叠加阀构成的回路；（b）回路外观

来承载安装叠加阀的，再把后述各种形状的叠加阀一个一个堆叠上去，最上面再放一个电磁阀就构成一个最基本的单元了。像这样把另一基本单元所需的叠加阀如法炮制堆叠在基座板上，而后排成一横列，就构成了整个液压回路。图中的液压回路是由四个基本单元构成的，基座板为一四连式形式。

在如图4-43所示的基座板上有A、B油孔，它们是用来连接每一基本单元所控制的执行元件的。而在基座板上左侧有一T孔（图上看不见），右侧有一P孔，此两孔是用来连接油箱与泵的。以下各图为国外某公司所生产的叠加阀，其外观和内部构造及动作原理都和前面所述的传统控制阀相似。

图4-44至图4-46所示为几种形式的叠加阀。

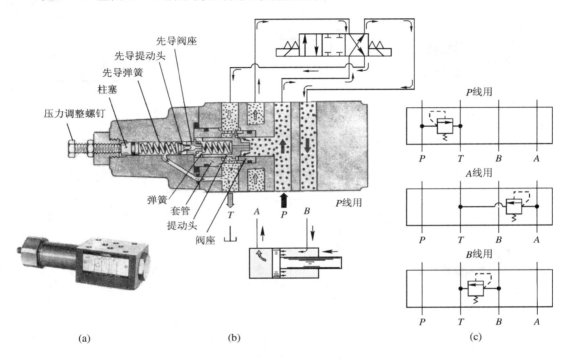

图4-44　叠加阀式溢流阀
（a）外观；（b）结构；（c）职能符号

由图4-44至图4-46所示的各种形式的叠加阀可知，每一种叠加阀依其各控制阀原有功能再加上将要堆叠构成的回路这两项因素而组合出来的回路形式，要比传统控制阀多出许多，像溢流阀有三种，减压阀也有三种。另外一些阀就不一一叙述了。

与叠加阀配合的还有电磁阀之类的换向阀（查生产商资料可知）。通常把电磁阀装在叠加阀块的最上层，因此只要各接口的位置能够对准叠加阀的接口，即使使用手动换向阀都是可以的。

上述的叠加阀其下面都有密封用的"O"形环夹在两个连接面中间以防止漏油。但有些没有装"O"形环，就要用如图4-47所示的插入"O"形环的隔板，以防止两个连接面之间漏油。

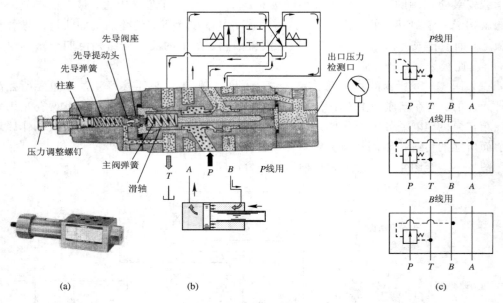

图 4 - 45　叠加阀式减压阀

（a）外观；（b）结构；（c）职能符号

控制方向	A线用	B线用	A-B线用
出口节流			
	P T B A	P T B A	P T B A
进口节流			
	P T B A	P T B A	P T B A

(a)

(c)

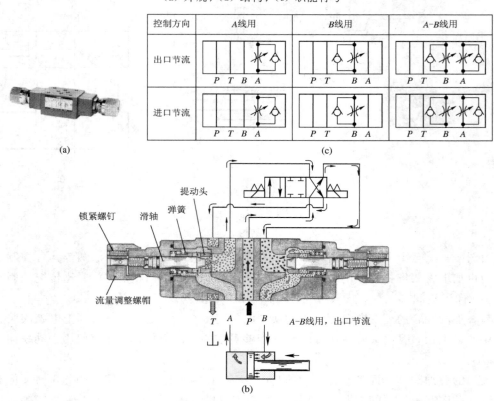

图 4 - 46　叠加阀式单向节流阀

（a）外观；（b）结构；（c）职能符号

图 4-47　叠加阀的隔板

4.4.2　叠加阀用基座板的构造

常见的基板座如图 4-48 所示，此板为单层型六连式基座板。在基座板的左、右两侧，有通往油箱和泵的接口（T 及 P），每一连各有其专用通往执行元件的配管接口（A、B 口），而在其顶面有通往叠加阀的配管口（P、T、A、B 口），此外还有固定叠加阀用的螺丝孔。

图 4-48　叠加阀的基座板

图 4-49 所示为单连式和多连式基座板的符号，在这些基座板符号上可以很清楚地看出 P（泵）、T（油箱）、A 和 B（执行元件）等接口。

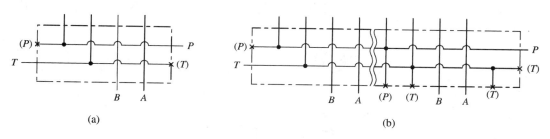

| (a) | (b) |

图 4-49　单连式和多连式基座板符号示意图

（a）单连式；（b）多连式

叠加阀通常最高使用的压力可达 25 MPa，其压力大小主要因阀的最大流量和阀尺寸的不同而异。（叠加阀的尺寸有 1/8、1/4、3/8、3/4、5/4。）

4.4.3　叠加阀的回路

如果想直接画出叠加阀的回路，的确令人头痛。通常我们都是将传统的回路先画出来，然后再将传统的回路变成叠加阀的回路。

如图 4-50（a）所示，在图中电磁阀的符号上引出一条中心线，以此中心线为界将整个回路分成左右两侧，然后将回路各接口之间的连接线弯曲成颠倒的"U"字形，如此就变成如图 4-50（b）所示的叠加阀的回路了。

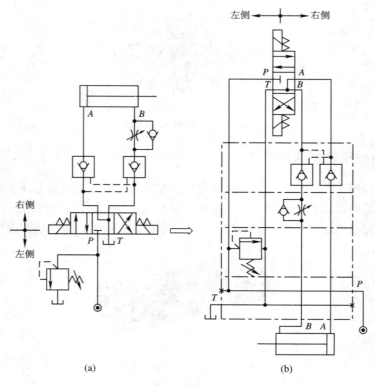

（a） （b）

图 4-50　构成叠加阀回路的步骤

（a）传统的回路；（b）叠加阀的回路

图 4-51 所示亦为一传统阀的回路，我们运用上述原则可得如图 4-52 所示的叠加阀的回路。

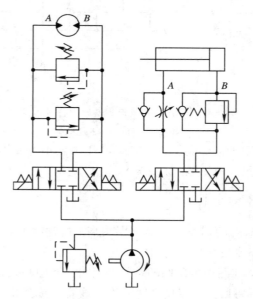

图 4-51　利用传统控制阀来驱动液压缸及马达的回路

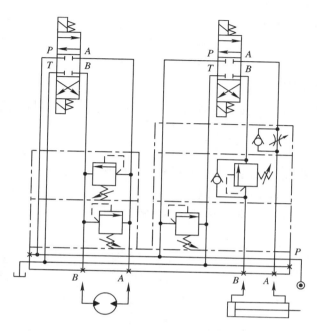

图 4-52　利用叠加阀来驱动液压缸和马达的回路

4.5　插　装　阀

　　液压插装阀是由插装式基本单元(简称插件体)和带有引导油路的阀盖所组成的。液压插装阀按回路的用途而装配不同的插件体及阀盖来进行方向、流量或压力的控制。

　　插装阀安装在预先开好阀穴的油路板(Manifold Blocks)上，可构成我们所需要的液压回路，如图 4-53 所示。因此，插装阀可使液压系统小型化。

　　插装阀是 20 世纪 70 年代初才出现的一种新型液压元件，为一多功能、标准化、通用化程度相当高的液压元件，适用于钢铁设备、塑胶成型机以及船舶等机械中。

　　插装阀有如下特点：

　　(1)插装阀盖的配合，可使插装阀具有方向、流量及压力控制等功能。

　　(2)插件体为锥形阀结构，因而内部泄漏极少；其反应性良好，可进行高速切换。

　　(3)通流能力大，压力损失小，适合于高压、大流量系统。

图 4-53　插装阀构成的液压回路外观

（4）插装阀直接组装在油路板上，因而减少了由于配管引起的外部泄漏、振动、噪音等事故，系统可靠性有所增加。

（5）安装空间缩小，使液压系统小型化。同时，和以往方式相比，插装阀可降低液压系统的制造成本。

4.5.1 插装阀的结构

由插装阀所组装成的液压回路通常含有下列基本元件：油路板、插件体、阀盖、引导阀等。

1. 油路板

所谓油路板，是指在方块钢体上挖有阀孔，用以承装插装阀的集成块，如图 4-54 所示。图 4-55 为常见油路板上的主要阀孔和控制通道，X、Y 为控制液压油油路，F 为承装插件体的阀孔，A、B 口是配合插件体的液压工作油路。

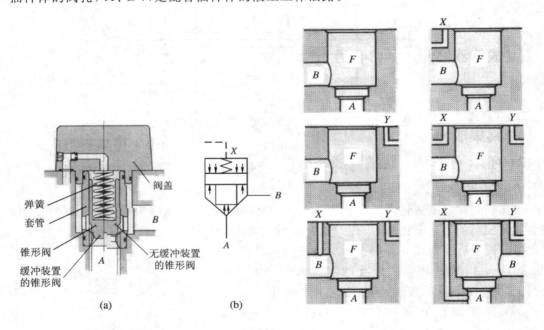

图 4-54 插装阀
(a) 结构；(b) 职能符号

图 4-55 油路板上主要阀孔和控制通道

2. 插件体

插件体(Cartridges)主要由锥形阀(Poppet)、弹簧套管(Sleeve)、弹簧及若干个密封垫圈所构成，如图 4-54 所示。插件体本身有两个主通道，是用于配合油路板上 A、B 通路的。

3. 阀盖

阀盖如图 4-54 所示，安装在插件体的上面，其内有控制油路，它和油路板上 X、Y 控制油路相通以引导压力或泄油，使插件体做开闭之功能。控制油路中还有阻尼孔，用以改善阀的动态特性。

4. 引导阀

引导阀(Pilot Valves)为控制插装阀动作的小型电磁换向阀或压力控制阀,叠装在阀盖上。

4.5.2 插装阀的动作原理

参考图 4-54 所示,插件体只有两个主通道 A 和 B,锥形阀的开闭决定 A 口和 B 口的通断,故插装阀亦称为二通插件阀(2-Way Cartridge Valves)。在锥形阀上有两个受压面积 A_A 和 A_B,分别和 A 口、B 口相通;有控制口 X 作用在弹簧上,其受压面积为 A_X,很显然有

$$A_X = A_A + A_B$$

分析其力学关系有

$$A_X \cdot p_X + F_s = F_X$$
$$A_A \cdot p_A + A_B \cdot p_B = F_W$$

式中,A_X 表示 X 口受压面积,A_A 表示 A 口受压面积,A_B 表示 B 口受压面积,p_X 表示 X 口压力,p_A 表示 A 口压力,p_B 表示 B 口压力,F_s 表示弹簧预压力,F_X 表示 X 口向下的力,F_W 表示 A、B 口向上的力。

1. 闭动作

如图 4-56 所示,当电磁换向阀不动作时,X 口有引导压,此时有

$$A_X \cdot p_X + F_s > A_A \cdot p_A + A_B \cdot p_B$$

故锥形阀关闭,A 口和 B 口通路被切断。所以当 $p_A = p_B = 0$ 时,阀闭合。

2. 开动作

如图 4-57 所示,当电磁换向阀动作时,X 口没有引导压,即 $p_X = 0$,此时有

$$A_X \cdot p_X + F_s < A_A \cdot p_A + A_B \cdot p_B$$

故锥形阀上升,A 口和 B 口相通,所以 A 口或 B 口的压力都有可能单独使锥形阀打开。

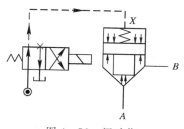

图 4-56 闭动作

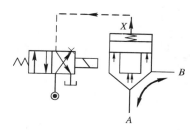

图 4-57 开动作

若 $p_X = 0$,则在 p_A 或 p_B 压力作用下,使锥形阀打开的最小压力为锥形阀的开启压力。此开启压力和 A_A 或 A_B 面积大小及弹簧预压力 F_s 有关,通常开启压力可在 $0.03 \sim 0.4$ MPa范围内。

锥形阀上升,压力油可由 A 流向 B,亦可由 B 流向 A。当然,如 $A_X/A_A = 1$,则锥形阀为直筒形,此时压力油只能由 A 流向 B。

4.5.3 插装阀用作方向控制阀

插装阀如用作方向控制阀且能双向导通时（$A{\rightarrow}B$，$B{\rightarrow}A$），则 $A_X/A_A=1.5$（参见图 4-54），有关方向控制插装阀如图 4-58 所示。

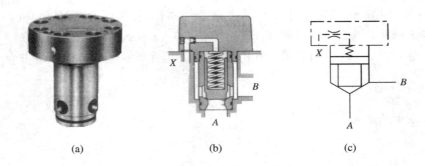

图 4-58 方向控制插装阀

（a）外观；（b）结构；（c）职能符号

我们亦可将图 4-58 所示的方向控制插装阀做适当的改变，得到图 4-59～图 4-64 所示的各种方向控制阀。

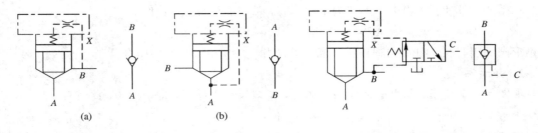

图 4-59 单向阀　　　　　　　　　　　图 4-60 液控单向阀

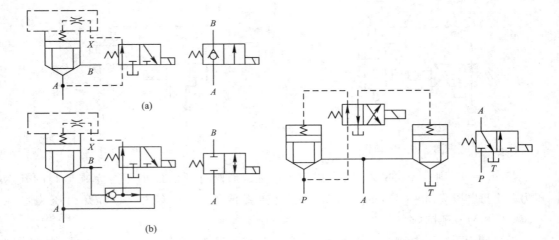

图 4-61 二位二通电磁换向阀　　　　　图 4-62 二位三通电磁换向阀

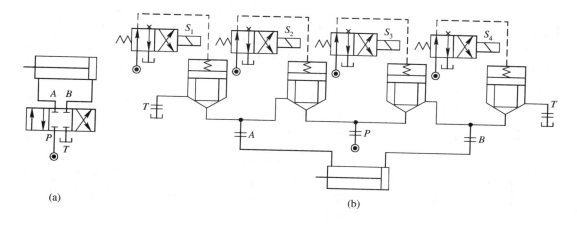

(a)   (b)

图 4 - 63   四个引导阀控制的三位四通电磁换向阀

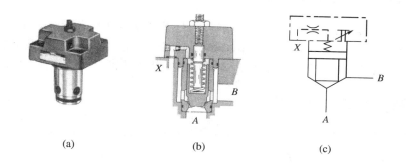

(a)   (b)   (c)

图 4 - 64   方向、流量控制插装阀
（a）外观；（b）结构；（c）职能符号

图 4 - 63 所示的三位四通电磁阀的工作状态如表 4 - 2 所示。

表 4 - 2   三位四通电磁阀工作状态

流路	机能	S_1	S_2	S_3	S_4
	中位停	—	—	—	—
	前进	+	—	+	—
	后退	—	+	—	+

由图 4 - 63 及表 4 - 2 可知如何利用插装阀来控制液压缸的前进、后退及中位停止的。明白了上述道理，我们可知，如果采用四个引导阀来控制四个插装阀的开闭，则有 16(2^4) 种可能的状态，但其中有五种流路都是相同的，故实际上只有 12 种流路，如表 4 - 3 所示。由此可知，用插装阀换向比用一个四通阀有较多的机能来选择，但是一个三位四通电磁换向阀要由四个插装阀及四个引导阀来组成，其外形尺寸及经济性只有在大流量时才合理。

表 4 - 3 实 际 流 路

编号	1	2	3	4	5	6	7	8	9	10	11	12	13	14	15	16
S_1	−	−	+	+	−	−	−	−	−	−	+	+	+	−	+	+
S_2	−	−	−	−	+	+	+	−	−	−	−	+	+	−	+	+
S_3	−	−	−	−	−	−	−	+	+	+	+	−	+	+	+	+
S_4	−	+	−	+	−	+	−	−	+	−	+	−	+	+	+	+
流路																

4.5.4 插装阀用作方向和流量控制阀

如在方向控制插装阀的阀盖上增加一锥形阀行程调节器以调节锥形阀开口的大小,如此就形成一手动的方向、流量控制插装阀,如图 4 - 64 所示。此种插装阀具有方向和流量控制的功能,注意其锥形阀的形式和前述方向控制插装阀的锥形阀是相同的。

4.5.5 插装阀用作压力控制阀

插装阀如用作溢流阀时,$A_X/A_A = 1$,可减少 B 口压力对调整压力的影响。溢流插装阀如图 4 - 65 所示,此时 Y 口要接油箱。

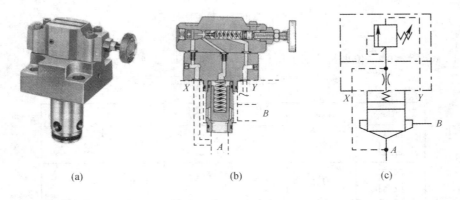

      (a)   (b)   (c)

图 4 - 65 溢流插装阀
(a) 外观;(b) 结构;(c) 职能符号

若在 X 口加装一个二位二通电磁阀,则该阀就成了电磁控制溢流阀,如图 4 - 66 所示。

当 B 口不接回油而接负载时,溢流插装阀可当顺序阀使用。在 X 口加接若干个引导压力阀及引导电磁阀,可实现多段的压力控制。有关插装阀可参阅供应商的资料。

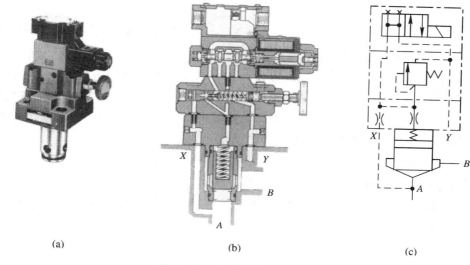

(a)　　　　　　　　　　(b)　　　　　　　　　　(c)

图 4-66　电磁控制溢流插装阀

(a) 外观；(b) 结构；(c) 职能符号

思考题与习题

常见问题解答

4-1　何谓换向阀的"位"与"通"？画出三位四通电磁换向阀、二位三通机动换向阀及三位五通电液换向阀的职能符号。

4-2　何谓中位机能？画出"O"型、"M"型和"P"型中位机能，并说明各适用何种场合。

4-3　如果将先导式溢流阀平衡活塞上的阻尼孔堵塞，对液压系统会有什么影响？

4-4　将减压阀的进、出油口反接，会产生什么情形？（分两种情况讨论：压力高于减压阀调定压力和低于调定压力。）

4-5　为何顺序阀不能采用内部排泄型？

4-6　在如题图 4-6 所示的回路中，溢流阀的调整压力为 5.0 MPa，减压阀的调整压力为 2.5 MPa。试分析下列各情况，并说明减压阀阀口处于什么状态。

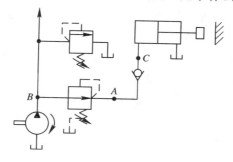

题图 4-6

(1) 当泵压力等于溢流阀调定压力时，夹紧缸使工件夹紧后，A、C 点的压力各为多少？

(2) 当泵压力由于工作缸快进，压力降到 1.5 MPa 时（工件原先处于夹紧状态），A、C 点的压力为多少？

(3) 夹紧缸在夹紧工件前作空载运动时，A、B、C 三点的压力各为多少？

4-7　如题图 4-7 所示，溢流阀调定压力 $p_{s1}=5$ MPa，减压阀的调定压力 $p_{s2}=1.5$ MPa，$p_{s3}=3.5$ MPa，活塞运动时，负载 $F_L=2000$ N，活塞面积 $A=20\times10^{-4}$ m^2，减压阀全开时的压力损失及管路损失忽略不计。求：

(1) 活塞运动时及到达终点时，A、B、C 各点的压力是多少？

(2) 当负载 $F_L=4000$ N 时，A、B、C 各点的压力是多少？

4-8　如题图 4-8 所示，上模重量为 30 000 N，活塞下降时回油腔活塞有效面积 $A=60\times10^{-4}$ m^2，溢流阀调定压力 $p_s=7$ MPa，摩擦阻力、惯性力、管路损失忽略不计。求：

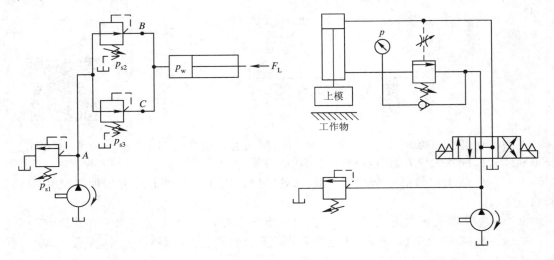

题图 4-7　　　　　　　　　　　　　　题图 4-8

(1) 顺序阀的调定压力需要多少？

(2) 上模在压缸上端且不动，换向阀在中立位置，图中压力表指示的压力是多少？

(3) 当活塞下降至上模触到工作物时，图中压力表指示压力是多少？

4-9　液压缸的活塞面积为 $A=100\times10^{-4}$ m^2，负载在 $500\sim40\,000$ N 的范围内变化，为使负载变化时活塞运动速度稳定，在液压缸进口处使用一个调速阀。若将泵的工作压力调到泵的额定压力（压力为 6.3 MPa），阀是否适合？为什么？

4-10　题图 4-10 所示液压系统，液压缸有效面积 $A_1=100\times10^{-4}$ m^2，$A_2=100\times10^{-4}$ m^2，液压缸 A 负载 $F_L=35\,000$ N，液压缸 B 活塞运动时负载为零。摩擦损失、惯性力、管路损失忽略不计。溢流阀、顺序阀、减压阀调定压力分别为 4 MPa、3 MPa、2 MPa。求在下列情形之下，C、D 和 E 处的压力。

(1) 泵运转后，两换向阀处于中立位置。

（2）A_+ 线圈通电，液压缸 A 活塞移动时及到终点时。

（3）A_+ 线圈断电，B_+ 线圈通电，液压缸 B 活塞移动时及到终点时。

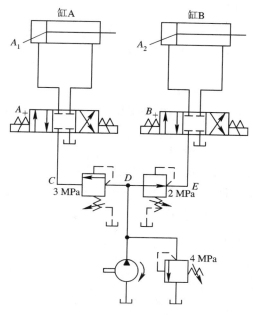

题图 4-10

4-11　如题图 4-11 所示的液压系统中，$A_1 = 80\ cm^2$，$A_2 = 40\ cm^2$，立式液压缸活塞与运动部件自重 $F_G = 6000\ N$，活塞在运动时的摩擦阻力 $F_f = 2000\ N$，向下工作进给时工

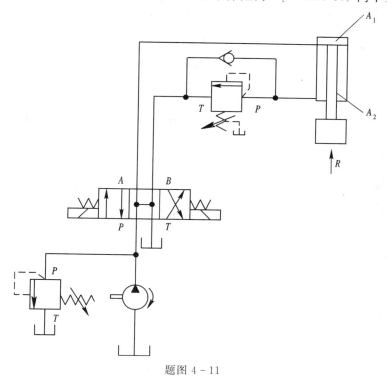

题图 4-11

作负载 $R=24\,000$ N。系统停止工作时应保证活塞不因自重而下滑。试求：

（1）顺序阀的最小调定压力 P_x。

（2）溢流阀的最小调定压力 P_y。

4-12 在题图4-12中，已知 $Q_p=25$ L/min，$A_1=100\times10^{-4}$ m^2，$A_2=50\times10^{-4}$ m^2，F 由零增至30 000 N时活塞向右移动速度基本无变化，$v=0.2$ m/min。若调速阀要求的最小压差为 $\Delta P_{min}=0.5$ MPa，试求：

（1）不计调压偏差时溢流阀调定压力 P_y 是多少？泵的工作压力是多少？

（2）液压缸可能达到的最高工作压力是多少？

（3）回路的最高效率为多少？

4-13 何谓叠加阀？叠加阀有何特点？

4-14 题图4-14所示为由插装式锥阀组成方向阀的两个例子，如果在阀关闭时，A、B有压力差，试判断电磁铁得电和断电时，题图4-14所示的压力油能否开启锥阀而流动，并分析各自是作为何种换向阀使用的。

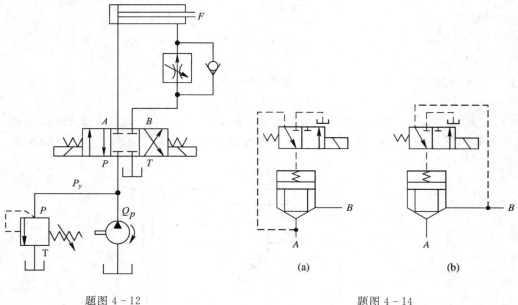

题图 4-12　　　　　　　　　　　　　　　　　题图 4-14

4-15 试用插装阀组成方法实现如题图4-15所示的三位换向阀。

题图 4-15

第5章 液压基本回路

　　所谓液压基本回路,就是指由液压元件组成的用来完成某种特定控制功能的典型回路。一些液压设备的液压系统虽然很复杂,但它通常都由一些基本回路组成,所以,掌握这些基本回路的组成、原理和特点,将有助于认识和分析一个完整的液压系统。

5.1　压力控制回路

　　压力控制回路利用压力控制阀来控制系统整体或某一部分的压力,以满足液压执行元件对力或转矩要求的回路。这类回路包括调压、减压、增压、保压、卸荷和平衡等多种回路。

5.1.1　调压回路

　　调压回路的功用是使液压系统整体或部分的压力保持恒定或不超过某个数值。在定量泵系统中,液压泵的供油压力可以通过溢流阀来调节。在变量泵系统中,用安全阀来限定系统的最高压力,来防止系统过载。若系统中需要两种以上的压力,则可采用多级调压回路。

压力控制回路

　　1. 单级调压回路

　　图4-16(a)所示为单级调压回路,在液压泵出口处设置并联的溢流阀即可组成单级调压回路。它是用来控制液压系统工作压力的。

　　2. 二级调压回路

　　图5-1(a)所示为二级调压回路,它可实现两种不同的系统压力控制。由先导式溢流阀2和溢流阀4各调一级:当二位二通电磁阀3处于如图5-1(a)所示的位置时,系统压力由阀2调定;当阀3得电后,处于右位时,系统压力由阀4调定。要注意:阀4的调定压力一定要小于阀2的调定压力,否则系统将不能实现压力调定;当系统压力由阀4调定时,溢流阀2的先导阀口关闭,但主阀开启,液压泵的溢流流量经主阀流回油箱。

　　3. 多级调压回路

　　图5-1(b)中,由溢流阀1、2、3分别控制系统的压力,从而组成了三级调压回路。当两电磁铁均不通电时,系统压力由阀1调定,当1YA得电时,由阀2调定系统压力;当2YA得电时,系统压力由阀3调定。但在这种调压回路中,阀2和阀3的调定压力都要小于阀1的调定压力,而阀2和阀3的调定压力之间没有什么一定的关系。

　　4. 连续、按比例进行压力调节的回路

　　如图5-1(c)所示,调节先导型比例电磁溢流阀的输入电流 I ,即可实现系统压力的无级调节,这样不但回路结构简单,压力切换平稳,而且更容易使系统实现远距离控制或程序控制。

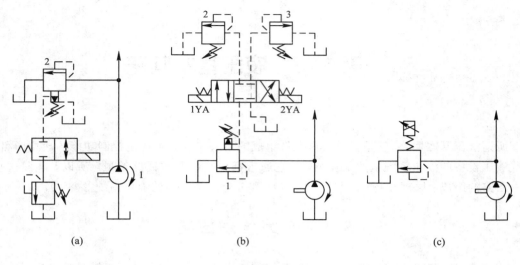

(a)　　　　　　　　　(b)　　　　　　　　　(c)

图 5-1　调压回路

5.1.2　减压回路

减压回路的功用是使系统中的某一部分油路具有较系统压力低的稳定压力。最常见的减压回路是通过定值减压阀与主油路相连的，如图 5-2(a)所示。回路中的单向阀供主油路在压力降低(低于减压阀调整压力)时防止油液倒流，起短时保压之用；在减压回路中，也可以采用类似两级或多级调压的方法获得两级或多级减压。图 5-2(b)所示为利用先导式减压阀 1 的远控口接一远控溢流阀 2，则可由阀 1、阀 2 各调定一种低压。但要注意，阀2 的调定压力值一定要低于阀 1 的调定压力值。

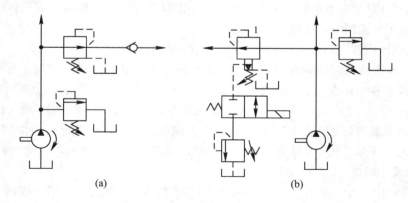

(a)　　　　　　　　　　　　　(b)

图 5-2　减压回路

5.1.3　卸荷回路

1. 采用复合泵的卸荷回路

图 5-3 所示为利用复合泵作液压钻床的动力源。当液压缸快速推进时，推动液压缸活塞前进所需的压力比左、右两边的溢流阀所设定压力还低，故大排量泵和小排量泵的压力

油全部送到液压缸，使活塞快速前进。

当钻头和工件接触时，液压缸活塞移动的速度要变慢，且在活塞上的工作压力变大，当往液压缸去的管路的油压力上升到比右边卸荷阀设定的工作压力大时，卸荷阀被打开，低压大排量泵所排出的液压油经卸荷阀送回油箱。因为单向阀受高压油作用的关系，所以低压泵所排出的油根本不会经单向阀流到液压缸了。在钻削进给的阶段，液压缸的油液由高压小排量泵来供给。因为这种回路的动力几乎完全由高压泵在消耗，所以

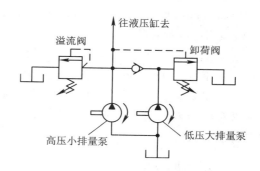

图 5-3　采用复合泵的卸载回路

可达到节约能源的目的。卸荷阀的调定压力通常比溢流阀的调定压力要低 0.5 MPa 以上。

2. 利用二位二通阀旁路卸荷的回路

如图 5-4 所示为利用二位二通阀旁路卸荷的回路，当二位二通阀左位工作时，泵排出的液压油以接近零压状态流回油箱，以节省动力并避免油温上升。图 5-4 所示的二位二通阀系以手动操作，亦可使用电磁操作。

M 型中位机能卸荷回路

注意：二位二通阀的额定流量必须和泵的流量相匹配。

3. 利用换向阀卸载的回路

图 5-5 所示为利用换向阀中位机能的卸载回路。它采用中位串联型（M 型中位机能）换向阀，当阀位处于中位时，泵排出的液压油直接经换向阀的 P、T 通路流回油箱，泵的工作压力接近于零。使用此种方式卸载，方法比较简单，但压力损失较多，且不适用于一个泵驱动两个或两个以上执行元件的场所。注意：三位四通换向阀的流量必须和泵的流量相匹配。

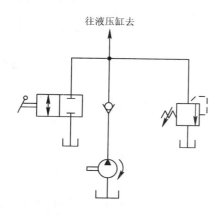

图 5-4　利用二位二通阀的卸载回路

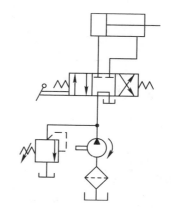

图 5-5　利用换向阀中位机能的卸载回路

4. 利用先导式溢流阀远程控制口卸载的回路

图 5-6 所示为利用先导式溢流阀远程控制口卸载的回路，将溢流阀的远程控制口和二位二通电磁阀相接。当二位二通电磁阀通电时，溢流阀的远程控制口通油箱，这时溢流

阀的平衡活塞上移，主阀阀口被打开，泵排出的液压油全部流回油箱，泵出口压力几乎是零，故泵为卸载运转状态。

注意：图5-6中的二位二通电磁阀只通过很少的流量，因此，可用小流量规格阀（尺寸为1/8或1/4）。在实际应用中，此二位二通电磁阀和溢流阀组合在一起，此种组合称为电磁控制溢流阀。

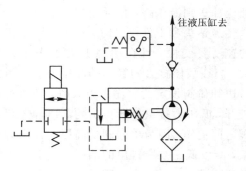

5.1.4 增压回路

图5-6 利用先导式溢流阀远程控制口卸载的回路

1. 利用串联液压缸的增压回路

图5-7所示为利用串联液压缸的压力增强回路。将小直径液压缸和大直径液压缸串联可使冲柱急速推出，且在低压下可得很大的输出力量。将换向阀移到左位，泵所输出的油液全部进入小直径液压缸活塞左侧，冲柱急速推出，此时大直径液压缸由单向阀将油液吸入，且充满大液压缸左侧空间。当冲柱前进到尽头受阻时，泵输送的油液压力升高，而使顺序阀动作，此时油液以溢流阀所设定的压力作用在大、小直径液压缸活塞的左侧，故推力等于大、小直径液压缸活塞左侧面积和与溢流阀所调定的压力之积。当然，如想单独使用大直径液压缸且以上述速度运动的话，势必要选用更大容量的泵，而采用这种串联液压缸只要用小容量泵就够了，节省了许多动力。

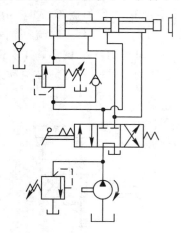

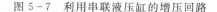

图5-7 利用串联液压缸的增压回路

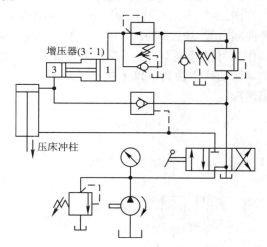

图5-8 利用增压器的增压回路

2. 利用增压器的增压回路

图5-8所示是利用增压器的增压回路。将三位四通换向阀移到右位工作时，泵将油液经液控单向阀送到液压缸活塞上方使冲柱向下压。同时，增压器的活塞也受到油液作用向右移动，但达到规定的压力后就自然停止了，这样使它一有油送进增压器活塞大直径侧，就能够马上前进。当冲柱下降碰到工件时（即产生负荷时），泵的输出立即升高，并打开顺序阀，经减压阀减压后的油液以减压阀所调定的压力作用在增压器的大活塞上，于是使增压器小直径侧产生3倍于减压阀所调定压力的高压油液，该油液进入冲柱上方而产生更强

的加压作用。

当换向阀移到阀左位时，冲柱上升；换向阀如移到中立阀位时，可以暂时防止冲柱向下掉。如果要完全防止其向下掉，则必须在冲柱下降时在油的出口处装一液控单向阀。

3. 气压-液压的增压回路

图 5-9 所示为气、液联合使用的增压回路。它是把上方油箱的油液先送入增压器的出口侧，再由压缩空气作用在增压器大活塞面积上，使出口侧油液压力增强。

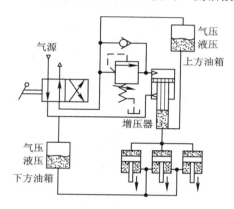

图 5-9　气、液联合使用的增压回路

当把手动操作换向阀移到阀右位工作时，压缩空气进入上方油箱，把上方油箱的油液经增压器小直径活塞下部送到三个液压缸。当液压缸冲柱下降碰到工件时，造成阻力使空气压力上升，并打开顺序阀，使压缩空气进入增压器活塞的上部来推动活塞。增压器的活塞下降会遮住通往上方油箱的油路，活塞继续下移，使小直径活塞下侧的油液变成高压油液，并注入三个液压缸。一旦把换向阀移到阀左位时，下方油箱的油会从液压缸下侧进入，把冲柱上移，液压缸冲柱上侧的油液流经增压器回到上方油箱，增压器恢复到原来的位置。

5.1.5　保压回路

有的机械设备在工作过程中，常常要求液压执行机构在其行程终止时保持一段时间压力，这时需采用保压回路。所谓保压回路，是指使系统在液压缸不动或仅有工件变形所产生的微小位移的情况下，稳定地维持住压力。最简单的保压回路是使用密封性能较好的液控单向阀的回路，但是阀类元件处的泄漏使得这种回路的保压时间不能维持太久。常用的保压回路有以下几种。

1. 利用液压泵保压的保压回路

利用液压泵保压的保压回路也就是在保压过程中，液压泵仍以较高的压力（保持所需压力）工作。此时，若采用定量泵，则压力油几乎全经溢流阀流回油箱，系统功率损失大，易发热，故只在小功率的系统且保压时间较短的场合下才使用。若采用变量泵，在保压时，泵的压力较高，但输出流量几乎等于零，因而，液压系统的功率损失小，这种保压方法能随泄漏量的变化而自动调整输出流量，所以其效率也较高。

2. 利用蓄能器的保压回路

利用蓄能器的保压回路是指借助蓄能器来保持系统压力，补偿系统泄漏的回路。图

5-10所示为利用虎钳作工件的夹紧装置。当换向阀移到阀左位时，活塞前进，并将虎钳夹紧，这时泵继续输出的压力油将为蓄能器充压，直到卸荷阀被打开卸载为止，此时，作用在活塞上的压力由蓄能器来维持，并补充液压缸的漏油作用在活塞上。当工作压力降低到比卸荷阀所调定的压力还低时，卸荷阀又关闭，泵的液压油再继续送往蓄能器。本系统可节约能源并降低油温。

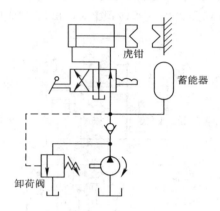

图 5-10　利用蓄能器的保压回路

5.1.6　平衡回路

平衡回路的功用在于防止垂直或倾斜放置的液压缸和与之相连的工作部件因自重而自行下落。

图 5-11(a)所示为采用单向顺序阀的平衡回路，当 1YA 得电，活塞下行时，回油路上就存在着一定的背压，只要将这个背压调得能支承住活塞和与之相连的工作部件自重，活塞就可以平稳地下落。当换向阀处于中位时，活塞就停止运动，不再继续下移。在这种回路中，当活塞向下快速运动时，其功率损失大，锁住时活塞和与之相连的工作部件会因单向顺序阀和换向阀的泄漏而缓慢下落，因此它只适用于工作部件重量不大、活塞锁住时定位要求不高的场合。

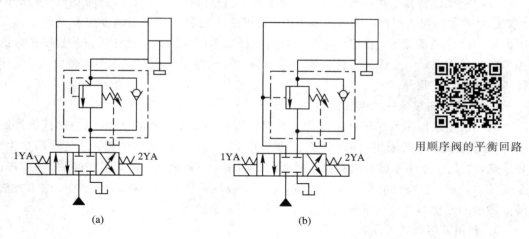

用顺序阀的平衡回路

(a)　　　　　　　　　　　(b)

图 5-11　用顺序阀的平衡回路

图 5 - 11(b)所示为采用液控顺序阀的平衡回路。当活塞下行时,控制压力油打开液控顺序阀,背压消失,因而回路工作效率较高;当停止工作时,液控顺序阀关闭以防止活塞和工作部件因自重而下降。这种平衡回路的优点是只有上腔进油时活塞才下行,比较安全和可靠;缺点是活塞下行时平稳性较差。这是因为活塞下行时,液压缸上腔油压降低,将使液控顺序阀关闭;当顺序阀关闭时,因活塞停止下行,使液压缸上腔油压升高,又打开液控顺序阀。因此,液控顺序阀始终处于启、闭的过渡状态,因而影响工作的平稳性。这种回路适用于运动部件重量不大、停留时间较短的液压系统。

5.2 速度控制回路

速度控制回路

5.2.1 快速运动回路

快速运动回路又称增速回路,其功用在于使液压执行元件在空载时获得所需的高速,以提高系统的工作效率或充分利用功率。视设计方法不同快速运动有多种运动回路。下面介绍几种常用的设计方法不同的快速运动回路。

1. 差动回路

图 5 - 12 所示为差动回路。其特点为,当液压缸前进时,从液压缸右侧排出的油再从左侧进入液压缸,增加进油口处的油量,可使液压缸快速前进,但同时也使液压缸的推力变小。

2. 采用蓄能器的快速补油回路

对于间歇运转的液压机械,当执行元件间歇或低速运动时,泵向蓄能器充油。而在工作循环中,当某一工作阶段执行元件需要快速运动时,蓄能器作为泵的辅助动力源,可与泵同时向系统提供压力油。

图 5 - 13 所示为一补油回路。将换向阀移到阀右位时,蓄能器所储存的液压油即可释放出来加到液压缸,活塞快速前进。例如,活塞在做加压等操作时,液压泵即可对蓄能器充压(蓄油)。当换向阀移到阀左位时,蓄能器液压油和泵排出的液压油同时送到液压缸的活塞杆端,活塞快速回行。这样,系统中可选用流量较小的油泵及功率较小的电动机,可节约能源并降低油温。

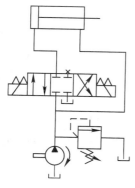

图 5 - 12 差动回路

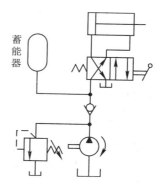

图 5 - 13 利用蓄能器的快速补油回路

3. 利用双泵供油的快速运动回路

如图 5 - 3 所示,在工作行程中,系统压力升高,右边卸荷阀被打开,大流量泵卸荷,小流量泵向系统供油；当需要快速运动时，系统压力较低，由两台泵共同向系统供油。

4. 补油回路

大型压床为确保加工精度，常使用柱塞式液压缸。在前进时，它需要非常大的流量；在后退时，它几乎不需什么流量。这两个问题使泵的选用变得非常困难，图5-14所示的补油回路就可解决此难题。如图5-14所示，将三位四通换向阀移到阀右位时，泵输出的压力油全部送到辅助液压缸，辅助液压缸带动主液压缸下降，而主液压缸的压力油由上方油箱经液控单向阀注入，此时压板下降速度为 $v=Q_p/(2a)$。当压板碰到工件时，管路压力上升，顺序阀被打开，高压油注到主液压缸，此时压床推出力为 $F=p_Y \times (A+2a)$。当换向阀移到左位时，泵输出的压力油流入辅助液压缸，压板上升，液控单向阀逆流油路被打开，主液压缸的回油经液控单向阀流回上方的油箱。回路中的平衡阀是为支撑压板及柱塞的重量而设计的。在此回路中，因使用补充油箱，故换向阀及平衡阀的选择依泵的流量而定，且泵的流量可较小。此回路为一节约能源回路。

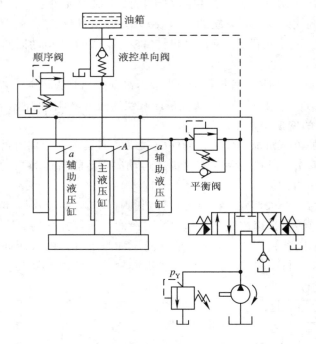

图5-14　液压压床的补油回路

5.2.2　速度换接回路

速度换接回路的功能是使液压执行机构在一个工作循环中从一种运动速度变换到另一种运动速度，因而这个转换不仅包括液压执行元件快速到慢速的换接，而且也包括两个慢速之间的换接。实现这些功能的回路应该具有较高的速度换接平稳性。

1. 快速与慢速的换接回路

图5-15所示为用行程阀来实现快速与慢速换接的回路。在图5-15所示的状态下，液压缸快进，当活塞所连接的挡块压下行程阀6时，行程阀关闭，液压缸右腔的油液必须通过节流阀5才能流回油箱，活塞运动速度转变为慢速工进；当换向阀左位接入回路时，

压力油经单向阀 4 进入液压缸右腔，活塞快速向左返回。这种回路的优点是快、慢速换接过程比较平稳，换接点的位置比较准确。其缺点是行程阀的安装位置不能任意布置，管路连接较为复杂。若将行程阀改为电磁阀，则安装连接将比较方便，但速度换接的平稳性、可靠性以及换向精度将变得较差。

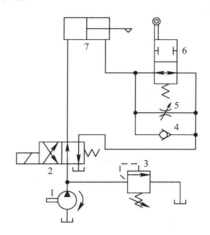

图 5-15　用行程阀的速度换接回路

2. 两种慢速的换接回路

图 5-16 所示为用两个调速阀来实现不同工进速度的换接回路。图 5-16(a)中的两个调速阀并联，由换向阀实现换接。两个调速阀可以独立地调节各自的流量，互不影响；但是一个调速阀工作时另一个调速阀内无油通过，它的减压阀不起作用而处于最大开口状态，因而速度换接时大量油液通过该处，将使机床工作部件产生突然前冲现象。因此，它不宜用于工作过程中速度换接的场合，只可用于速度预选的场合。

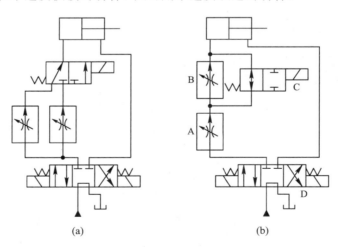

(a)　　　　　　　　　　　　　(b)

图 5-16　用两个调速阀的速度换接回路

图 5-16(b)所示为两调速阀串联的速度换接回路。当主换向阀 D 左位接入系统时，调速阀 B 被换向阀 C 短接，输入液压缸的流量由调速阀 A 控制。当阀 C 右位接入回路时，由于通过调速阀 B 的流量调得比 A 小，因此输入液压缸的流量由调速阀 B 控制。在这种回

路中，调速阀 A 一直处于工作状态，它在速度换接时限制着进入调速阀 B 的流量，因此它的速度换接平稳性比较好，但由于油液经过两个调速阀，因此能量损失比较大。

5.3 多缸工作控制回路

在液压系统中，如果由一个油源给多个液压缸输送压力油，这些液压缸会因压力和流量的彼此影响而在动作上相互牵制。所以，我们必须使用一些特殊的回路才能实现预定的动作要求。常见的这类回路主要有以下两种。

5.3.1 同步回路

在液压装置中，常需使两个以上的液压缸做同步运动。理论上，依靠流量控制即可达到这一目的，但若要做到精密的同步，则须采用比例阀或伺服阀配合电子感测元件、计算机来达到。以下介绍几种基本的同步回路。

图 5-17 所示为使用调速阀的同步回路，因为很难调整到使两个阀流量一致，所以精度比较差。

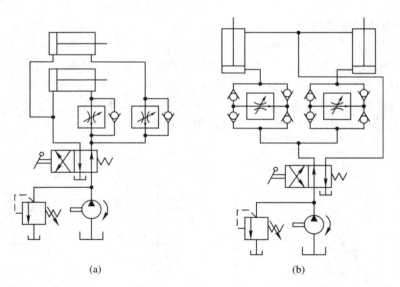

(a)　　　　　　　　　(b)

图 5-17　使用调速阀的同步回路
(a) 单向同步；(b) 双向同步

图 5-18 所示为使用分流阀的同步回路。该回路同步精度较高，其工作原理是：当换向阀左位工作时，压力为 p_Y 的油液经两个尺寸完全相同的节流孔 4 和 5 及分流阀上 a、b 处两个可变节流孔进入缸 1 和缸 2，两缸活塞前进。当分流阀的滑轴 3 处于某一平衡位置时，滑轴两端压力相等，即 $p_1 = p_2$，节流孔 4 和节流孔 5 上的压力降 $(p_Y - p_1)$ 和 $(p_Y - p_2)$ 相等，则进入缸 1 和缸 2 的流量相等；当缸 1 的负荷增加时，p_1' 上升，滑轴 3 右移，a 处节流孔加大，b 处节流孔变小，使压力 p_1 下降，p_2 上升；当滑轴 3 移到某一平衡位置时，p_1

又重新和 p_2 相等，滑轴 3 不再移动，此时 p_1 又等于 p_2，两缸保持速度同步，但 a、b 处开口大小和开始时是不同的，活塞后退，液压油经单向阀 6 和单向阀 7 流回油箱。

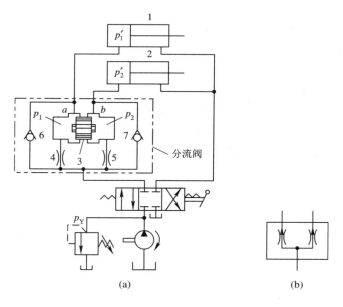

图 5-18　使用分流阀的同步回路
（a）结构；（b）分流阀的职能符号

图 5-19 所示为通过机械连接实现同步的回路。将两个（或若干个）液压缸的活塞杆运用机械装置（如齿轮或刚性梁）连接在一起，使它们的运动相互牵制，这样即可不必在液压系统中采取任何措施而实现同步。此种同步方法简单，工作可靠，但它不宜使用在两缸距离过大或两缸负载差别过大的场合。

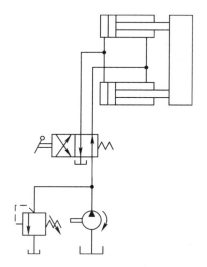

图 5-19　通过机械连接实现同步的回路

5.3.2 顺序动作回路

顺序动作回路的功用是使多缸液压系统中的各个液压缸严格地按规定的顺序动作。按控制方式不同，顺序动作回路可分为行程控制和压力控制两大类。

1. 行程控制顺序动作回路

图 5-20 所示为两个行程控制的顺序动作回路。其中，图 5-20(a) 所示为行程阀控制的顺序动作回路，在该状态下，A、B 两液压缸活塞均在右端。当推动手柄时，使阀 C 左位工作，缸 A 左行，完成动作①；挡块压下行程阀 D 后，缸 B 左行，完成动作②；手动换向阀复位后，缸 A 先复位，实现动作③；随着挡块后移，阀 D 复位，缸 B 退回，实现动作④。至此，顺序动作全部完成。这种回路工作可靠，但动作顺序一经确定，再改变就比较困难了，同时管路长，布置比较麻烦。

图 5-20(b) 所示为由行程开关控制的顺序动作回路。当阀 E 电磁铁得电换向时，缸 A 左行，完成动作①；触动行程开关 S_1 使阀 F 电磁铁得电换向，控制缸 B 左行完成动作②；当缸 B 左行至触动行程开关 S_2 时，阀 E 电磁铁断电，缸 A 返回，实现动作③后，触动 S_3 使 F 电磁铁断电，缸 B 返回，完成动作④；最后触动 S_4 使泵卸荷或引起其他动作，完成一个工作循环。这种回路的优点是控制灵活、方便，但其可靠程度主要取决于电气元件的质量。

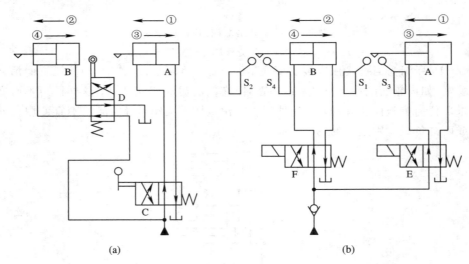

(a)   (b)

图 5-20 行程控制顺序动作回路

2. 压力控制顺序动作回路

图 5-21 所示为一使用顺序阀的压力控制顺序动作回路。当换向阀左位接入回路，且顺序阀 D 的调定压力大于液压缸 A 的最大前进工作压力时，压力油先进入液压缸 A 的左腔，实现动作①；当液压缸行至终点时，压力上升，压力油打开顺序阀 D，进入液压缸 B 的左腔，实现动作②；同样地，当换向阀右位接入回路，且顺序阀 C 的调定压力大于液压缸 B 的最大返回工作压力时，两液压缸则按③和④的顺序返回。显然，这种回路动作的可靠性取决于顺序阀的性能及其压力调定值，即它的调定压力应比前一个动作的压力高出 0.8～1.0 MPa，否则顺序阀易在系统压力脉冲中造成误动作。由此可见，这种回路适用于液压缸数目不多、负载变化不大的场合。其优点是动作灵敏，安装连接较方便；缺点是可

靠性不高，位置精度低。

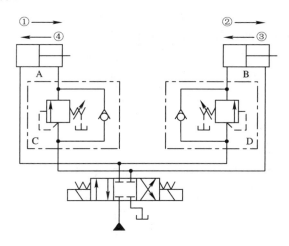

图 5-21　顺序阀控制顺序动作回路

5.4　其　他　回　路

1. 液压马达串、并联回路

行走机械常使用液压马达来驱动车轮，依据行驶条件驱动车轮需要有转速：在平地行驶时，需要高速；上坡时，需要有大扭矩输出，转速降低。因此，采用两个液压马达以串联或并联方式可达到上述目的。

如图 5-22 所示，将两个液压马达的输出轴连结在一起，当电磁阀 2 通电时，电磁阀 1 断电，两液压马达并联，液压马达输出扭矩大，转速却比较低；当电磁阀 1、2 都通电时，两液压马达串联，液压马达扭矩低，但转速比较高。

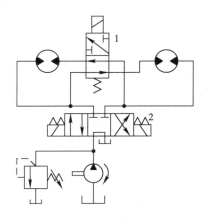

图 5-22　液压马达串、并联回路

2. 液压马达刹车回路

欲使液压马达停止运转，只要切断其供油即可，但由于液压马达本身的转动惯性及其驱动负荷所造成的惯性都会使液压马达在停止供油后继续再转动一会儿，因此，液压马达会像泵一样起到吸入作用，故必须设法避免马达把空气吸入液压系统中。

如图5-23(a)所示，我们利用一中位"O"型的换向阀来控制液压马达的正转、反转和停止。只要将换向阀移到中间位置，马达就停止运转，但由于惯性，马达出口到换向阀之间的背压将因马达的停止运转而增大，这有可能将回油管路或阀件破坏，因此必须在如图5-23(b)所示的系统中装一刹车溢流阀。如此，当出口处的压力增加到刹车溢流阀所调定的压力时，阀被打开，马达刹车。

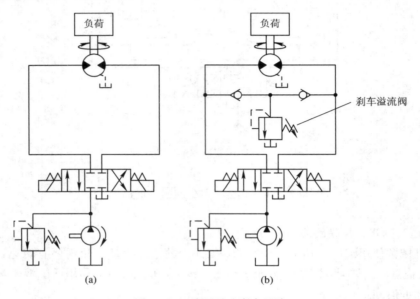

图5-23 液压马达刹车回路

又如液压马达驱动输送机，在一方向有负载，另一方向无负载时，其需要有两种不同的刹车压力。因此，这种刹车回路如图5-24所示，每个刹车溢流阀各控制不同方向的油液。

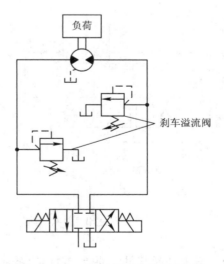

图5-24 两种不同压力的刹车回路

3. 液压马达的补油回路

当液压马达停止运转(停止供油)时,由于惯性,它多少会继续转动一点,因此,在马达入口处无法供油,造成真空现象。

如图5-25所示,在马达入口及回油管路上各安装一个开启压力较低(小于0.05 MPa)的单向阀,当马达停止时,其入口压力油由油箱经此单向阀送到马达入口以补充缺油。

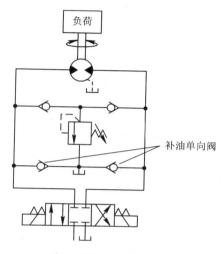

图 5-25 液压马达的油液补充回路

5.5 工业实践项目:装配设备液压系统

1. 控制要求和技术参数

图5-26所示的装配设备用于压紧工件并钻孔。液压缸 A 以平稳且缓慢的速度将工件压紧在工位上。当液压缸 A 的压力达到20 bar(工件被压入)时,由液压缸 B 驱动钻削装置完成钻孔操作。钻削动作完成后,钻头停止工作,液压缸 B 返回,当液压缸 B 缩回压力达到30 bar时,液压缸 A 返回。图5-27所示为完成该顺序的液压回路。要求使用流量计将调速阀0V2的流量调至1 L/min。

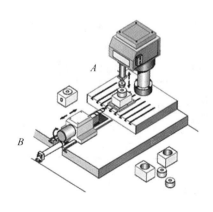

图 5-26 装配设备

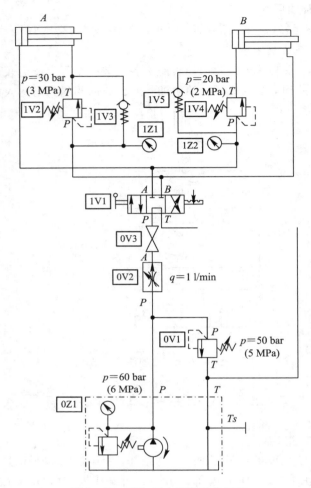

图 5 - 27　两缸压力顺序动作回路

2. 任务实施

按图 5 - 27 所示从液压实训台选取相应元件组装装配设备液压系统，经安全检查后启动液压泵，调节压力顺序阀 1V2 和 1V4 的开启压力分别为 30 bar 和 20 bar；操纵换向阀 1V1，观察液压缸 A 和 B 的运动顺序，并记录将所使用的元器件名称及数量填入表 5 - 1，不完整的名称请补充。

表 5 - 1　工业实践项目所用元器件清单

实训名称	液压实验台	液压泵	溢流阀	双作用液压缸	压力表	3位4通双电控换向阀	调速阀	流量计	调速阀	单向阀	顺序阀	三通接头	…
数量	1												

3. 解决方案

绘制装配回路图和位移—步骤图。

4. 任务反思

如何将两个顺序阀的压力调至要求的压力？

5. 拓展与创新

除了采用压力顺序阀控制两缸的压力顺序回路，还可以采用别的控制元件来实现吗？设计出液压回路图。

思考题与习题

5-1 在题图 5-1 所示的回路中，若溢流阀的调整压力分别为 $p_{Y1}=$ 6 MPa，$p_{Y2}=4.5$ MPa，泵出口处的负载阻力为无限大。试问，在不计管道损失和调压偏差：

（1）换向阀下位接入回路时，泵的工作压力为多少？B 点和 C 点的压力各为多少？

（2）换向阀上位接入回路时，泵的工作压力为多少？B 点和 C 点的压力又是多少？

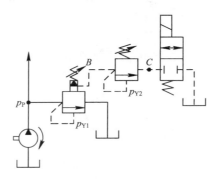

题图 5-1

5-2 在题图 5-2 所示的回路中，已知活塞运动时的负载 $F=1.2$ kN，活塞面积为 $15×10^{-4}$ m²，溢流阀调整值为 4.5 MPa，两个减压阀的调整值分别为 $p_{J1}=3.5$ MPa 和 $p_{J2}=2$ MPa，油液流过减压阀及管路时的损失可忽略不计。试确定活塞在运动时和停在终端位置处时，A、B、C 三点的压力值。

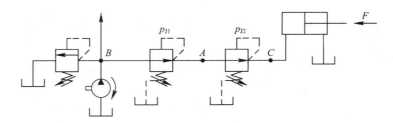

题图 5-2

5-3 题图 5-3 所示为由复合泵驱动的液压系统，活塞快速前进时负荷 $F=0$，慢速前进时负荷 $F=20\ 000$ N，活塞有效面积为 $40×10^{-4}$ m²，左边溢流阀及右边卸荷阀调定压力分别是 7 MPa 与 3 MPa。大排量泵流量 $Q_{大}=20$ L/min，小排量泵流量 $Q_{小}=5$ L/min，摩擦阻力、管路损失、惯性力忽略不计。求：

（1）活塞快速前进时，复合泵的出口压力是多少？进入液压缸的流量是多少？活塞的前进速度是多少？

（2）活塞慢速前进时，大排量泵的出口压力是多少？复合泵出口压力是多少？要改变活塞前进速度,需由哪个元件调整?

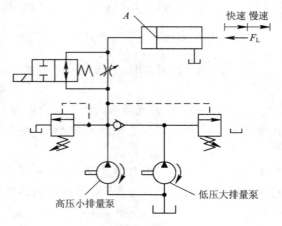

题图 5-3

5-4 如题图 5-4 所示,已知两液压缸的活塞面积相同,液压缸无杆腔面积 $A_1 = 20 \times 10^{-4}\,\mathrm{m}^2$,但负载分别为 $F_1 = 8000\ \mathrm{N}$,$F_2 = 4000\ \mathrm{N}$,如溢流阀的调整压力为 4.5 MPa,试分析当减压阀压力调整值分别为 1 MPa、2 MPa、4 MPa 时,两液压缸的动作情况。

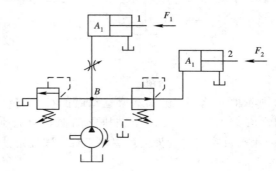

题图 5-4

5-5 根据题图 5-5 所示,填写当实行下列工作循环时的电磁铁动态表。

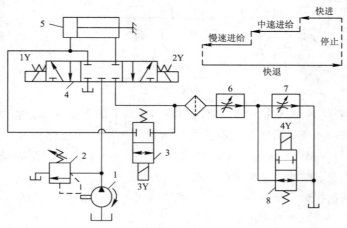

题图 5-5

工作过程	电磁铁动态			
	1Y	2Y	3Y	4Y
快速进给				
中速进给				
慢速进给				
快速退回				
停止				

5-6 题图5-6所示的液压系统能实现"A夹紧→B快进→B工进→B快退→B停止→A松开→泵卸荷"等顺序动作的工作循环。

(1)试列出上述循环时电磁铁动态表(如题5-5中相似的表)。

(2)说明系统是由哪些基本回路组成的。

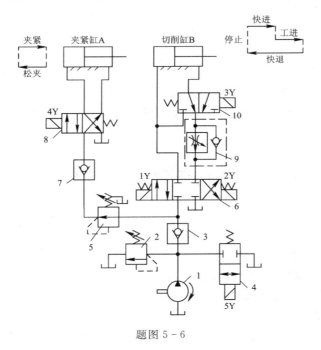

题图5-6

第6章 典型液压系统

前面几章我们已将液压传动的基本理论、液压元件及基本回路等做了详细的介绍，在此基础上，我们将介绍具体的机床设备液压回路，并分析其工作原理。

通常，在阅读较复杂的液压回路图时，应按如下步骤进行：

（1）了解机械设备对液压系统的动作要求。

（2）逐步浏览整个液压系统，了解液压系统（回路）由哪些元件组成，再以各个执行元件为中心，将系统分成若干个子系统。

（3）对每一执行元件及其相关联的阀件等组成的子系统进行分析，并了解此子系统包含哪些基本回路。然后根据执行元件的动作要求，参照电磁线圈的动作顺序表阅读此子系统。

（4）根据机械设备中各执行元件间互锁、同步和防干扰等要求，分析各子系统之间的关系，并进一步阅读系统是如何实现这些要求的。

（5）在全面读懂整个系统之后，归纳总结整个系统有哪些特点，以加深对液压回路的理解。

6.1 组合机床动力滑台液压系统

6.1.1 概述

组合机床是由一些通用和专用零部件组合而成的专用机床，广泛应用于成批大量的生产中。组合机床上的主要通用部件——动力滑台是用来实现进给运动的，只要配以不同用途的主轴头，

典型液压系统

即可实现钻、扩、铰、镗、铣、刮端面、倒角及攻螺纹等加工。动力滑台有机械滑台和液压滑台之分。液压动力滑台利用液压缸将泵站所提供的液压能转变成滑台运动所需的机械能。它对液压系统性能的主要要求是速度换接平稳，进给速度稳定，功率利用合理，效率高，发热少。

现以 YT4543 型液压动力滑台为例分析组合机床动力滑台液压系统的工作原理和特点，该动力滑台要求进给速度范围为 $6.6 \sim 600$ mm/min，最大进给力为 4.5×10^4 N。图 6-1 所示为 YT4543 型动力滑台的液压系统原理图。该系统用限压式变量泵供油、电液换向阀换向、液压缸差动连接来实现快进；用行程阀实现快进与工进的转换，用二位二通电磁换向阀进行两个工进速度之间的转换；为了保证进给的尺寸精度，用止挡块来限位。通常实现的工作循环为快进→第一次工作进给→第二次工作进给→止挡块停留→快退→原位停止。

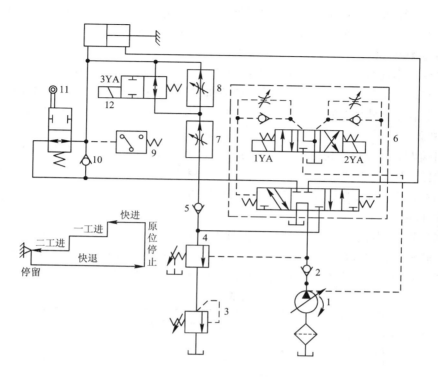

图 6-1　YT4543 型动力滑台液压系统原理图

6.1.2　YT4543 型动力滑台液压系统的工作原理

1. 快进

如图 6-1 所示，按下启动按钮，电磁铁 1YA 得电，电液换向阀 6 的先导阀阀芯向右移动，从而引起主阀芯向右移，使其左位接入系统，形成差动连接。其主油路如下：

进油路：泵 1→单向阀 2→换向阀 6 左位→行程阀 11 下位→液压缸左腔

回油路：液压缸的右腔→换向阀 6 左位→单向阀 5→行程阀 11 下位→液压缸左腔

2. 第一次工作进给

当滑台快速运动到预定位置时，滑台上的行程挡块压下了行程阀 11 的阀芯，切断了该通道，压力油须经调速阀 7 进入液压缸的左腔。由于油液流经调速阀，因此系统压力上升，打开液控顺序阀 4，此时，单向阀 5 的上部压力大于下部压力，所以单向阀 5 关闭，切断了液压缸的差动回路，回油经液控顺序阀 4 和背压阀 3 流回油箱，从而使滑台转换为第一次工作进给，其主油路如下：

进油路：泵 1→单向阀 2→换向阀 6 左位→调速阀 7→换向阀 12 右位→液压缸左腔

回油路：液压缸右腔→换向阀 6 左位 →顺序阀 4→背压阀 3→油箱

因为工作进给时，系统压力升高，所以变量泵 1 的输油量便自动减小，以适应工作进给的需要。其中，进给量大小由调速阀 7 调节。

3. 第二次工作进给

第一次工进结束后，行程挡块压下行程开关，使 3YA 通电，二位二通换向阀将通路切断，进油必须经调速阀 7 和调速阀 8 才能进入液压缸。此时，由于调速阀 8 的开口量小于调速阀 7 的，所以进给速度再次降低，其他油路情况同一工进。

4. 止挡块停留

当滑台工作进给完毕之后，碰上止挡块的滑台不再前进，停留在止挡块处，同时，系统压力升高，当升高到压力继电器 9 的调整值时，压力继电器动作，经过时间继电器的延时，再发出信号使滑台返回，滑台的停留时间可由时间继电器在一定范围内调整。

5. 快退

时间继电器经延时发出信号，2YA 通电，1YA、3YA 断电，其主油路如下：

进油路：泵 1→单向阀 2→换向阀 6 右位 →液压缸右腔

回油路：液压缸左腔→单向阀 10→换向阀 6 右位→油箱

6. 原位停止

当滑台退回到原位时，行程挡块压下行程开关，发出信号，使 2YA 断电，换向阀 6 处于中位，液压缸失去液压动力源，滑台停止运动。液压泵输出的油液经换向阀 6 直接回到油箱，泵卸荷。该系统的各电磁铁及行程阀动作顺序如表 6-1 所示。

表 6-1　电磁铁和行程阀动作顺序表

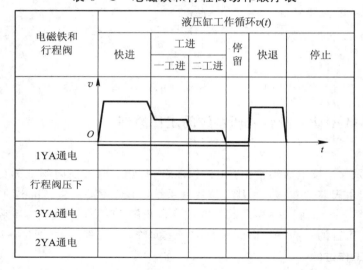

6.1.3　YT4543 型动力滑台液压系统的特点

YT4543 型动力滑台液压系统具有如下特点：

（1）系统采用了限压式变量叶片泵——调速阀（背压阀式）的调速回路，能保证稳定的低速运动（进给速度最小可达 6.6 mm/min），较好的速度刚性和较大的调速范围。

（2）系统采用了限压式变量泵和差动连接式液压缸来实现快进，能源利用比较合理。当滑台停止运动时，换向阀使液压泵在低压下卸荷，减少了能量损耗。

（3）系统采用了行程阀和顺序阀实现快进与工进的换接，不仅简化了电气回路，而且使动作可靠，换接精度亦比电气控制高。至于两个工进之间的换接，由于两者速度都比较低，因此采用电磁阀完全能保证换接精度。

6.2 180 吨钣金冲床液压系统

6.2.1 概述

钣金冲床能改变上、下模的形状，即可进行压形、剪断、冲穿等工作。图 6 - 2 所示为 180 吨钣金冲床液压系统回路，图 6 - 3 所示为其控制动作顺序图。动作情形为压缸快速下降→压缸慢速下降（加压成型）→压缸暂停（降压）→压缸快速上升。

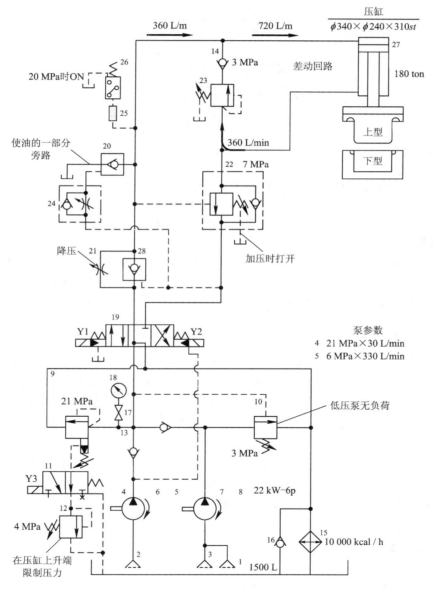

图 6 - 2 180 吨钣金冲床液压系统回路

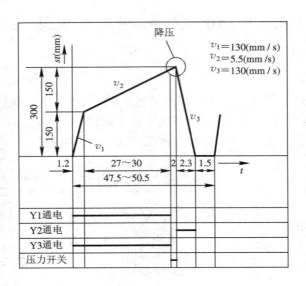

图 6-3 动作顺序图

6.2.2 180 吨钣金冲床液压系统的工作原理

参见图 6-2、图 6-3 对 180 吨钣金冲床液压系统的油路进行分析。

1. 压缸快速下降

按下启动按钮，Y1、Y3 通电，进油路线为泵 4、泵 5→电磁阀 19 左位→液控单向阀 28→压缸上腔；回油路线为压缸下腔→顺序阀 23→单向阀 14→压缸上腔。压缸快速下降时，进油管路压力低，未达到顺序阀 22 所设定的压力，故压缸下腔压力油再回压缸上腔，形成一差动回路。

2. 压缸慢速下降

当压缸上模碰到工件进行加压成型时，进油管路压力升高，使顺序阀 22 打开，进油路线为泵 4→电磁阀 19 左位→液控单向阀 28→压缸上腔；回油路线为压缸下腔→顺序阀 22→电磁阀 19 左位→油箱。此时，回油为一般油路，卸荷阀 10 被打开，泵 5 的压油以低压状态流回油箱，送到压缸上腔的油仅由泵 4 供给，故压缸速度减慢。

3. 压缸暂停（降压）

当上模加压成型时，进油管路压力达到 20 MPa，压力开关 26 动作，Y1、Y3 断电，电磁阀 19、电磁阀 11 恢复正常位置。此时，压缸上腔压油经节流阀 21、电磁阀 19 中位流回油箱，如此，可使压缸上腔压油压力下降，防止了压缸在上升时上腔油压由高压变成低压而发生的冲击、振动等现象。

4. 压缸快速上升

当降压完成时（通常为 0.5～7 s，视阀的容量而定），Y2 通电，进油路线如下：

泵 4、泵 5→电磁阀 19 右位→顺序阀 22→压缸下腔

回油路线为：

因泵 4、泵 5 的液压油一齐送往压缸下腔，故压缸快速上升。

6.2.3　180 吨钣金冲床液压回路图的特点

180 吨钣金冲床液压系统包含差动回路、平衡回路（或顺序回路）、降压回路、二段压力控制回路、高压和低压泵回路等基本回路。该系统有以下几个特点：

（1）当压缸快速下降时，下腔回油由顺序阀 23 建立背压，以防止压缸自重产生失速等现象。同时，系统又采用差动回路，泵流量可以比较少，亦为一节约能源的回路。

（2）当压缸慢速下降做加压成型时，顺序阀 22 由于外部引压被打开，压缸下腔压油几乎毫无阻力地流回油箱。因此，在加压成型时，上型模重量可完全加在工件上。

（3）在上升之前作短暂时间的降压，可防止压缸上升时产生振动、冲击现象，100 吨以上的冲床尤其需要降压。

（4）当压缸上升时，有大量压油要流回油箱。回油时，一部分压油经液控单向阀 20 流回油箱，剩余压油经电磁阀 19 中位流回油箱。电磁阀 19 可选用额定流量较小的阀件。

（5）当压缸下降时，系统压力由溢流阀 9 控制；上升时，系统压力由遥控溢流阀 12 控制。这样可使系统产生的热量减少，防止了油温上升。

6.3　多轴钻床液压系统

图 6-4 所示为一多轴钻床液压传动系统图，图 6-5 所示为其控制动作顺序图。三个液压缸的动作顺序为夹紧液压缸下降→分度液压缸前进→分度液压缸后退→进给液压缸快速下降→进给液压缸慢速钻削→进给液压缸上升→夹紧液压缸上升→暂停一段时间，如此就完成了一个工作循环。

1. 动作分析

参见图 6-4、图 6-5 对多轴钻床液压系统油路进行分析。

1）夹紧缸下降

按下启动按钮，Y3 通电，控制油路的进油路线为泵 3→单向阀 6→减压阀 11→电磁阀 13 左位→夹紧缸上腔（无杆腔）；回油路线为夹紧缸下腔→电磁阀 13 左位→油箱。进回油路无任何节流设施，且夹紧缸下降所需工作压力低，故泵以大流量送入夹紧缸，夹紧缸快速下降。夹紧缸夹住工件时，其夹紧力由减压阀 11 来调定。

2）分度缸前进

夹紧液压缸将工件夹紧时并触发一行程开关使 Y5 通电，进油路线为泵 3→单向阀 6→减压阀 11→电磁阀 14 左位→分度缸右腔；回油路线为分度缸左腔→电磁阀 14 左位→油箱。因无任何节流设施，且分度液压缸前进时所需工作压力低，故泵以大流量送入液压缸，分度缸快速前进。

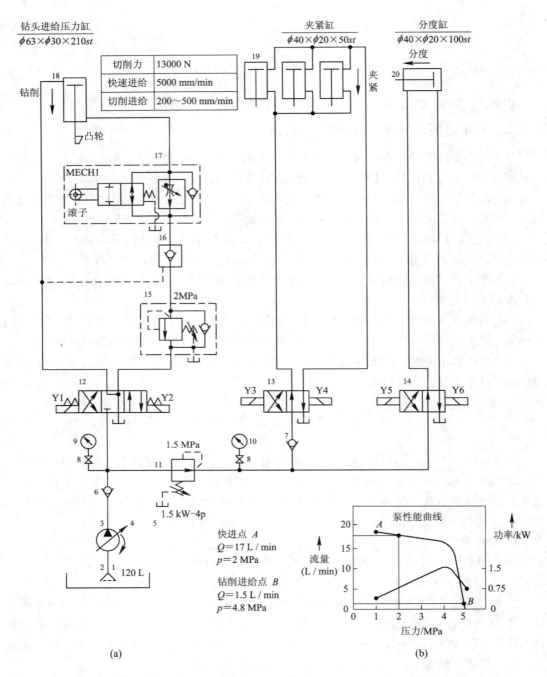

钻头进给压力缸
$\phi 63 \times \phi 30 \times 210st$

切削力	13000 N
快速进给	5000 mm/min
切削进给	200～500 mm/min

夹紧缸
$\phi 40 \times \phi 20 \times 50st$

分度缸
$\phi 40 \times \phi 20 \times 100st$

分度

钻削

凸轮

MECH1
滚子

17

16

15   2MPa

12   Y1   Y2

13   Y3   Y4

14   Y5   Y6

9   8

1.5 MPa

11

10   8   7

1.5 kW-4p

6

3   4

2   1   120 L

5

快进点 A
$Q = 17$ L/min
$p = 2$ MPa

钻削进给点 B
$Q = 1.5$ L/min
$p = 4.8$ MPa

泵性能曲线

流量
(L/min)

功率/kW

压力/MPa

(a)   (b)

1—油箱；2—滤清器；3—变量叶片泵；4—联轴节；5—电动机；6、7—单向阀；
8—切断阀；9、10—压力计；11—减压阀；12、13、14—电磁阀；15—平衡阀；
16—液控单向阀；17—行程调速阀(二级速度)；18、19、20—液压缸

图 6-4 多轴钻床液压传动系统
(a) 系统图；(b) 泵的性能曲线

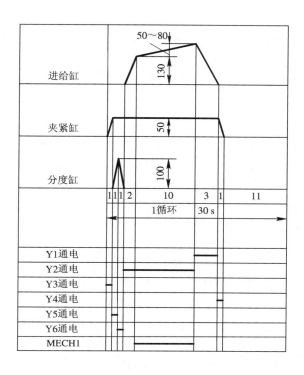

图 6-5 多轴钻床控制动作顺序图

3) 分度缸后退

分度缸前进碰到行程开关使 Y6 通电，分度缸快速后退，进油路线为泵 3→单向阀 6→减压阀 11→电磁阀 14 右位→分度缸左腔；回油路线为分度缸右腔→电磁阀 14 右位→油箱。

4) 钻头进给缸快速下降

分度缸后退碰到行程开关使 Y2 通电，进油路线为泵 3→单向阀 6→电磁阀 12 右位→进给液压缸上腔；回油路线为进给液压缸下腔→凸轮操作调速阀 17 右位（行程减速阀）→液控单向阀 16→平衡阀 15→电磁阀 12 右位→油箱。在凸轮板未压到滚子时，回油没被节流（回油经由凸轮操作调速阀的减速阀），且尚未钻削，故泵工作压力 $p = 2$ MPa，泵流量 $Q = 17$ L/min，进给缸快速下降。

5) 钻头进给缸慢速下降（钻削进给）

当凸轮板压到滚子时，回油只能由调速阀流出，回油被节流，进给缸慢速钻削。进油路线同钻头进给缸快速下降时的；回油路线为进给缸下腔→调速阀 17→液控单向阀 16→平衡阀 15→电磁阀 12 右位→油箱。因液压缸出口液压油被节流，且钻削阻力增大，故泵工作压力增大（$p = 4.8$ MPa），泵流量下降（$Q = 1.5$ L/min），所以进给液压缸慢速下降。

6) 进给缸上升

当钻削完成碰到行程开关，使 Y1 通电时，进油路线为泵 3→单向阀 6→电磁阀 12 左位→平衡阀 15（走单向阀）→液控单向阀 16→凸轮操作调速阀 17（走单向阀）→进给缸下腔；回油路线为进油液压缸上腔→电磁阀 12 左位→油箱。进给缸后退时，因进油、回油路均没被节流，泵工作压力低，泵以大流量送入液压缸，故进给缸快速上升。

7）夹紧缸上升

进给缸上升碰到行程开关，使 Y4 通电时，进油路线为泵 3→单向阀 6→减压阀 11→单向阀 7→电磁阀 13 右位→夹紧缸下腔；回油路线为夹紧缸上腔→电磁阀 13 右位→油箱。因进、回油路均没有节流设施，且上升时所需工作压力低，泵以大流量送入液压缸，故夹紧缸快速上升。

2. 系统组成及特点

如以该系统中的液压缸为中心，可将液压回路分成三个子系统：

（1）钻头进给液压缸子系统。此子系统由液压缸 18、凸轮操作调速阀 17、液控单向阀 16、平衡阀 15 及电磁阀 12 所组成。此子系统包含速度切换（二级速度）回路、锁定回路、平衡回路及换向回路等基本回路。

（2）夹紧缸子系统。此子系统由液压缸 19 及电磁阀 13 组成。

（3）分度缸子系统。此子系统由分度缸 20 及电磁阀 14 所组成。

夹紧缸子系统和分度缸子系统均只有一个基本回路——换向回路。

多轴钻床液压系统有以下几个特点：

（1）钻头进给液压缸的速度控制凸轮操作调速阀 17，故速度的变换稳定，不易产生冲击，控制位置正确，可使钻头尽量接近工件。

（2）平衡阀 15 可使进给液压缸上升到尽头时产生锁定作用，防止进给液压缸由于自重而产生不必要的下降现象。此平衡阀所建立的回油背压阻力亦可防止液压缸下降现象的产生。

（3）液控单向阀 16 可使进给液压缸上升到尽头时产生锁定作用，防止进给液压缸由于自重而产生不必要的下降现象。

（4）减压阀 11 可设定夹紧缸和分度缸的最大工作压力。

（5）单向阀 7 在防止分度缸前进或进给缸下降作用时，由于夹紧缸上腔的压油流失而使夹紧压力下降。

（6）该液压系统采用变排量式（压力补偿型）泵当动力源，可节省能源。此系统亦可用定量式泵当动力源，但在慢速钻削阶段，轴向力大，且大部分压油经溢流阀流回油箱，能量损失大，易造成油温上升。此系统可采用复合泵以达到节约能源、防止油温上升的目的，但设备较复杂，且费用较高。

6.4 塑料注射成型机液压系统

6.4.1 概述

塑料注射成型机简称注塑机。它将颗粒状的塑料加热熔化到流动状，再将其用注射装置快速、高压注入模腔，保压一定时间，冷却后成型为塑料制品。

注塑机的工作循环为

合模 ➝ 注射 ➝ 保压 ➝ 预塑 ➝ 开模 ➝ 顶出制品 ➝ 顶出缸后退 ➝ 合模

└➝ 冷却定型 ┘

以上动作分别由合模缸、预塑液压马达、注射缸和顶出缸完成，另外，注射座通过液压缸可前后移动。

注塑机液压系统要求有足够的合模力，可调节的合模、开模速度，可调节的注射压力和注射速度，可调节的保压压力，系统还应设有安全联锁装置。

6.4.2 SZ-250A 型注塑机液压系统工作原理

SZ-250A 型注塑机属中小型注塑机，每次最大注射容量为 250 cm³。图 6-6 为其液压系统图。

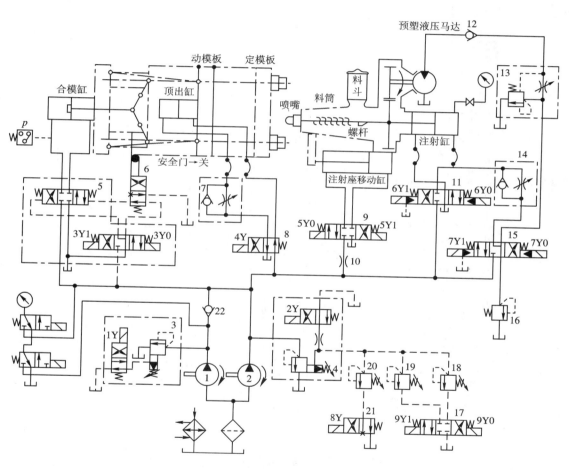

图 6-6 SZ-250A 型注塑机液压系统图

各执行元件的动作循环主要依靠行程开关切换电磁换向阀来实现，各液压缸及电磁铁通、断电动作顺序如图 6-7 所示。

在图 6-7 中，$a0$、$a1$、$a2$、$a3$ 为合模缸的行程开关；$b0$、$b1$ 为注射座的行程开关；$c0$、$c1$、$c2$ 为注射缸的行程开关；$d0$、$d1$ 为顶出缸的行程开关；$t1$ 为控制慢速注射的时间，$t2$ 为控制合模保压的时间；p 为压力开关，合模缸到达高压值时该压力开关动作。

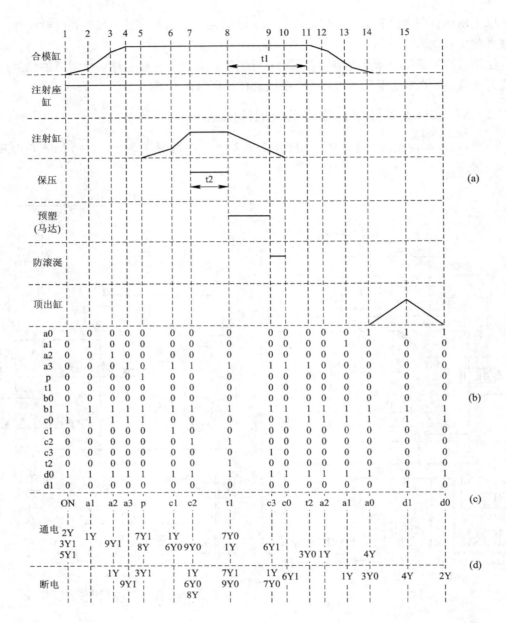

图 6-7 注塑机液压系统电气控制顺序动作分析图

（a）动作顺序图；（b）开关信号图；（c）开关动作图；（d）电磁阀线圈通、断电图

1. 关安全门

为保证操作安全，注塑机都装有安全门。关闭安全门后，行程阀 6 恢复常位，合模缸才能动作，系统开始整个动作循环。

2. 合模

动模板慢速启动、快速前移，当接近定模板时，液压系统转为低压、慢速控制。在确认模具内没有异物存在，系统转为高压，使模具闭合。这里采用了液压-机械式合模机构，合模缸通过对称五连杆结构推动模板进行开模和合模,连杆机构具有增力和自锁作用。

(1)慢速合模(2Y、3Y1通电):大流量泵1通过电磁溢流阀3卸荷,小流量泵2的压力由4调定,泵2的压力油经电液换向阀5右位进入合模缸左腔,推动活塞以带动连杆慢速合模,合模缸右腔油液经阀5和冷却器回油箱。

(2)快速合模(1Y、2Y、3Y1通电):慢速合模转快速合模时,由行程开关发令使1Y得电,泵1不再卸荷,其压力油经单向阀22与泵2的供油汇合,同时向合模缸供油,实现快速合模,最高压力由阀3限定。

(3)低压合模(2Y、3Y1、9Y1通电):泵1卸荷,泵2的压力由远程调压阀18控制。因阀18所调压力较低,合模缸推力较小,故即使两个模板间有硬质异物,也不致损坏模具表面。

(4)高压合模(2Y、3Y1通电):泵1卸荷,泵2供油,系统压力由高压溢流阀4控制,高压合模,并使连杆产生弹性变形,牢固地锁紧模具。

3. 注射座前移(2Y、5Y1通电)

在注塑机上安装、调试好模具后,注塑喷枪要顶住模具注塑口,故注射座要前移。泵2的压力油经电磁换向阀9右位进入注射座移动缸右腔,注射座前移使喷嘴与模具接触,注射座移动缸左腔油液经阀9回油箱。

4. 注射

注射是指注射螺杆以一定的压力和速度将料筒前端的熔料经喷嘴注入模腔,分慢速注射和快速注射两种。

(1)慢速注射(2Y、5Y1、7Y1、8Y通电):泵2的压力油经电液换向阀15左位和单向节流阀14进入注射缸右腔,左腔油液经电液换向阀11中位回油箱,注射缸活塞带动注射螺杆慢速注射,注射速度由单向节流阀14调节,远程调压阀20起定压作用。

(2)快速注射(1Y、2Y、5Y1、6Y0、7Y1、8Y通电):泵1和泵2的压力油经电液换向阀11右位进入注射缸右腔,左腔油液经阀11回油箱。由于两个泵同时供油,且不经过单向节流阀14,因此注射速度加快了。此时,远程调压阀20起安全作用。

5. 保压(2Y、5Y1、7Y1、9Y0通电)

由于注射缸对模腔内的熔料实行保压并补塑,因此只需少量油液,所以泵1卸荷,泵2单独供油,多余的油液经溢流阀4回油箱,保压压力由远程调压阀19调节。

6. 预塑(1Y、2Y、5Y1、7Y0通电)

保压完毕(时间控制),从料斗加入的熔料随着螺杆的转动被带至料筒前端,进行加热塑化,并建立一定压力。当螺杆头部熔料压力到达能克服注射缸活塞退回的阻力时,螺杆开始后退。后退到预定位置,即螺杆头部熔料达到所需注射量时,螺杆停止转动和后退,准备下一次注射。与此同时,在模腔内的制品冷却成形。

螺杆转动由预塑液压马达通过齿轮机构驱动。泵1和泵2的压力油经电液换向阀15右位、旁通型调速阀13和单向阀12进入马达,马达的转速由旁通型调速阀13控制,溢流阀4为安全阀。当螺杆头部熔料压力迫使注射缸后退时,注射缸右腔油液经单向节流阀14、电液换向阀15右位和背压阀16回油箱,其背压力由阀16控制。同时,注射缸左腔产生局部真空,油箱的油液在大气压作用下经阀11中位进入其内。

7. 防流涎(2Y、5Y1、6Y1 通电)

当采用直通开敞式喷嘴时,预塑加料结束,要使螺杆后退一小段距离以减小料筒前端压力,防止喷嘴端部熔料流出。泵 1 卸荷,泵 2 压力油一方面经阀 9 右位进入注射座移动缸右腔,使喷嘴与模具保持接触,另一方面经阀 11 左位进入注射缸左腔,使螺杆强制后退。同时,注射座移动缸左腔和注射缸右腔的油液分别经阀 9 和阀 11 回油箱。

8. 注射座后退(2Y、5Y1 通电)

在安装调试模具或模具注塑口堵塞需清理时,注射座要离开注塑机的定模座而后退。泵 1 卸荷,泵 2 压力油经阀 9 左位使注射座后退。

9. 开模

开模速度一般为慢→快→慢,由行程控制。

(1)慢速开模(2Y、3Y0 通电):泵 1(或泵 2)卸荷,泵 2(或泵 1)压力油经电液换向阀 5 左位进入合模缸右腔,左腔油液经阀 5 回油箱。

(2)快速开模(1Y、2Y、3Y0 通电):泵 1 和泵 2 一起向合模缸右腔供油,开模速度加快。

(3)慢速开模(2Y、3Y0 通电):泵 1(或泵 2)卸荷,泵 2(或泵 1)压力油经电液换向阀 5 左位进入合模缸右腔,左腔油液经阀 5 回油箱。

10. 顶出

(1)顶出缸前进(2Y、4Y 通电):泵 1 卸荷,泵 2 压力油经电磁换向阀 8 左位、单向节流阀 7 进入顶出缸左腔,推动顶出杆顶出制品,其运动速度由单向节流阀 7 调节,溢流阀 4 为定压阀。

(2)顶出缸后退(2Y 通电):泵 2 的压力油经阀 8 常位使顶出缸后退。

6.4.3 SZ-250A 型注塑机液压系统特点

液压系统一般具有以下特点:

(1)因注射缸液压力直接作用在螺杆上,所以注射压力 p_z 与注射缸的油压 p 的比值为 D^2/d^2(D 为注射缸活塞直径,d 为螺杆直径)。为满足加工不同塑料对注射压力的要求,一般注塑机都配备三种不同直径的螺杆,在系统压力为 14 MPa 时,获得的注射压力为 40~150 MPa。

(2)为保证足够的合模力,防止高压注射时模具开缝而产生塑料溢边,该注塑机采用了液压-机械增力合模机构,还可采用增压缸合模装置。

(3)根据塑料注射成型工艺,模具的启闭过程和塑料注射的各阶段速度不一样,而且快慢速之比可达 50~100。为此,该注塑机采用了双泵供油系统,快速时双泵合流,慢速时泵 2(流量为 48 L/min)供油,泵 1(流量为 194 L/min)卸荷,系统功率利用比较合理。有时在多泵分级调速系统中,还兼用差动增速或充液增速等方法。

(4)系统所需多级压力由多个并联的远程调压阀控制。如果采用电液比例压力阀来实现多级压力调节,再加上电液比例流量阀调速,不仅减少了元件,降低了压力及速度变换过程中的冲击和噪声,还为实现计算机控制创造了条件。

(5)注塑机的多执行元件的循环动作主要依靠行程开关按事先编程的顺序完成,这种方式灵活、方便。

第二篇 气动技术

气压传动是以压缩空气为动力源来驱动和控制各种机械设备以实现生产过程自动化的一种技术。随着工业智能化的发展,气压传动技术越来越广泛地应用于各个领域。

党的二十大报告中提出加快建设国家战略人才力量,努力培养造就更多青年科技人才、卓越工程师、大国工匠、高技能人才。本篇着重从气动基本知识、气动元件的工作原理、纯气动及电气动回路的创新设计方法,结合工业典型应用案例等方面由浅入深地进行介绍,使读者学完本篇即可掌握气压传动技术应用的技能,成长为高技能人才。

本篇主要介绍气源系统、常用气动元件、真空元件、气动程序控制系统、电气动控制系统和可编程控制器控制的气动系统的典型应用等。

第7章 气动技术概述

7.1 气 动 系 统

气动(气压传动)系统是一种能量转换系统,其工作原理是将原动机输出的机械能转换为空气的压力能,利用管路、各种控制阀及辅助元件将压力能传送到执行元件,再转换成机械能,从而完成直线运动或回转运动,并对外做功。气动系统的基本构成如图7-1所示。

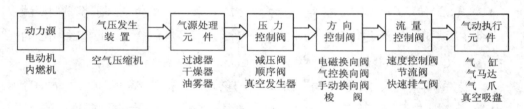

图7-1 气动系统的基本构成

7.2 气 动 技 术 的 应 用

气动技术用于简单的机械操作中已有相当长的时间了,最近几年,在自动化技术的发展中,气动技术起到了重要的作用。

气动自动化控制技术是利用压缩空气作为传递动力或信号的工作介质,配合气动控制系统的主要气动元件,与机械、液压、电气、电子(包括 PLC 控制器和微机)等部分或全部综合构成的控制回路,使气动执行元件按工艺要求的工作状况,自动按设定的顺序或条件动作的一种自动化技术。用气动自动化控制技术是一种低成本的自动化技术,也是实现工业自动化的一种重要技术手段。

气动技术在工业中的应用如下:

(1)物料输送装置:夹紧、传送、定位、定向和物料流分配。

(2)一般应用:包装、填充、测量、锁紧、轴的驱动、物料输送、零件转向及翻转、零件分拣、元件堆垛、元件冲压或模压标记和门控制。

(3)物料加工:钻削、车削、铣削、锯削、磨削和光整。

气动系统用于自动装卸生产及气动机械手的例子如图7-2和图7-3所示。

图 7 - 2　货物自动装卸

图 7 - 3　气动机械手

7.3　气动技术的特点和应用准则

1. 气动技术的特点

气动技术的显著优点由表 7 - 1 列出。

表 7 - 1　气动技术的优点

获取	空气是取之不尽用之不竭的
输送	空气通过管道容易传输，可集中供气，远距离输送
存储	压缩空气可以存储在储气罐中
温度	压缩空气对温度的变化不敏感，从而保证运行稳定
防爆	压缩空气没有爆炸及着火的危险
洁净	无油润滑的排出气体很干净，通过管路和元件排出的气体不会污染空气
元件	气动元件结构简单，价格相对较低
过载安全	气动工具和执行元件超载时停止不动，而无其他危害

为准确定义气动技术的应用场合，表 7 - 2 列出了该技术的缺点。

表 7 - 2　气动技术的缺点

处理	压缩空气需要良好的处理，不能有灰尘及湿气
可压缩性	由于压缩空气的可压缩性，执行机构不易获得均匀恒定的运动速度
出力要求	只有在一定的推力要求下，采用气动技术才比较经济，在正常工作压力下（6～7 bar）按照一定的行程和速度，输出力为 40 000～50 000 N
噪音	排气噪音较大，但随着噪音吸收材料及消声器的发展，此问题已大大得到改善

2. 应用准则

空气的可压缩性既是一种优点也是一种不足。空气可压缩性这种物理上的局限性大大限制了气动技术的应用，当需要很大力或连续大量消耗压缩空气时，成本也是一个制约气动技术应用的主要因素。因此，在研究气动技术的实际应用时，应首先将其与其他形式的传动技术进行比较，表7-3给出了这种比较。

表7-3 气动技术与其他传动技术在应用中的比较

项 目	气 动	液 压	电 气
能量的产生	静止和可移动的空气压缩机，由电动机或内燃机驱动。根据所需压力和容量来选择压缩机类型。用于压缩的空气取之不尽	静止和可移动的泵，由电动机驱动，很少用内燃机驱动，最小功率液压装置也可用手动操作。根据所需压力和容量来选择泵的类型	主要是水力、火力和核能发电站
能量的存储	可存储大量能量，是较经济的能量存储方式。存储的能量可以传递(用于驱动气缸)	能量存储能力有限，需要压缩气体作为辅助介质。仅在存储少量能量时比较经济	能量存储很困难，且很复杂。大多数情况下只能存储很少量的能量(电池，蓄电池)
能量输送	较容易通过管道输送，输送距离可达1000 m(有压力损失)	可通过管道输送，输送距离可达1000 m(有压力损失)	很容易实现远距离的能量传送
泄漏	除了能量损失外无其他害处。压缩空气可以排放在空气中	能量有损失，液压油泄漏会造成危险事故和环境污染	导电体与其他导电物体接触时，有能量损失(高压时有致命危险)
产生能量的成本	与电气和液压动力相比，产生气动能量的成本最高，且随压缩机类型和使用效率而变化		成本最低
环境影响	压缩空气对温度变化是不敏感的，因此无隔离保护措施也不会有着火和爆炸的危险，在湿度大、流速快的低温环境中，气体中的冷凝水易结冰	温度变化敏感的泄漏油液易燃	一般情况下(绝缘性能良好时)，对温度变化不敏感。在易燃和易爆区，应附加保护措施
直线运动	用气缸可以很方便地实现直线运动，工作行程可达2000 mm，具有较好的加速和减速性能，速度约为10~1500 mm/s	用液压缸可很方便地实现直线运动，低速时也很容易控制	用电磁线圈或直线电动机可作短距离直线移动；但通过机械机构可以将旋转运动变为直线运动

项　目	气　动	液　压	电　气
摆动运动	用气缸、齿条和齿轮可以很容易地实现摆动运动，摆动气缸性能参数与直线气缸相同，摆动角度很容易达到360°	用液压缸或摆动执行元件可以很容易地实现摆动运动，摆动角度可达360°或更大	通过机械机构可以将旋转运动转化为摆动运动
旋转运动	用各种类型的气马达可以很容易地实现旋转运动，转速范围宽，可达500 000 r/min或更高，实现反转方便	用各种类型的液压马达可以很容易地实现旋转运动，与气马达相比，液压马达转速范围窄，但在低速时很容易控制	对于旋转运动的驱动方式，其效率最高
推力	因为工作压力低，所以推力范围窄，保持力（气缸停止不动）时无能量消耗。推力取决于工作压力和气缸缸径，当推力为 1 N～50 kN 时，采用气动技术最经济	因为工作压力高，所以推力范围宽，超载时的压力由安全限定值（由溢流阀设定）限定。保持力时有持续的能量消耗	因为推力需通过机械机构来传递，所以效率低，超载能力差，空载时能量消耗大
力矩	超载时可以达到停止不动，而无其他危害；力矩范围窄，空载时能量消耗大	在停止时也为全力矩，但能量消耗大，超负载能力由安全限定值（由溢流阀设定）限定，力矩范围宽	过载能力差，力矩范围窄
控制能力	根据负载大小，在1：10的范围内，推力可以很方便地通过压力（减压阀）来控制。用节流阀或快速排气阀可以很方便地实现速度控制，但低速时实现速度控制较难	在较宽范围内，推力可以很方便地通过压力来控制。低速时，可以很好地实现速度控制，且控制精度较高	控制方式较复杂
操作难易性	无需很多专业知识就能很好地操作；便于构造和运行开环控制系统	与气动系统相比，液压系统更复杂。高压时要考虑安全性，存在泄漏和密封等问题	需要专业知识；有偶然事故和短路的危险；错误连接很容易损坏设备和控制系统
噪声	有干扰人的排气噪声，但通过安装消声器，排气噪声可以被大大地降低	高压时泵的噪声很大，且可通过硬管道传播	存在较大电磁线圈和触点的激励噪声，但均在车间噪声范围内

在应用气动技术时，应考虑从信号输入到最后动力输出的整个系统，尽管其中某个环节采用某项技术更合适，但最终决定选择哪项技术完全是基于所有相关因素总体考虑的。例如，虽然产生压缩空气的成本较高，但在最后分析论证技术方案时，其并不是主要的决定因素，有时对于要完成的任务来说，力和速度的无级控制才是更重要的因素。另外，系统掌握容易、结构简单和操作方便以及整个系统的可靠性和安全性有时是更重要的决定因素。除此之外，系统维护保养也是绝不可忽视的决定因素。

7.4　气动技术的发展趋势

1. 模块化和集成化

气动系统的最大优点之一是单独元件的组合能力，无论是各种不同大小的控制器还是不同功率的控制元件，在一定应用条件下，都具有随意组合性。随着气动技术的发展，元件正从单功能性向多功能系统、通用化模块方向发展，并将具有向上或向下的兼容性。

2. 功能增强及体积缩小

小型化气动元件(如气缸及阀类)正应用于许多工业领域。微型气动元件不但用于精密机械加工及电子制造业，而且用于制药业、医疗技术、包装技术等。在这些领域中，已经出现活塞直径小于 2.5 mm 的气缸、宽度为 10 mm 的气阀及相关的辅助元件，并正在向微型化和系列化方向发展。

3. 智能气动

智能气动是指具有集成微处理器，并具有处理指令和程序控制功能的元件或单元。最典型的智能气动是内置可编程控制器的阀岛，以阀岛和现场总线技术的结合实现的气电一体化是目前气动技术的一个发展方向。

第8章 气源装置及压缩空气净化系统

以压缩空气作为工作介质向气动系统提供压缩空气的气源装置,其主体是空气压缩机。由空气压缩机产生的压缩空气因为含有较高的杂质,不能直接使用,所以必须经过降温(除去水分)、除尘、除油、过滤等一系列处理后才能用于气压系统。因此,压缩空气中水分和固体杂质粒子等的含量是决定气动系统能否正常工作的重要因素。如果不除去这些污染物,将导致机器和控制装置发生故障,损害产品的质量,增加气动设备和系统的维护成本。本章主要介绍气源系统及压缩空气净化处理装置。

8.1 压 缩 空 气

气源系统

8.1.1 空气的物理性质

1. 空气的湿度与露点

自然界的空气是由很多气体混合而成的。其主要成分有氮(N_2)和氧(O_2),其他气体占的比例极小。此外,空气中常含有一定量的水蒸气,水蒸气的含量取决于大气的湿度和温度。含有水蒸气的空气称为湿空气,大气中的空气基本上都是湿空气;不含水蒸气的空气称为干空气。标准状态下(即温度为0℃、压力为 $p=0.1013$ MPa)干空气的组成如表8-1所示。

表 8-1 干空气的组成

成　　分	氮气 N_2	氧气 O_2	氩 Ar	二氧化碳 CO_2	其他气体
体积分数/%	78.03	20.93	0.932	0.03	0.078
质量分数/%	75.50	23.10	1.28	0.045	0.075

湿空气的压力称为全压力 p,是干空气的分压力 p_g 和水蒸气的分压力 p_s 之和,即

$$p = p_s + p_g \tag{8-1}$$

分压力是指湿空气的各个组成气体,在相同温度下,独占湿空气总容积时所具有的压力。平常所说的大气压力就是指湿空气的全压力。

露点是指在规定的空气压力下,当温度一直下降到成为饱和状态时,水蒸气开始凝结的那一刹那的温度。露点又可分为大气压露点和压力露点两种。大气压露点是指在大气压下水分的凝结温度,图8-1给出了温度在-30℃~+80℃范围内每立方米大气所含水分的克数;而压力露点是指气压系统在某一压力下的凝结温度。以空气压缩机为例,其吸入口为大气压露点,输出口为压力露点。图8-2为大气压露点与压力露点之间的换算表。如要求大气压露点为-22℃、压力为7 bar状况下的压力露点,则可在图8-2中查到压力露

点为 4 ℃，意为在压力为 7 bar，当空气冷却到 4℃ 时，若将其减压成大气压，则水分在 −22℃ 以下会凝结，湿空气便有水滴析出。降温法清除湿空气中的水分利用的就是此原理。

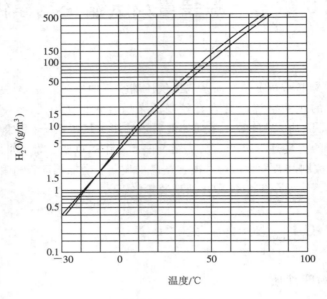

图 8-1　露点表

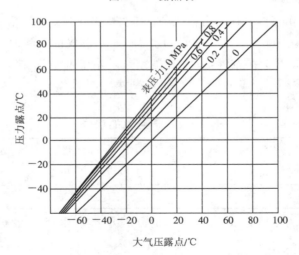

图 8-2　压力露点与大气压露点的换算

相对湿度因空气湿度和气候状况而异。常把相对湿度定义为

$$相对湿度 = \frac{100\% \times 绝对湿度}{饱和水含量}$$

式中，绝对湿度是指单位立方米空气中所含的水分的量；饱和水含量是指单位立方米空气在所述温度下能够吸收水分的量。

空气在不同温度下的饱和水含量可由图 8-1 查得。

2. 空气的密度

空气具有一定质量，其密度是单位体积内空气的质量，用 ρ 表示，即

$$\rho = \frac{m}{V} \tag{8-2}$$

式中，m 表示空气的质量(kg)，V 表示空气的体积(m^3)。

空气的密度与温度、压力有关，三者满足气体状态方程式。

8.1.2 气体状态方程

气体的三个状态参数是压力 p、温度 T 和体积 V。气体状态方程是描述气体处于某一平衡状态时，这三个参数之间的关系。本节介绍几种常见的状态变化过程。

1. 理想气体的状态方程

所谓理想气体，是指没有粘性的气体。一定质量的理想气体在状态变化的某一稳定瞬时，有以下气体状态方程成立：

$$\frac{p_1 V_1}{T_1} = \frac{p_2 V_2}{T_2} \tag{8-3}$$

$$p = \rho R T$$

式中，p_1、p_2 分别为气体在 1、2 两状态下的绝对压力(Pa)；V_1、V_2 分别为气体在 1、2 两状态下的体积(m^3)；T_1、T_2 分别为气体在 1、2 两状态下的热力学温度(K)；ρ 为气体的密度(kg/m^3)；R 为气体常数(J/(kg·K))，其中，干空气 $R_g = 287.1$ J/(kg·K)，湿空气 $R_s = 462.05$ J/(kg·K)。

由于实际气体具有粘性，因而严格地讲它并不完全符合理想气体方程式。实验证明：理想气体状态方程适用于绝对压力不超过 20 MPa、温度不低于 20℃的空气、氧气、氮气、二氧化碳等，不适用于高压状态和低温状态下的气体。ρ、V、T 的变化决定了气体的不同状态，在状态变化过程中加上限制条件时，理想气体状态方程将有以下几种形式。

2. 理想气体的状态变化过程

（1）等容过程（查理定律）：一定质量的气体，在体积不变的条件下所进行的状态变化过程，称为等容过程。等容过程的状态方程为

$$\frac{p_1}{T_1} = \frac{p_2}{T_2} \tag{8-4}$$

式(8-4)表明：当体积不变时，压力上升，气体的温度随之上升；压力下降，气体的温度随之下降。

（2）等压过程（盖-吕萨克定律）：一定质量的气体，在压力不变的条件下所进行的状态变化过程，称为等压过程。等压过程的状态方程为

$$\frac{V_1}{V_2} = \frac{T_1}{T_2} \tag{8-5}$$

式(8-5)表明：当压力不变时，温度上升，气体的体积增大（气体膨胀）；温度下降，气体的体积缩小。

（3）等温过程（波意耳定律）：一定质量的气体，在温度保持不变的条件下所进行的状态变化过程，称为等温过程。气体状态变化很慢时，可视为等温过程，如气动系统中的气缸运动、管道送气过程等。等温过程的状态方程为

$$p_1 V_1 = p_2 V_2 \tag{8-6}$$

式(8-6)表明：在温度不变的条件下，气体压力上升时，气体体积被压缩；气体压力下降时，气体体积膨胀。

（4）绝热过程：一定质量的气体，在其状态变化过程中，和外界没有热量交换的过程称为绝热过程。当气体状态变化很快时，如气动系统的快速充、排气过程，可视为绝热过程。其状态方程式为

$$p_1 V_1^k = p_2 V_2^k = 常数 \tag{8-7}$$

由式(8-3)和式(8-7)可得

$$\frac{p_2}{p_1} = \left(\frac{T_2}{T_1}\right)^{\frac{k}{k-1}} \tag{8-8}$$

上式中，k 为绝热指数，对于干空气 $k=1.4$，对于饱和蒸气 $k=1.3$。

在绝热过程中，系统靠消耗自身内能对外做功。

【例 8-1】 由空气压缩机往储气罐内充入压缩空气，使罐内压力由 0.1 MPa(绝对)升到 0.25 MPa(绝对)，气罐温度从室温 20℃ 升到 t，充气结束后，气罐温度又逐渐降至室温，此时罐内压力为 p。求 p 和 t 各为多少。（提示：气源温度也为 20℃。）

解 此过程是一个复杂的充气过程，可看成是简单的绝热充气过程。

已知：$p_1=0.1$ MPa，$p_2=0.25$ MPa，$T_1=(20+273)$ K$=293$ K

由式(8-8)得

$$T_2 = T_1 \cdot \left(\frac{p_2}{p_1}\right)^{\frac{k-1}{k}} = 293 \times \left(\frac{0.25}{0.1}\right)^{\frac{1.4-1}{1.4}} = 380.7 \text{ (K)}$$

所以有

$$t = T - 273 = 380.7 - 273 = 107.7 \text{ (℃)}$$

充气结束后为等容过程，根据式(8-4)得

$$p_1 = \frac{T_1}{T_2} p_2 = \frac{293}{380.7} \times 0.25 \text{ (MPa)} = 0.192 \text{ (MPa)}$$

8.2 气源系统及空气净化处理装置

在气动控制系统中，压缩空气是工作介质。压缩空气在气动系统中的主要作用如下：

（1）决定传感器的状态。

（2）处理信号。

（3）通过控制元件控制执行机构。

（4）实现动作（执行元件）。

气源系统是为气动设备提供满足要求的压缩空气动力源。气源系统一般由气压发生装置、压缩空气的净化处理装置和传输管路系统组成。典型的气源及空气净化处理系统如图 8-3 所示。

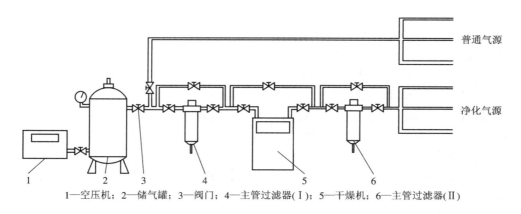

1—空压机；2—储气罐；3—阀门；4—主管过滤器(Ⅰ)；5—干燥机；6—主管过滤器(Ⅱ)

图 8-3　气源及空气净化处理系统

8.2.1　空气压缩机

空气压缩机(Air Compressor)简称空压机，是气压发生装置。空压机将电机或内燃机的机械能转化为压缩空气的压力能。

1. 分类

空压机的种类很多，可按工作原理、结构形式及性能参数分类。

1）**按工作原理分类**

按工作原理，空压机可分为容积式空压机和速度式空压机。容积式空压机的工作原理是使单位体积内空气分子的密度增加以提高压缩空气的压力。速度式空压机的工作原理是提高气体分子的运动速度来增加气体的动能，然后将气体分子的动能转化为压力能以提高压缩空气的压力。

2）**按结构形式分类**

按结构形式空压机的分类如图 8-4 所示。

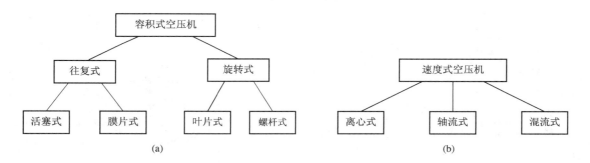

图 8-4　空压机按结构形式分类

3）**按空压机输出压力大小分类**

按空压机输出压力大小，可将其分为如下几类：

低压空压机，输出压力在 0.2～1.0 MPa 范围内。

中压空压机，输出压力在 1.0～10 MPa 范围内。

高压空压机，输出压力在 10～100 MPa 范围内。

超高压空压机，输出压力大于 100 MPa。

4）按空压机输出流量（排量）分类

按空压机输出流量（排量），可将其分为如下几类：

微型空压机，其输出流量小于 1 m^3/min。

小型空压机，其输出流量在 1～10 m^3/min 范围内。

中型空压机，其输出流量在 10～100 m^3/min 范围内。

大型空压机，其输出流量大于 100 m^3/min。

2. 工作原理

常见的空压机有活塞式空压机、叶片式空压机和螺杆式空压机三种。以下介绍它们的工作原理。

1）活塞式空压机

活塞式空压机的工作原理如图 8-5 所示。当活塞下移时，气体体积增加，气缸内压力小于大气压，空气便从进气阀门进入缸内。在冲程末端，活塞向上运动，排气阀门被打开，输出空气进入储气罐。活塞的往复运动是由电动机带动的曲柄滑块机构形成的。这种类型的空压机只用一个过程就将吸入的大气压空气压缩到所需的压力，因此称之为单级活塞式空压机。

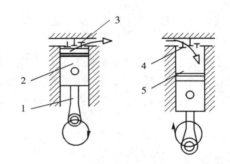

1—连杆；2—活塞；3—排气阀；4—进气阀；5—气缸

图 8-5　活塞式空压机的工作原理

单级活塞式空压机通常用于需要 0.3～0.7 MPa 压力范围的系统。在单级压缩机中，若空气压力超过 0.6 MPa，产生的过热将大大地降低压缩机的效率，因此当输出压力较高时，应采取多级压缩。多级压缩可降低排气温度，节省压缩功，提高容积效率，增加压缩气体排量。

工业中使用的活塞式空压机通常是两级的。图 8-6 所示为两级活塞式空压机，由两级三个阶段将吸入的大气压空气压缩到最终的压力。如果最终压力为 0.7 MPa，第一级

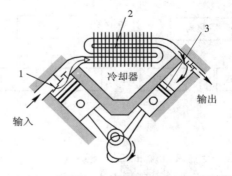

1—一级活塞；2—中间冷却器；3—二级活塞

图 8-6　两级活塞式空压机

通常将它压缩到 0.3 MPa，然后经过中间冷却器被冷却，压缩空气通过中间冷却器后温度

大大下降，再输送到第二级气缸，压缩到0.7 MPa。因此，相对于单级压缩机，它提高了效率。图8-7为活塞式空压机的外观。

图8-7　活塞式空压机的外观

（a）单级活塞式空压机；（b）两级活塞式空压机

2）叶片式空压机

叶片式空压机的工作原理如图8-8所示。把转子偏心安装在定子内，叶片插在转子的放射状槽内，且叶片能在槽内滑动。叶片、转子和定子内表面构成的容积空间在转子回转（图中转子顺时针回转）过程中逐渐变小，由此从进气口吸入的空气就逐渐被压缩排出。这样，在回转过程中不需要活塞式空压机中的吸气阀和排气阀。在转子的每一次回转中，将根据叶片的数目多次进行吸气、压缩和排气，所以输出压力的脉动较小。

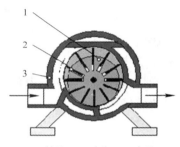

1—转子；2—叶片；3—定子

图8-8　叶片式空压机的工作原理

通常情况下，叶片式空压机需使用润滑油对叶片、转子和机体内部进行润滑、冷却和密封，所以排出的压缩空气中含有大量的油分。因此，在排气口需要安装油气分离器和冷却器，以便把油分从压缩空气中分离出来，进行冷却，并循环使用。

通常所说的无油空压机是指用石墨或有机合成材料等自润滑材料作为叶片材料的空压机，运转时无需添加任何润滑油，压缩空气不被污染，满足了无油化的要求。

此外，在进气口设置空气流量调节阀，根据排出气体压力的变化自动调节流量，使输出压力保持恒定。

叶片式空压机的优点是能连续排出脉动小的额定压力的压缩空气，所以，一般无需设置储气罐，并且其结构简单，制造容易，操作维修方便，运转噪声小。其缺点是叶片、转子和机体之间机械摩擦较大，产生较高的能量损失，因而效率也较低。

3）螺杆式空压机

螺杆式空压机的工作原理如图8-9所示。两个啮合的凸凹面螺旋转子以相反的方向运动。两根转子及壳体三者围成的空间在转子回转过程中沿轴向移动，其容积逐渐减小。这样，从进口吸入的空气逐渐被压缩，并从出口排出。转子旋转时，两转子之间及转子与机体之间均有间隙存在。由于其进气、压缩和排气等各行程均由转子旋转产生，因此输出压力脉动小，可不设置储气罐。

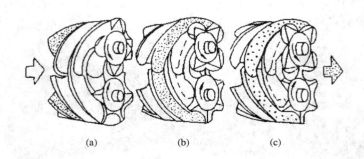

(a)　　　　　(b)　　　　　(c)

图 8-9　螺杆式空压机的工作原理

(a) 吸气；(b) 压缩；(c) 排气

螺杆式空压机与叶片式空压机一样，也需要加油进行冷却、润滑及密封，所以在出口处也要设置油气分离器。

螺杆式空压机的优点是排气压力脉动小，输出流量大，无需设置储气罐，结构中无易损件，寿命长，效率高。其缺点是制造精度要求高，且由于结构刚度的限制，只适用于中低压范围使用。

3. 空压机的选用

首先根据气动系统所需要的工作压力和流量确定空压机的输出压力 p_c 和供气量 Q_c。空压机的供气压力 p_c 为

$$p_c = p + \sum \Delta p \tag{8-9}$$

式中，p 为气动系统的工作压力，单位为 MPa；$\sum \Delta p$ 为气动系统总的压力损失。

气动系统的工作压力应为系统中各个气动执行元件工作的最高工作压力。气动系统的总压力损失除了考虑管路的沿程阻力损失和局部阻力损失外，还应考虑为了保证减压阀的稳压性能所必需的最低输入压力，以及气动元件工作时的压降损失。

空压机供气量 Q_c 的大小应包括目前气动系统中各设备所需的耗气量，未来扩充设备所需耗气量及修正系数 k（如避免空压机在全负荷下不停地运转，气动元件和管接头的漏损及各种气动设备是否同时连续使用等），其数学表达式为

$$Q_c = kQ \ (\text{m}^3/\text{min}) \tag{8-10}$$

式中，Q 为气动系统的最大耗气量，单位为 m^3/min；k 为修正系数，一般可取 $k = 1.3 \sim 1.5$。

有了供气压力 p_c 与供气量 Q_c，按空压机的特性要求，便可选择空压机的类型和型号。

4. 使用时应注意的事项

1) 空压机的安装位置

空压机的安装地点必须清洁，应无粉尘、通风好、湿度小、温度低，且要留有维护保养的空间，所以一般要安装在专用机房内。

2) 噪音

因为空压机运转时会产生较大的噪音，所以必须考虑噪音的防治，如设置隔声罩、消声器，或选择噪音较低的空压机等。一般而言，螺杆式空压机的噪音较小。

3）润滑

使用专用润滑油并定期更换，启动前应检查润滑油位，并用手拉动传动带使机轴转动几圈，以保证启动时的润滑。启动前和停车后都应及时排除空压机气罐中的水分。

8.2.2 储气罐

储气罐（Air Reservoir）有如下作用：

（1）使压缩空气供气平稳，减少压力脉动。

（2）作为压缩空气瞬间消耗需要的存储补充之用。

（3）存储一定量的压缩空气，停电时可使系统继续维持一定时间。

（4）可降低空压机的启动、停止频率，其功能相当于增大了空压机的功率。

（5）利用储气罐的大表面积散热，使压缩空气中的一部分水蒸气凝结为水。

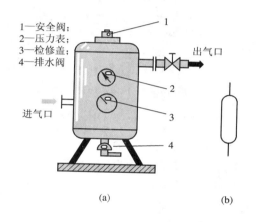

1—安全阀；
2—压力表；
3—检修盖；
4—排水阀

储气罐的尺寸大小由空压机的输出功率来决定。储气罐的容积愈大，压缩机运行时间间隔就愈长。储气罐一般为圆筒状焊接结构，有立式和卧式两种，以立式居多。其结构如图 8-10 所示。

使用储气罐应注意以下事项：

（1）储气罐属于压力容器，应遵守压力容器的有关规定，必须有产品耐压合格证书。

（2）储气罐上必须安装如下元件：

安全阀：当储气罐内的压力超过允许限度时，可将压缩空气排出。

压力表：显示储气罐内的压力。

图 8-10 储气罐
（a）外观；（b）职能符号

压力开关：用储气罐内的压力来控制电动机，它被调节到一个最高压力，达到这个压力就停止电动机；它被调节到另一个最低压力，储气罐内压力跌到这个压力时，就重新启动电动机。

单向阀：让压缩空气从压缩机进入气罐，当压缩机关闭时，阻止压缩空气反方向流动。

排水阀：设置在系统最低处，用于排掉凝结在储气罐内所有的水。

8.2.3 压缩空气净化处理装置

从空压机输出的压缩空气在到达各用气设备之前，必须将压缩空气中含有的大量水分、油分及粉尘杂质等除去，得到适当的压缩空气质量，以避免它们对气动系统的正常工作造成危害，并且用减压阀调节系统所需压力，得到适当压力。在必要的情况下，使用油雾器使润滑油雾化，并混入压缩空气中润滑气动元件，以降低磨损，提高元件寿命。

压缩空气的
净化装置

1. 压缩空气的除水装置（干燥器）（Air Dryers）

1）后冷却器

空压机输出的压缩空气温度高达 120～180℃，在此温度下，空气中的水分完全呈气态。后冷却器的作用是将空压机出口的高温压缩空气冷却到 40℃，并使其中的水蒸气和油雾冷凝成水滴和油滴，以便将其清除。

后冷却器有风冷式和水冷式两大类。图 8-11 所示为风冷式后冷却器。它是靠风扇产生冷空气，吹向带散热片的热空气管道，经风冷后，压缩空气的出口温度大约比环境温度高15℃左右。水冷式后冷却器是通过强迫冷却水沿压缩空气流动方向的反方向流动来进行冷却的，如图 8-12 所示，压缩空气出口温度大约比环境温度高 10℃左右。

后冷却器上应装有自动排水器，以排除冷凝水和油滴等杂质。

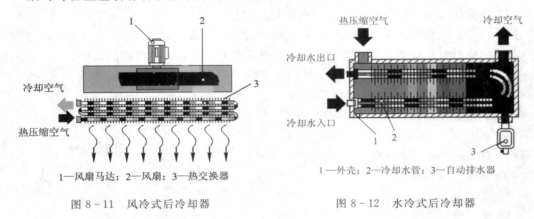

1—风扇马达；2—风扇；3—热交换器

图 8-11　风冷式后冷却器

1—外壳；2—冷却水管；3—自动排水器

图 8-12　水冷式后冷却器

2）冷冻式空气干燥器

冷冻式空气干燥器的工作原理是将湿空气冷却到其露点温度以下，使空气中水蒸气凝结成水滴，并清除出去，然后将压缩空气加热至环境温度输送出去。图 8-13 为冷冻式空气干燥器的工作原理。

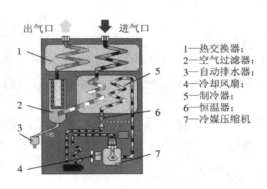

1—热交换器；
2—空气过滤器；
3—自动排水器；
4—冷却风扇；
5—制冷器；
6—恒温器；
7—冷媒压缩机

图 8-13　冷冻式干燥器工作原理

进入干燥器的空气首先进入热交换器冷却，初步冷却的空气中析出的水分和油分经过滤器排出。然后，空气再进入制冷器，这使空气进一步冷却到 2~5℃，使空气中含有的气态水分、油分等由于温度的降低而进一步析出，冷却后的空气再进入热交换器加热输出。在压缩空气冷却过程中，制冷器的作用是将输入的气态制冷剂压缩并冷却，使其变为液态，然后将制冷剂过滤、干燥后送入毛细管或自动膨胀阀中，使制冷剂变为低压、低温的液态输出到制冷器中。制冷剂进入制冷器，在冷却空气的同时，吸收了压缩空气的热量，并转为气态，然后再进入制冷器，重复上面的热交换过程。

冷冻式干燥器具有结构紧凑、使用维护方便、维护费用较低等优点，适用于空气处理量较大，压力露点温度不是太低(2～5℃)的场合。

冷冻式干燥器在使用时，应考虑进气温度、压力及环境温度和空气处理量。进气温度应控制在 40℃ 以下，超出此温度时，可在干燥器前设置后冷却器。进入干燥器的压缩空气压力不应低于干燥器的额定工作压力。环境温度宜低于 40 ℃，若环境温度过低，可加装暖气装置，以防止冷凝水结冰。干燥器实际空气处理量在考虑了进气压力、温度和环境温度等因素后，应不大于干燥器的额定空气处理量。图 8－14 为冷冻式干燥器的外观和职能符号。

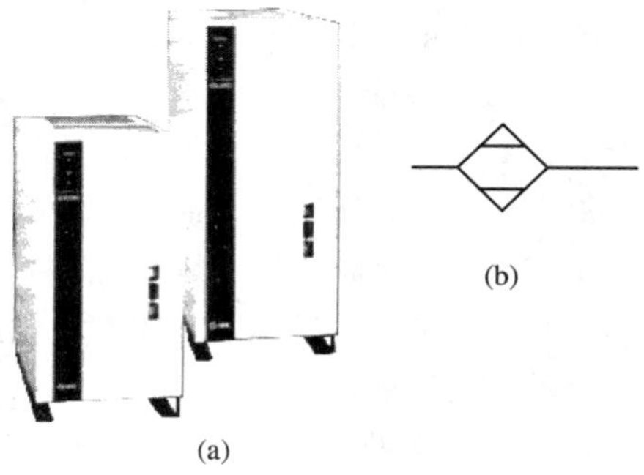

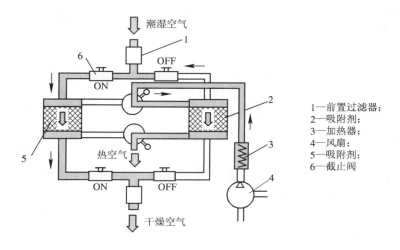

图 8－14　冷冻式干燥器
（a）外观；（c）职能符号

3）吸附式空气干燥器

吸附式空气干燥器是利用具有吸附性能的吸附剂(如硅胶、活性氧化铝、分子筛等)吸附空气中水蒸气的一种空气净化装置。吸附剂吸附湿空气中的一定量水蒸气后将达到饱和状态。为了能够连续工作，就必须使吸附剂中的水分被排除掉，吸附剂恢复到干燥状态，这称为吸附剂的再生(亦称脱附)。吸附式空气干燥器的工作原理如图 8－15 所示。它由两个填满吸附剂的桶并联而成，当左边的桶有湿空气通过时，空气中的水分被吸附剂吸收，干燥后的空气输送至供气系统。同时，右边的桶就进行再生程序，如此交替循环使用。吸附剂的再生方法有加热再生和无热再生两种。图 8－15 所示为加热再生吸附式空气干燥器的工作原理。正常情况下，每二至三年必须更换一次吸附剂。

1—前置过滤器；
2—吸附剂；
3—加热器；
4—风扇；
5—吸附剂；
6—截止阀

图 8－15　吸附式干燥器的工作原理

气动系统使用的空气量应在干燥器的额定输出流量之内，否则会使空气露点温度达不到要求。干燥器使用到规定期限时，应全部更换筒内的吸附剂。此外，吸附式空气干燥器在使用时，应在其输出端安装精密过滤器，以防止筒内的吸附剂在压缩空气不断冲击下产生的粉末混入压缩空气中。要减少进入干燥器湿空气中的油分，以防油污粘附在吸附剂表面，使吸附剂降低吸附能力，产生所谓的"油中毒"现象。

吸附式干燥法不受水的冰点温度限制，干燥效果好。干燥后的空气在大气压下的露点温度可达$-40 \sim -70℃$。在低压力、大流量的压缩空气干燥处理中，可采用冷冻和吸附相结合的方法，也可采用压力除湿和吸附相结合的方法，以达到预期的干燥要求。

4）吸收式干燥器

吸收干燥法是一个纯化学过程。在干燥罐中，压缩空气中的水分与干燥剂发生反应，使干燥剂溶解，液态干燥剂可从干燥罐底部排出，如图 8-16 所示。应根据压缩空气温度、含湿量和流速，及时填满干燥剂。

干燥剂的化学物质通常选用氯化钠、氯化钙、氯化镁、氯化锂等。由于化学物质是会慢慢用尽的，因此，干燥剂必须在一定的时间内进行补充。

这种方法的主要优点是它的基本建设和操作费用都较低。但进口温度不得超过 30 ℃，其中，干燥剂的化学物质具有较强烈的腐蚀性，必须仔细检查滤清，防止腐蚀性的雾气进入气动系统中。

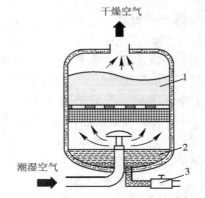

1—干燥剂；2—冷凝水；3—冷凝水排水阀

图 8-16　吸收式干燥器工作原理

2. 压缩空气的过滤装置（Filter Unit）

1）主管道过滤器

主管道过滤器安装在主要管路中。主管道过滤器必须具有最小的压力降和油雾分离能力，它能清除管道内的灰尘、水分和油。图 8-17 所示为主管道过滤器的结构原理。这种过滤器的滤芯一般是快速更换型滤芯，过滤精度一般为 $3 \sim 5 \mu m$。滤芯是由矩阵形式排列的合成纤维制成的。

压缩空气从入口进入，需经过迂回途径才离开滤芯。通过滤芯分离出来的油、水和粉尘等流入过滤器下部，由排水器（自动或手动）排出。

2）标准过滤器

标准过滤器主要安装在气动回路上，结构原理如图 8-18 所示。压缩空气从入口进入过滤器

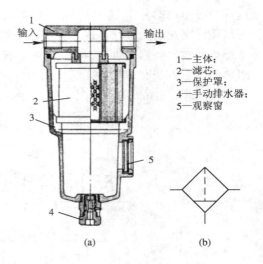

1—主体；
2—滤芯；
3—保护罩；
4—手动排水器；
5—观察窗

(a)　　　　(b)

图 8-17　主管道过滤器
（a）结构；（b）职能符号

内部后，因导流板 1（旋风叶片）的导向，产生了强烈的旋转，在离心力的作用下，压缩空气中混有的大颗粒固体杂质和液态水滴等被甩到滤杯 4 的内表面上，在重力作用下沿壁面沉降至底部，然后，经过预净化的压缩空气通过滤芯 2 输出，进一步清除其中颗粒较小的固态粒子，清洁的空气便从出口输出。挡水板 3 的作用是防止已积存在滤杯中的冷凝水再混入气流中。定期打开排水阀 6，放掉积存的油、水和杂质。

过滤器中的滤杯是由聚碳酸脂材料做成的，应避免在有机溶液及化学药品雾气的环境中使用。若要在上述溶剂雾气的环境中使用，则应使用金属水杯。为安全起见，滤杯外必

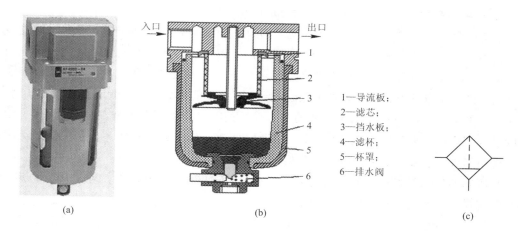

图 8-18　标准过滤器

（a）外观；（b）结构；（c）职能符号

1—导流板；
2—滤芯；
3—挡水板；
4—滤杯；
5—杯罩；
6—排水阀

须加金属杯罩，以保护滤杯。

标准过滤器过滤精度为 5 μm。为防止造成二次污染，滤杯中的水每天都应该是排空的。

3）自动排水器

自动排水器用来自动排出管道、气罐、过滤器滤杯等最下端的积水。由于气动技术的广泛应用以及靠人工的方法进行定期排污已变得不可靠，而且有些场合也不便于人工操作，因此，自动排污装置得到了广泛应用。自动排水器可作为单独的元件安装在净化设备的排污口处，也可内置安装在过滤器等元件的壳体内（底部）。

图 8-19 所示是一种浮子式自动排水器。其工作原理为水杯 11 中的冷凝水经由长孔 10 进入柱塞 9 及密封圈 8 之间的柱塞室。当冷凝水的水位达到一定高度时，浮筒 2 浮起，密封座 1 被打开，压缩空气进入竖管 3 的气孔，使控制活塞 4 右移，柱塞 9 离开阀座，冷凝水因此被排放。当液面下降到某一位置时，关闭密封座 1，冷凝水排水器内的压缩空气从节流孔 6 排出。此时，弹簧 5 推动控制活塞 4 回到起始位置，密封圈封闭排水口。

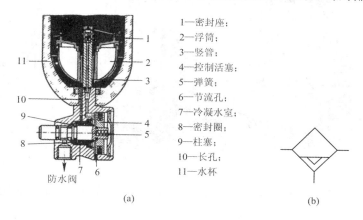

1—密封座；
2—浮筒；
3—竖管；
4—控制活塞；
5—弹簧；
6—节流孔；
7—冷凝水室；
8—密封圈；
9—柱塞；
10—长孔；
11—水杯

图 8-19　自动排水器

（a）结构；（b）职能符号

3. 压缩空气的调压装置（Pressure Regulator）

所有的气动系统均有一个最适合的工作压力，而在各种气动系统中，皆可出现或多或少的压力波动。气动与液压传动不同，一个气源系统输出的压缩空气通常可供多台气动装置使用。气源系统输出的空气压力都高于每台装置所需的压力，且压力波动较大。如果压力过高，将造成能量损失，并增加损耗；过低的压力会使出力不足，造成不良效率。例如，空压机的开启与关闭所产生的压力波动会对系统的功能产生不良影响。因此，每台气动装置的供气压力都需要用减压阀减压，并保持稳定。对于低压控制系统（如气动测量），除用减压阀减压外，还需用精密减压阀以获得更稳定的供气压力。

减压阀的作用是将较高的输入压力调到规定的输出压力，并能保持输出压力稳定，不受空气流量变化及气源压力波动的影响。

减压阀的调压方式有直动式和先导式两种。直动式是借助弹簧力直接操纵的；先导式是用预先调整好的气压来代替直动式调压弹簧进行调压的。一般先导式减压阀的流量特性比直动式的好。

直动式减压阀通径小于 20～25 mm，输出压力在 0～1.0 MPa 范围内最为适当，超出这个范围应选用先导式。

1）直动式减压阀

减压阀实质上是一种简易压力调节器，图 8-20(a)所示为一种常用的直动式减压阀的结构图。若顺时针旋转调节手柄，调压弹簧 1 被压缩，推动膜片 3、阀杆 4 下移，进气阀门打开，在输出口有气压 p_2 输出，如图 8-20(b)所示。同时，输出气压 p_2 经反馈导管 5 作用在膜片 3 上，产生向上的推力，当该推力与调压弹簧作用力相平衡时，阀便有稳定的压力输出。若输出压力 p_2 超过调定值，则膜片离开平衡位置而向上变形，使得溢流阀 2 被打开，多余的空气经溢流口 7 排入大气。当输出压力降至调定值时，溢流阀关闭，膜片上的受力保持平衡状态。

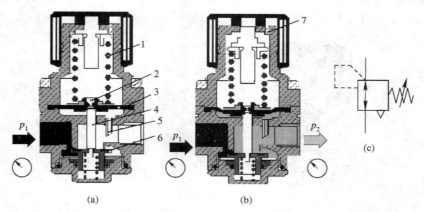

1—调压弹簧；2—溢流阀；3—膜片；4—阀杆；5—反馈导管；6—主阀；7—溢流口；

图 8-20　直动式减压阀

(a)、(b) 结构；(c) 职能符号

若逆时针旋转调节手柄，调压弹簧1复位，作用在膜片3上的压缩空气压力大于弹簧力，溢流阀被打开，输出压力降低，直至为零。

反馈导管7的作用是提高减压阀的稳压精度。另外，它还能改善减压阀的动态性能，当负载突然改变或变化不定时，反馈导管起阻尼作用，避免振荡现象的发生。

当减压阀的接管口径很大或输出压力较高时，相应的膜片等结构也很大，若用调压弹簧直接调压，则弹簧过硬，不仅调节费力，而且当输出流量较大时，输出压力波动也将较大。因此，接管口径在20 mm以上，且输出压力较高时，一般宜用先导式结构。在需要远距离控制时，可采用遥控的先导式减压阀。

2）先导式减压阀

先导式减压阀是使用预先调整好压力的空气来代替调压弹簧进行调压的，其调节原理和主阀部分的结构与直动式减压阀的相同。先导式减压阀的调压空气一般是由小型的直动式减压阀供给的。若将这个小型直动式减压阀与主阀合成一体，则称其为内部先导式减压阀。若将它与主阀分离，则称其为外部先导式减压阀，它可以实现远距离控制。

图8-21所示为内部先导式减压阀的结构原理，它由先导阀和主阀两部分组成。当气流从左端进入阀体后，一部分经阀口9流向输出口，另一部分经固定节流孔1进入中气室5，经喷嘴2、挡板3、孔道反馈至下气室6，再经阀杆7的中心孔及排气孔8排至大气。

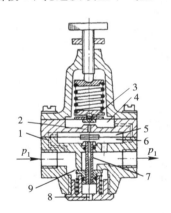

1—固定节流孔；2—喷嘴；3—挡板；
4—上气室；5—中气室；6—下气室；
7—阀杆；8—排气孔；9—进气阀口

图8-21　内部先导式减压阀

将手柄旋转到一定位置，使喷嘴挡板的距离在工作范围内，减压阀就进入工作状态。中气室5的压力随喷嘴与挡板间距离的减小而增大，于是推动阀芯，打开进气阀口9，即有气流流到出口，同时，经孔道反馈到上气室4，与调压弹簧相平衡。

若输入压力瞬时升高，则输出压力也相应升高，通过孔口的气流使下气室6的压力也升高，破坏了膜片原有的平衡，使阀杆7上升，节流阀阀口减小，节流作用增强，输出压力下降，膜片两端作用力重新平衡，输出压力恢复到原来的固定值。

当输出压力瞬时下降时，经喷嘴挡板的放大也会引起中气室5的压力明显升高，而使阀芯下移，阀口开大，输出压力升高，并稳定到原数值上。

4. 压缩空气的润滑装置（Lubricator）

目前，气动控制系统中的控制阀、气缸和气马达主要是靠带有油雾的压缩空气来实现润滑的，其优点是方便、干净、润滑质量高。压缩空气中的油雾主要由油雾器来生成。油雾器是以压缩空气为动力，将润滑油喷射成雾状，并混合于压缩空气中，使该压缩空气具有润滑气动元件的能力。

普通型油雾器也称为全量式油雾器，把雾化后的油雾全部随压缩空气输出，油雾粒径约为 20 μm。普通型油雾器又分为固定节流式和自动节流式两种，前者输出的油雾浓度随空气的流量变化而变化；后者输出的油雾浓度基本保持恒定，不随空气流量的变化而变化。

图 8-22 所示为一种固定节流式普通型油雾器。其工作原理是：压缩空气从输入口进入油雾器后，绝大部分经主管道输出，一小部分气流进入立杆 1 上正对气流方向的小孔 a，经截止阀进入储油杯 5 的上腔 c 中，使油面受压。而立杆 1 上背对气流方向的孔 b 由于其周围气流的高速流动，其压力低于气流压力。这样，油面气压与孔 b 压力间存在压差，润滑油在此压差作用下，经吸油管 6、单向阀 7 和节流阀 8 滴落到透明的视油器 9 内，并顺着油路被主管道中的高速气流从孔 b 引射出来，雾化后随空气一同输出。视油器 9 上部的节流阀 8 用以调节滴油量，可在 0～200 滴每分范围内调节。

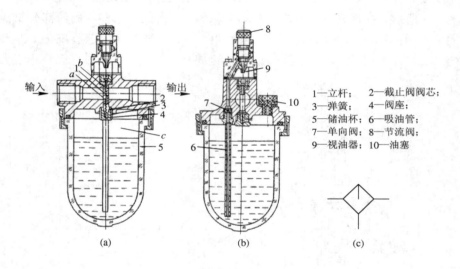

图 8-22　固定节流式普通型油雾器
(a)、(b) 结构；(c) 职能符号

普通型油雾器能在进气状态下加油，这时只要拧松油塞 10 后，油杯上腔 c 便通大气，同时，输入进来的压缩空气将截止阀阀芯 2 压在截止阀座 4 上，切断压缩空气进入 c 腔的通道。又由于吸油管 6 中单向阀 7 的作用，压缩空气也不会从吸油管倒灌到油杯中，所以就可以在不停气的状态下向油塞口加油，加油完毕，拧上油塞。由于截止阀稍有泄漏，油杯上腔的压力又逐渐上升，直到将截止阀打开，油雾器又重新开始工作，油塞上开有半截小孔，当油塞向外拧出时，并不等油塞全打开，小孔已经与外界相通，油杯中的压缩空气逐渐向外排空，以免在油塞打开的瞬间产生压缩空气突然排放的现象。截止阀的工作状态如图 8-23 所示。

油杯一般用透明的聚碳酸脂制成，能清楚地看到杯中的储油量和清洁程度，以便及时补充与更换。视油器用透明的有机玻璃制成，能清楚地看到油雾器的滴油情况。

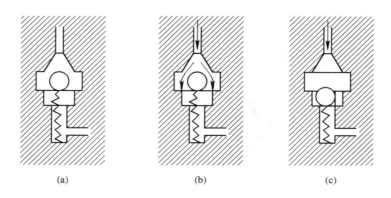

图 8 - 23　截止阀的三种工作状态
（a）不工作时；（b）工作进气时；（c）加油时

油雾器的主要性能指标如下。

流量特性：油雾器中通过其额定流量时，输入压力与输出压力之差一般不超过 0.15 MPa。

起雾空气流量：当油位处于最高位置时，节流阀 8 全开（见图 8 - 22），气流压力为 0.5 MPa 时，起雾时的最小空气流量规定为额定空气流量的 40%。

油雾粒径：在规定的试验压力 0.5 MPa 下，输油量为 30 滴每分钟，其粒径不大于 50 μm。

加油后恢复滴油时间：加油完毕后，油雾器不能马上滴油，要经过一定的时间，在额定工作状态下，一般为 20～30 s。

油雾器在使用中一定要垂直安装，它可以单独使用，也可以和空气过滤器、减压阀、油雾器三件联合使用，组成气源调节装置（通常称之为气动三联件 Service unit），使之具有过滤、减压和油雾润滑的功能。联合使用时，其连接顺序应为空气过滤器→减压阀→油雾器，不能颠倒。安装时，气源调节装置应尽量靠近气动设备附近，距离不应大于 5 m。气动三联件的工作原理如图 8 - 24 所示，其外观及职能符号如图 8 - 25 所示。

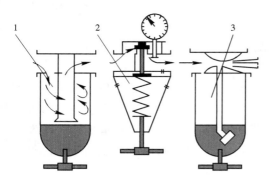

1—过滤器；2—减压阀；3—油雾器

图 8 - 24　气动三联件的工作原理图

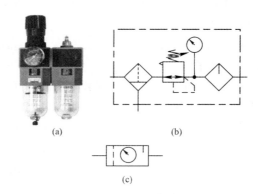

图 8 - 25　气动三联件的外观及职能符号
（a）外观；（b）详细职能符号；（c）简略职能符号

对于一些对油污控制严格的场合，如纺织、制药和食品等行业，气动元件选用时要求无油润滑。在这种系统中，气源调节装置必须用两联件，连接方式为过滤器—减压阀，去掉油雾器。气动两联件的外观及职能符号见图 8 - 26。

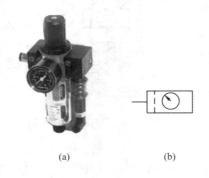

(a)　　　　　　　　(b)

图 8 - 26　气动两联件的外观及职能符号

(a) 外观；(b) 职能符号

8.3　压缩空气的输送

压缩空气的输送

从空压机输出的压缩空气要通过管路系统被输送到各气动设备上，管路系统如同人体的血管。输送空气的管路配置如设计不合理，将产生下列问题：

(1) 压降大，空气流量不足。

(2) 冷凝水无法排放。

(3) 气动设备动作不良，可靠性降低。

(4) 维修保养困难。

8.3.1　管路的分类

气动系统的管路按其功能可分为如下几种：

(1) 吸气管路：从吸入口过滤器到空压机吸入口之间的管路，此段管路管径宜大，以降低压力损失。

(2) 排出管路：从空压机排气口到后冷却器或储气罐之间的管路，此段管路应能耐高温、高压与振动。

(3) 送气管路：从储气罐到气动设备间的管路。送气管路又分成主管路和从主管路连接分配到气动设备之间的分支管路。主管路是一个固定安装的用于把空气输送到各处的耗气系统。主管路中必须安装断路阀，它能在维修和保养期间把空气主管道分离成几部分。

(4) 控制管路：连接气动执行件和各种控制阀间的管路。此种管路大多数采用软管。

(5) 排水管路：收集气动系统中的冷凝水，并将水分排出管路。

8.3.2　主管路配管方式

按照供气可靠性和经济性考虑，一般有两种主要的配置：终端管路和环状管路。

1. 终端管路

采用终端管路配管的系统简单，经济性好，多用于间断供气，一条支路上可安装一个截止阀，用于关闭系统。管路应在流动方向上有1：100的斜度以利于排水，并在最低位置处设置排水器，如图8-27所示。

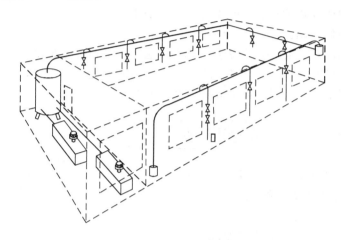

图8-27 终端管路供气系统

2. 环状管路

用环状管路配管(如图8-28所示)，其系统供气可靠性高，压力损失小，压力稳定，但投资较高。在环状主管路系统中，空气从两边输入到达高的消耗点，这可将压力降至最低。这种系统中冷凝水会流向各个方向，因此，必须设置足够的自动排水装置。另外，每条支路上及支路间都要设置截止阀，这样，当关闭支路时，整个系统仍能供气。

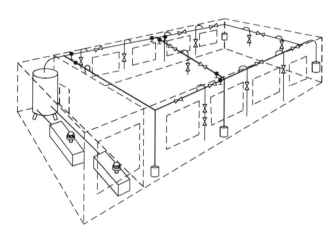

图8-28 环状管路供气系统

3. 管路材料

在气动装置中，连接各元件的管路有金属管和非金属管。常用的金属管有镀锌钢管、不锈钢管、拉制铝管和纯铜管等，主要用于工厂气源主干道和大型气动装置上，适用于高温、高压和固定不动部位的连接。铜、铝和不锈钢管防锈性好，但价格较高。非金属管有硬尼龙管、软尼龙管和聚氨脂管。非金属管经济，轻便，拆装容易，工艺性好，不生锈，流动摩擦阻力小，但存在老化问题，不宜用于高温场合，且易受外部损伤。另外，非金属管有多种颜色，化学稳定性好，又有一定柔性，故在气动设备上大量使用。

非金属管主要有如下几种：

（1）橡胶软管或强化塑料管：用在空气驱动手工操作工具上是很合适的，因为它具有柔韧性，有利于操作运动。

（2）棉线编织胶管：主要推荐用于工具或其他管子受到机械磨损的地方。

（3）聚氯乙烯（PVC）管或尼龙管：通常用于气动元件之间的连接，在工作温度限度内，它具有明显的安装优点，容易剪断和快速连接于快速接头。

思考题与习题

常见问题解答

8-1 叙述气源装置的组成及各元件主要作用。

8-2 为什么要设置后冷却器？

8-3 为什么要设置干燥器？

8-4 简述标准过滤器的工作原理。

8-5 说明油雾器的工作过程及单向阀的作用。

8-6 简述减压阀的工作原理。

8-7 输送空气的配管如设计不良，气动系统会出现哪些问题？

8-8 主管路配管方式主要有哪两种？

第9章　气动执行元件

在气动系统中,将压缩空气的压力能转换成机械能的元件称为气动执行元件。可以实现往复直线运动和往复摆动运动的气动执行元件称为气缸;可以实现连续旋转运动的气动执行元件称为气马达。

9.1　气　　缸

9.1.1　气缸的分类

在气动自动化系统中,由于气缸(Air Cylinders)具有相对较低的成本,容易安装,结构简单,耐用,各种缸径尺寸及行程可选等优点,因而是应用最广泛的一种执行元件。根据使用条件不同,气缸的结构、形状和功能也不一样,要完全确切地对气缸进行分类是比较困难的。气缸主要的分类方式如下。

1. 按结构分类

按结构可将气缸分为如图 9-1 所示的几类。

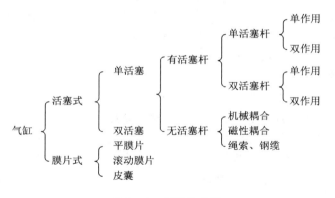

图 9-1　按结构分类

2. 按尺寸分类

通常称缸径为 2.5~6 mm 的为微型气缸,8~25 mm 的为小型气缸,32~320 mm 的为中型气缸,大于 320 mm 的为大型气缸。

3. 按安装方式分类

按安装方式可将气缸分为如下两类:

(1) 固定式气缸:气缸安装在机体上固定不动,如图 9-2(a)、(b)、(c)、(d)所示。

(2) 摆动式气缸:缸体围绕一个固定轴可作一定角度的摆动,如图 9-2(e)、(f)、(g)所示。

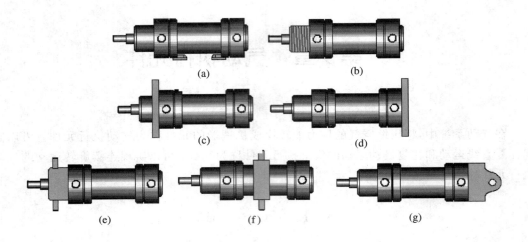

图 9-2 按气缸安装方式分类

4. 按缓冲方式分类

活塞运动到行程终端的速度较大，为防止活塞在行程终端撞击端盖而造成气缸损伤和降低撞击噪音，在气缸行程终端一般都设有缓冲装置。缓冲可分为单侧缓冲和双侧缓冲、固定缓冲和可调缓冲。

将设有缓冲装置的气缸称为缓冲气缸，否则，就是无缓冲气缸。无缓冲气缸适用于微型气缸、小型单作用气缸和短行程气缸。

气缸的缓冲可分为弹性垫缓冲(一般为固定的)和气垫缓冲(一般为可调的)。弹性垫缓冲是在活塞两侧设置橡胶垫，或者在两端缸盖上设置橡胶垫，以吸收动能，常用于缸径小于 25 mm 的气缸。气垫缓冲是利用活塞在行程终端前封闭的缓冲腔室所形成的气垫作用来吸收动能的，适用于大多数气缸的缓冲。

5. 按润滑方式分类

按润滑方式可将气缸分为给油气缸和不给油气缸两种。给油气缸使用的工作介质是含油雾的压缩空气，它对气缸内活塞、缸筒等相对运动部件进行润滑。不给油气缸所使用的压缩空气中不含油雾，是靠装配前预先添加在密封圈内的润滑脂使气缸运动部件润滑的。

使用时应注意，不给油气缸也可以给油，一旦给油，以后必须一直当给油气缸使用，否则将引起密封件过快磨损。这是因为压缩空气中的油雾已将润滑脂洗去，而使气缸内部处于无油润滑状态。

6. 按驱动方式分类

按驱动气缸时压缩空气作用在活塞端面上的方向分，有单作用气缸和双作用气缸两种。

9.1.2 普通气缸

普通气缸是指缸筒内只有一个活塞和一个活塞杆的气缸，有单作用和双作用气缸两种。

普通气缸

1. 双作用气缸动作原理（Double-acting Cylinders）

图 9-3 所示为普通型单活塞杆双作用气缸的结构原理。双作用气缸一般由缸筒 1、前缸盖 3、后缸盖 2、活塞 8、活塞杆 4、密封件和紧固件等零件组成。缸筒 1 与前后缸盖之间由四根螺杆将其紧固锁定。缸内有与活塞杆相连的活塞，活塞上装有活塞密封圈。为防止漏气和外部灰尘的侵入，前缸盖上装有活塞杆、密封圈和防尘密封圈。这种双作用气缸被活塞分成两个腔室：有杆腔（简称头腔或前腔）和无杆腔（简称尾腔或后腔），有活塞杆的腔室称为有杆腔，无活塞杆的腔室称为无杆腔。

从无杆腔端的气口输入压缩空气时，若气压作用在活塞左端面上的力克服了运动摩擦力、负载等各种反作用力，则当活塞前进时，有杆腔内的空气经该端气口排出，使活塞杆伸出。同样，当有杆腔端气口输入压缩空气时，活塞杆缩回至初始位置。通过无杆腔和有杆腔交替进气和排气，活塞杆伸出和缩回，气缸实现往复直线运动。

气缸缸盖上未设置缓冲装置的气缸称为无缓冲气缸，缸盖上设置缓冲装置的气缸称为缓冲气缸。图 9-3 所示的气缸为缓冲气缸，缓冲装置由缓冲节流阀 10、缓冲柱塞 9 和缓冲密封圈等组成。当气缸行程接近终端时，由于缓冲装置的作用，可以防止高速运动的活塞撞击缸盖的现象发生。

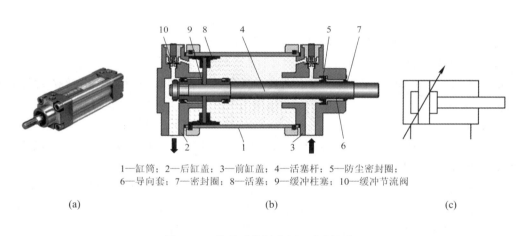

1—缸筒；2—后缸盖；3—前缸盖；4—活塞杆；5—防尘密封圈；
6—导向套；7—密封圈；8—活塞；9—缓冲柱塞；10—缓冲节流阀

(a)　　　　　　　　　　　　(b)　　　　　　　　　　　　(c)

图 9-3　普通型单活塞杆双作用气缸
（a）外观；（b）结构；（c）职能符号

2. 单作用气缸动作原理（Single-acting Cylinders）

单作用气缸在缸盖一端气口输入压缩空气使活塞杆伸出（或缩回），而另一端靠弹簧力、自重或其他外力等使活塞杆恢复到初始位置。单作用气缸只在动作方向需要压缩空气，故可节约一半压缩空气。该缸主要用在夹紧、退料、阻挡、压入、举起和进给等操作上。

根据复位弹簧位置将作用气缸分为预缩型气缸和预伸型气缸。当弹簧装在有杆腔内时，由于弹簧的作用力而使气缸活塞杆初始位置处于缩回位置，我们将这种气缸称为预缩型单作用气缸；当弹簧装在无杆腔内时，气缸活塞杆初始位置为伸出位置的称为预伸型气缸。图 9-4 所示为预缩型单作用气缸结构原理，这种气缸在活塞杆侧装有复位弹簧，在前缸盖上开有呼吸用的气口。除此之外，其结构基本上和双作用气缸相同。图示单作用气缸的缸筒和前后缸盖之间采用滚压铆接方式固定。单作用缸行程受内装回程弹簧自由长度的影响，其行程长度一般在 100 mm 以内。

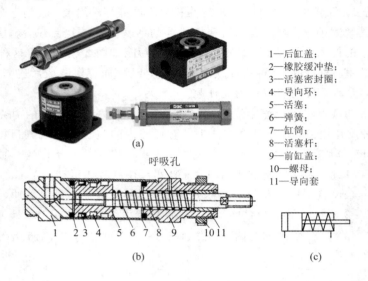

1—后缸盖；
2—橡胶缓冲垫；
3—活塞密封圈；
4—导向环；
5—活塞；
6—弹簧；
7—缸筒；
8—活塞杆；
9—前缸盖；
10—螺母；
11—导向套

图 9-4　单作用气缸
（a）几种型号单作用气缸外观；（b）结构；（c）职能符号

3. 气缸的基本结构

活塞式气缸主要由缸筒、活塞杆、活塞、导向套、前缸盖与后缸盖以及密封等元件组成。

1）缸筒

缸筒一般采用圆筒形结构，但随着气缸品种的发展及加工工艺技术的提高，已广泛采用方形、矩形的异形管材和用于防转气缸的矩形或椭圆孔的异形管材。

缸筒材料一般采用冷拔钢管、铝合金管、不锈钢管、铜管和工程塑料管。中、小型气缸大多用铝合金管和不锈钢管，对于广泛使用的开关气缸的缸筒要求用非导磁材料，用于冶金、汽车等行业的重型气缸一般采用冷拔精拉钢管，也有用铸铁管的。

缸筒材料表面要求有一定的硬度，以抗活塞运动时的磨损。钢管内表面需镀铬珩磨，镀层厚度为 0.02 mm；铝合金管需硬质阳极氧化处理，硬氧膜层厚度为 30～50 μm。缸筒与活塞间隙配合精度为 H9 级，圆柱度误差在 0.002～0.003 范围内，表面粗糙度在 R_a0.2～0.4 范围内，缸筒两端面对内孔轴线的垂直度允差在 0.05～0.1 范围内，气缸筒应能承受 1.5 倍最高工作压力条件下的耐压试验，不得有泄漏。

缸筒壁厚可根据薄壁筒的计算公式进行计算：

$$b \geqslant \frac{pD}{2[\sigma]} \qquad\qquad (9-1)$$

式中，b 表示缸筒壁厚，单位为 cm；D 表示缸筒内径，单位为 cm；p 表示缸筒承受的最大气压力，单位为 MPa；$[\sigma]$ 表示缸筒材料的许用应力，单位为 MPa。

实际缸筒壁较厚，对于一般用途的气缸约取计算值的 7 倍，重型气缸约取计算值的 20倍，再圆整到标准管材尺寸。

2）活塞杆

活塞杆是用来传递力的重要零件，要求能承受拉伸、压缩、振动等负载，表面耐磨，不生锈。活塞杆材质一般选用 35、45 碳钢，特殊场合用精轧不锈钢等材料，钢材表面需镀铬及调质热处理。

气缸使用时必须注意活塞杆强度问题。由于活塞杆头部的螺纹受冲击后易遭受破坏，多数场合活塞杆承受的是推力负载，因此必须考虑细长杆的压杆稳定性。气缸水平安装时，应考虑活塞杆伸出因自重而引起活塞杆头部下垂的问题。活塞杆头部连接处，在大惯性负载运动停止时，往往伴随着冲击，由于冲击作用而容易引起活塞杆头部遭受破坏。因此，在使用时应检查负载的惯性力，设置负载停止的阻挡装置和缓冲吸收装置，以及消除活塞杆上承受的不合理的作用力。

3）活塞

气缸活塞受气压作用产生推力，并在缸筒内做摩擦滑动，且必须承受冲击。在高速运动场合，活塞有可能撞击缸盖。因此，要求活塞具有足够的强度和良好的滑动特性。对气缸用的活塞应充分重视其滑动性能，特别是耐磨性和不发生"咬缸"现象。

活塞的宽度与采用密封圈的数量、导向环的形式等因素有关。一般活塞宽度越小，气缸的总长就越短。活塞的滑动面小时，容易引起早期磨损或卡死，如"咬缸"现象。一般对标准气缸而言，活塞宽度约为缸径的 20％～25％，该值需综合考虑使用条件，由活塞与缸筒、活塞杆与导向套的间隙尺寸等因素来决定。活塞的材质常用铝合金和铸铁，小型气缸的活塞有的是用黄铜制造的。

4）导向套

导向套用作活塞杆往复运动时的导向。因此，同对活塞的要求一样，要求导向套具有良好的滑动性能，能承受由于活塞杆受重载时引起的弯曲、振动及冲击。在粉尘等杂物进入活塞杆和导向套之间的间隙时，要求活塞杆表面不被划伤。导向套一般采用聚四氟乙烯和其他的合成树脂材料，也可用铜颗粒烧结的含油轴承材料。

导向套内径尺寸的容许公差一般取 H8，表面粗糙度取 $R_a0.4$。

5）密封

气动元件中的密封大致分为两类：动密封和静密封。缸筒和缸盖等固定部分的密封称为静密封；活塞在缸筒里作回转或往复运动处的密封称为动密封。

（1）气缸的密封可分为如下几种：

① 缸盖和缸筒连接的密封：一般将"O"形密封圈安装在缸盖与缸筒配合的沟槽内，构成静密封。有时也将橡胶等平垫圈安装在连接止口上，构成平面密封。

② 活塞的密封：活塞有两处地方需密封。一处是活塞与缸筒间的动密封，除了用"O"形圈和唇形圈外，还可用"W"形密封（它是把活塞与橡胶硫化成一体的一种密封结构，"W"形密封是双向密封，轴向尺寸小）；另一处是活塞与活塞杆连接处的静密封，一般用"O"形密封圈。图 9-5 所示为常用的活塞式密封结构。

③ 活塞杆的密封：一般在缸盖的沟槽里放置唇形圈和防尘圈，或防尘组合圈，以保证活塞杆往复运动的密封和防尘。

④ 缓冲密封：有两种方法。一种是将孔用唇形圈安装在缓冲柱塞上；另一种是使用气缸缓冲专用密封圈，它是用橡胶和一个圆形钢圈硫化成一体而构成的，压配在缸盖上作缓冲密封，这种缓冲专用密封圈的性能比前者好。

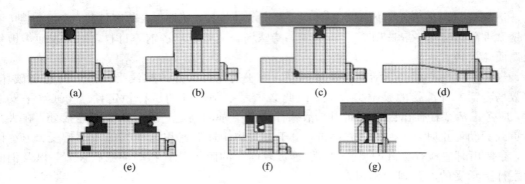

图 9 - 5　气缸常用的密封结构

(a)"O"形密封圈；(b) 异形密封圈；(c) 方形密封圈；(d) 唇形密封圈，两侧安装；

(e) 滑动环支承沟槽密封圈；(f) "L"形密封圈；(g) "W"形密封圈

（2）密封原理。气缸密封性能的好坏，是影响气缸性能的重要因素。按密封原理，可将密封圈分成压缩密封圈和气压密封圈两大类，如图 9 - 6 所示。压缩密封是依靠安装时的预压缩力使密封圈产生弹性变形而达到密封作用的，如"O"形和方形密封圈等，如图 9 - 6(a) 所示；气压密封是依靠工作气压使密封圈的唇部变形来达到密封作用的，如唇形密封圈，如图 9 - 6(b) 所示。

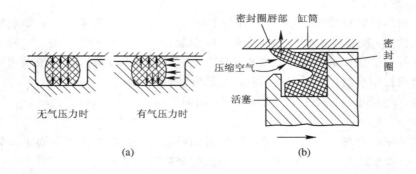

图 9 - 6　两种密封原理

(a) 压缩密封；(b) 气压密封

（3）密封材料。常用的密封材料有丁腈橡胶（工作温度在 $-20\sim+80℃$ 范围内）、氟橡胶（工作温度在 $-20\sim+190℃$ 范围内）、聚四氟乙烯（工作温度在 $-20\sim+200℃$ 范围内）。为了提高可靠性，应根据工作条件及温度范围选择合适的密封材料。

9.1.3　标准气缸

标准气缸是指气缸的功能和规格是普遍使用的，结构是容易制造的，是普通厂商通常作为通用产品供应给市场的气缸，如符合国际标准 ISO6430、ISO6431 或 ISO6432 的普通气缸，符合我国标准 GB8103—1987（即 ISO6431）、德国标准 DIN ISO6431 等气缸都是标准气缸。在国际上，几乎所有的气动专业厂商目前都已生产符合 ISO6431、ISO6432 标准的气缸。对于 ISO6431 标准而言，其主要内容是对气缸的缸径系列、活塞杆伸出部分的螺纹尺寸做了规定，对同一缸径的气缸的外形尺寸（其长度、宽度、高度）做了限制，并对气缸的连接尺寸做了统一的规定。这一规定仅针对连接件对外部的连接尺寸做了统一，而对连接件与气缸的连接尺寸未做规定。因此，对于两家都符合 ISO6431 标准的气缸不能直接互换，而必须连同连接件一起更换。这一点在气缸选用时要特别注意。

9.1.4 气缸的规格

气缸的缸筒内径 D（简称缸径）和活塞行程 L 是选择气缸的重要参数。

1. 缸筒内径 D

气缸的缸筒内径尺寸见表 9-1(GB2348)。

表 9-1　气缸缸径尺寸系列　　　　　　　　　　D/mm

8	10	12	16	20	25	32	40	50	63	80	(90)	
100	(110)	125	(140)	160	(180)	200	(220)	250	320	400	500	630

注：括号内数非优先选用。

2. 活塞行程 L

气缸活塞行程系列按照优先顺序分成三个等级选用，见表 9-2 至表 9-4。

表 9-2　活塞行程第一优先系列　　　　　　　　　　L/mm

25	50	80	100	125	160	200	250	320	400
500	630	800	1000	1250	1600	2000	2500	3200	4000

表 9-3　活塞行程第二优先系列　　　　　　　　　　L/mm

	40		63		90	110	14	180
220	280	360	450	500	700	900	1100	1400	1800
2200	2800	3600						

表 9-4　活塞行程第三优先系列　　　　　　　　　　L/mm

240	260	300	340	380	420	480	530	600	650
750	850	950	1050	1200	1300	1500	1700	1900	2000
204	2600	3000	3400	3800					

3. 常用中、小型气缸尺寸

常用中、小型气缸尺寸见表 9-5。其中，标准行程是指符合行程系列尺寸的，生产厂商能正常供货的规格。

表 9 - 5 常用中、小型气缸尺寸参数

缸径/mm	活塞杆外径/mm	活塞杆螺纹	气口螺纹	标准行程/mm
12	6	M6	M5	10，25，40，50，80，100，
16	6	M6	G1/8	125， 160， 200， 250，
20	8	M8	G1/8	300，320，400，500
25	10	M10×1.25	G1/8	
32	12	M10×1.25	G1/8	
40	16	M12×1.25	G1/4	
50	20	M16×1.5	G1/4	
63	20	M16×1.5	G3/8	
80	25	M20×1.5	G3/8	
100	25	M20×1.5	G1/2	
125	32	M27×2	G1/2	

注：M 表示公制螺纹，G 表示管螺纹。

9.1.5 普通气缸的设计计算

1. 气缸的理论输出力

普通双作用气缸的理论推力 F_0 为

$$F_0 = \frac{\pi}{4} D^2 p \tag{9-2}$$

式中，D 表示缸径，单位为 m；p 表示气缸的工作压力，单位为 Pa。

理论拉力 F_1 为

$$F_1 = \frac{\pi}{4}(D^2 - d^2) p \tag{9-3}$$

式中，d 表示活塞杆直径，估算时可令 $d=0.3D$，单位为 m。

图 9 - 7 所示为普通双作用气缸的理论推力。

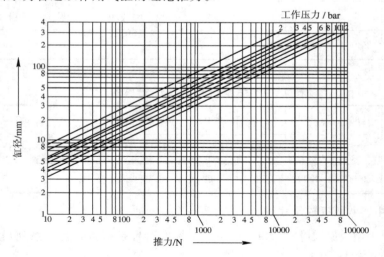

图 9 - 7　气缸的理论推力

普通单作用气缸(预缩型)理论推力为

$$F_0 = \frac{\pi}{4}D^2 p - F_{t1} \tag{9-4}$$

理论拉力为

$$F_1 = F_{t2} \tag{9-5}$$

普通单作用气缸(预伸型)理论推力为

$$F_0 = F_{t2} \tag{9-6}$$

得理论拉力为

$$F_1 = \frac{\pi}{4}(D^2 - d^2) p - F_{t1} \tag{9-7}$$

式中，D 表示缸径，单位为 m；d 表示活塞杆直径，单位为 m；p 表示工作压力，单位为 Pa；F_{t1} 表示复位弹簧预压量及行程所产生的弹簧力，单位为 N；F_{t2} 表示复位弹簧预紧力，单位为 N。

2. 气缸的负载率

气缸的负载率(η)是指气缸的实际负载力 F 与理论输出力 F_0 之比。

$$\eta = \frac{F}{F_0} \times 100\% \tag{9-8}$$

负载力是选择气缸的重要因素。负载情况不同，作用在活塞轴上的实际负载力也不同。表 9-6 所示为几个负载实例。

表 9-6　负载状态与负载力

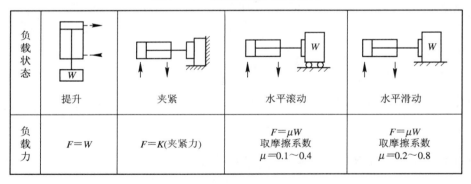

负载状态	提升	夹紧	水平滚动	水平滑动
负载力	$F = W$	$F = K$(夹紧力)	$F = \mu W$ 取摩擦系数 $\mu = 0.1 \sim 0.4$	$F = \mu W$ 取摩擦系数 $\mu = 0.2 \sim 0.8$

负载率的选取与负载的运动状态有关，可参考表 9-7。

表 9-7　负载率与负载的运动状态

负载运动状态	静载荷 (如夹紧、低速压铆)	动载荷	
		气缸速度在 $50 \sim 500$ mm/s 范围内	气缸速度 > 500 mm/s
负载率	$\eta \leqslant 0.7$	$\eta \leqslant 0.5$	$\eta \leqslant 0.3$

【例 9-1】 用气缸水平推动台车，负载质量 $m = 150$ kg，台车与床面间摩擦系数 $\mu = 0.3$，气缸行程 $L = 300$ mm，要求气缸的动作时间 $t = 0.8$ s，工作压力 $p = 0.5$ MPa。试选定缸径。

解　轴向负载力为

$$F = \mu mg = 0.3 \times 150 \times 9.8 = 450 \ (\text{N})$$

气缸的平均速度为

$$v = \frac{s}{t} = \frac{300}{0.8} = 375 \ (\text{mm/s})$$

按表 9 - 7 选取负载率为

$$\eta = 0.5$$

理论输出力为

$$F_0 = \frac{F}{\eta} = \frac{450}{0.5} = 900 \ (\text{N})$$

由式(9 - 2)得双作用气缸缸径为

$$D = \sqrt{\frac{4F_0}{\pi p}} = \sqrt{\frac{4 \times 900}{\pi \times 0.5}} = 47.9 \ (\text{mm})$$

故选取双作用缸的缸径为 50 mm。

3. 气缸的耗气量

气缸的耗气量是指气缸往复运动时所消耗的压缩空气量，它的大小与气缸的性能无关，但它是选择空压机排量的重要参数。

气缸的耗气量与气缸的活塞直径 D、活塞杆直径 d、活塞的行程 L 以及单位时间往返次数 N 有关。

以单活塞杆双作用气缸为例，活塞杆伸出和退回行程的耗气量分别为

$$V_1 = \frac{\pi}{4}D^2 L \tag{9 - 9}$$

$$V_2 = \frac{\pi(D^2 - d^2)}{4}L \tag{9 - 10}$$

因此，活塞往复一次所耗的压缩空气量为

$$V = V_1 + V_2 = \frac{\pi}{4}L(2D^2 - d^2) \tag{9 - 11}$$

若活塞每分钟往返 N 次，则每分钟活塞运动的耗气量为

$$V' = VN \tag{9 - 12}$$

式(9 - 12)计算的是理论耗气量，但由于泄漏等因素的影响，实际耗气量要更大些。因此，实际耗气量为

$$V_s = (1.2 \sim 1.5)V' \tag{9 - 13}$$

式(9 - 12)和式(9 - 13)计算的是压缩空气的耗气量，这是选择气源供气量的重要依据。未经压缩的自由空气的耗气量要比该值大，当实际消耗的压缩空气量为 V_s 时，其自由空气的耗气量 V_{sz} 为

$$V_{sz} = V_s \frac{p + 0.1013}{0.1013}$$

式中，p 为工作压力，单位为 MPa。

图 9 - 8 所示为耗气量的计算曲线，即耗气量与工作压力、缸径之间的关系。

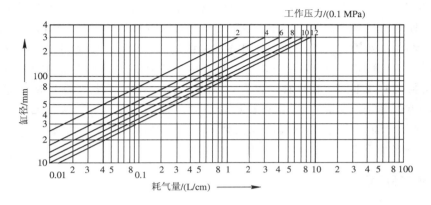

图 9-8　耗气量的计算曲线图

9.1.6　无杆气缸

无杆气缸(Rodless Cylinders)没有普通气缸的刚性活塞杆,它利用活塞直接或间接地实现往复运动。行程为 L 的有活塞杆气缸,沿行程方向的实际占有安装空间约为 $2.2L$。没有活塞杆,则占有安装空间仅为 $1.2L$,且行程缸径比可达 $50\sim100$。没有活塞杆,还能避免由于活塞杆及杆密封圈的损伤而带来的故障。而且,由于没有活塞杆,活塞两侧受压面积相等,双向行程具有同样的推力,有利于提高定位精度。

特殊气缸

这种气缸的最大优点是节省了安装空间,特别适用于小缸径、长行程的场合。无杆气缸现已广泛用于数控机床、注塑机等的开门装置及多功能坐标机器手的位移和自动输送线上工件的传送等。

无杆气缸主要分机械接触式和磁性耦合式两种,而将磁性耦合无杆气缸称为磁性气缸。

图 9-9 所示为无杆气缸。在拉制而成的不等壁厚的铝制缸筒上开有管状沟槽缝,为保

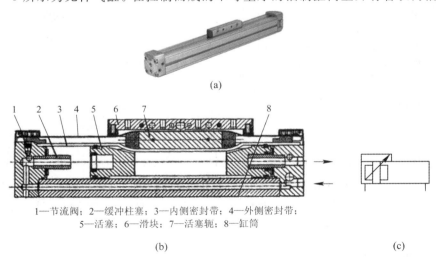

(a)

1—节流阀;2—缓冲柱塞;3—内侧密封带;4—外侧密封带;
5—活塞;6—滑块;7—活塞轭;8—缸筒

(b)　　　　　　　　　　　　　　　　(c)

图 9-9　无杆气缸
(a) 外观;(b) 结构;(c) 职能符号

证开槽处的密封，设有内、外侧密封带。内侧密封带 3 靠气压力将其压在缸筒内壁上，起密封作用。外侧密封带 4 起防尘作用。活塞轭 7 穿过长开槽，把活塞 5 和滑块 6 连成一体。活塞轭 7 又将内、外侧密封带分开，内侧密封带穿过活塞轭，外侧密封带穿过活塞轭与滑块之间，但内、外侧密封带未被活塞轭分开处，相互夹持在缸筒开槽上，以保持槽被密封。内、外侧密封带两端都固定在气缸缸盖上。与普通气缸一样，两端缸盖上带有气缓冲装置。

在压缩空气作用下，活塞-滑块机械组合装置可以做往复运动。这种无杆气缸通过活塞-滑块机械组合装置传递气缸输出力，缸体上管状沟槽可以防止其扭转。图 9-9(a) 为德国气动元件制造商 FESTO 的 DGP 型无杆缸的外观。

9.1.7 磁感应气缸

图 9-10 为一种磁性耦合的无杆气缸（Cylinder with Magnetic Coupling）。它是在活塞上安装了一组高磁性的内磁环 4，磁力线通过薄壁缸筒（不锈钢或铝合金非导磁材料）与套在外面的另一组外磁环 2 作用。由于两组磁环极性相反，因此它们之间有很强的吸力。若活塞在一侧输入气压作用下移动，则在磁耦合力作用下带动套筒与负载一起移动。在气缸行程两端设有空气缓冲装置。

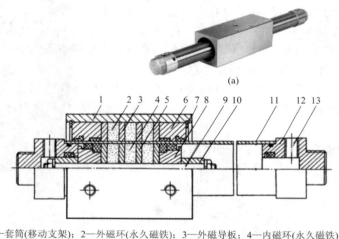

(a)

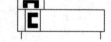

1—套筒(移动支架)；2—外磁环(永久磁铁)；3—外磁导板；4—内磁环(永久磁铁)；
5—内导磁板；6—压盖；7—卡环；8—活塞；9—活塞轴；10—缓冲柱塞；
11—气缸筒；12—端盖；13—进排气口

(b)   (c)

图 9-10   磁性无活塞杆气缸
(a) 外观；(b) 结构；(c) 职能符号

磁感应气缸的特点是体积小，重量轻，无外部空气泄漏，维修保养方便等。当速度快、负载大时，内、外磁环易脱开，即负载大小受速度影响，且磁性耦合的无杆气缸中间不可能增加支承点，最大行程受到限制。

9.1.8 带磁性开关的气缸

磁性开关气缸（Cylinder with Megnetic Proximity Switches）是指在气缸的活塞上装有

一个永久性磁环，而将磁性开关装在气缸的缸筒外侧，其余和一般气缸并无两样。气缸可以是各种型号的气缸，但缸筒必须是导磁性弱、隔磁性强的材料，如铝合金、不锈钢、黄铜等。当随气缸移动的磁环靠近磁性开关时，舌簧开关的两根簧片被磁化而触点闭合，产生电信号；当磁环离开磁性开关后，簧片失磁，触点断开，这样可以检测到气缸的活塞位置而控制相应的电磁阀动作。图 9-11 为带磁性开关气缸的工作原理图。

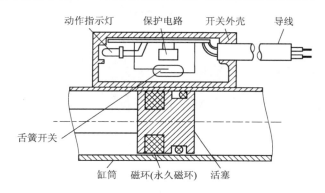

图 9-11　带磁性开关气缸的工作原理图

以前，气缸行程位置的检测是靠在活塞杆上设置行程挡块触动机械行程阀来发送信号的，从而给设计、安装、制造带来不便。而用磁性开关气缸则使用方便，结构紧凑，开关反应时间快，故得到了广泛应用。

9.1.9　摆动气缸

摆动气缸（Rotary Cylinders）是出力轴被限制在某个角度内做往复摆动的一种气缸，又称为旋转气缸。摆动气缸目前在工业上应用广泛，多用于安装位置受到限制或转动角度小于 360° 的回转工作部件，其动作原理也是将压缩空气的压力能转变为机械能。常用的摆动气缸的最大摆动角度分为 90°、180°、270° 三种规格。图 9-12 所示为其应用实例。

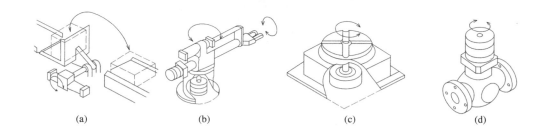

(a)　　　　　　　(b)　　　　　　　(c)　　　　　　　(d)

图 9-12　摆动气缸的应用实例
（a）输送线的翻转装置；（b）机械手的驱动；（c）分度盘的驱动；（d）阀门的开闭

按照摆动气缸的结构特点可将其分为齿轮齿条式和叶片式两类。

1. 齿轮齿条式摆动气缸

齿轮齿条式摆动气缸有单齿条和双齿条两种。图 9-13 为单齿条式摆动气缸，其结构原理为压缩空气推动活塞 6 从而带动齿条组件 3 作直线运动，齿条组件 3 则推动齿轮 4 做旋转运动，由输出轴5(齿轮轴)输出力矩，输出轴与外部机构的转轴相连，让外部机构做摆动。

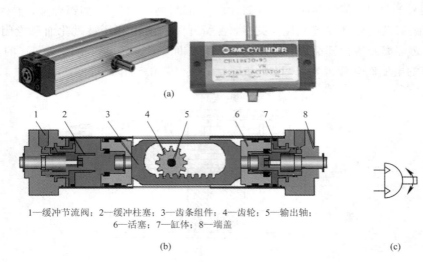

1—缓冲节流阀；2—缓冲柱塞；3—齿条组件；4—齿轮；5—输出轴；
6—活塞；7—缸体；8—端盖

图 9-13　齿轮齿条式摆动气缸结构原理
(a) 外观；(b) 结构；(c) 职能符号

　　摆动气缸的行程终点位置可调，且在终端设置可调缓冲装置，缓冲大小与气缸摆动的角度无关，在活塞上装有一个永久磁环，行程开关可固定在缸体的安装沟槽中。

2. 叶片式摆动气缸

　　叶片式摆动气缸可分为单叶片式、双叶片式和多叶片式三种。叶片越多，摆动角度越小，但扭矩却要增大。单叶片型输出摆动角度小于 360°，双叶片型输出摆动角度小于 180°，三叶片型则在 120° 以内。

　　图 9-14(a) 所示为叶片式摆动缸的外观。图 9-14(b)、(c) 所示分别为单、双叶片式摆

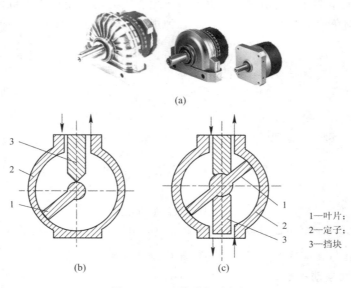

1—叶片；
2—定子；
3—挡块

图 9-14　叶片式摆动气缸
(a) 外观；(b)、(c) 结构原理

动气缸的结构原理。在定子上有两条气路，当左腔进气时，右腔排气，叶片在压缩空气作用下逆时针转动，反之，作顺时针转动。旋转叶片将压力传递到驱动轴上作摆动。可调止动装置与旋转叶片相互独立，从而使得挡块可以调节摆动角度大小。在终端位置，弹性缓冲垫可对冲击进行缓冲。

9.1.10 气爪（手指气缸）

气爪（Gripper）能实现各种抓取功能，是现代气动机械手的关键部件。图 9-15 所示的气爪具有如下特点：

(1) 所有的结构都是双作用的，能实现双向抓取，可自动对中，重复精度高。

(2) 抓取力矩恒定。

(3) 在气缸两侧可安装非接触式检测开关。

(4) 有多种安装、连接方式。

图 9-15(a) 所示为 FESTO 平行气爪，平行气爪通过两个活塞工作，两个气爪对心移动。这种气爪可以输出很大的抓取力，既可用于内抓取，也可用于外抓取。

图 9-15(b) 所示为 FESTO 摆动气爪，内、外抓取 40°摆角，抓取力大，并确保抓取力矩始终恒定。

图 9-15(c) 所示为 FESTO 旋转气爪，其动作和齿轮齿条的啮合原理相似。两个气爪可同时移动并自动对中，其齿轮齿条原理确保了抓取力矩始终恒定。

图 9-15(d) 所示为 FESTO 三点气爪，三个气爪同时开闭，适合夹持圆柱体工件及工件的压入工作。

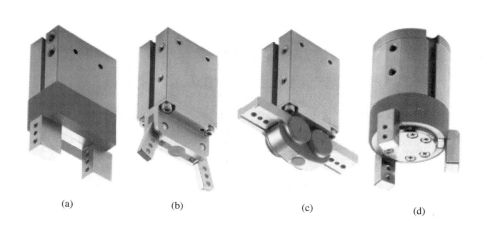

(a)   (b)   (c)   (d)

图 9-15　气爪

(a) 平行气爪；(b) 摆动气爪；(c) 旋转气爪；(d) 三点气爪

9.1.11 气、液阻尼缸

气、液阻尼缸是一种由气缸和液压缸构成的组合缸。它由气缸产生驱动力，用液压缸的阻尼调节作用获得平稳运动。这种气缸常用于机床和切削加工的进给驱动装置，用于克服普通气缸在负载变化较大时容易产生的"爬行"或"自移"现象,可以满足驱动刀具进行切削加工的要求。

图9-16所示为串联式气、液阻尼缸原理。它的液压缸和气缸共用同一缸体,两活塞固联在同一活塞杆上。当气缸右腔供气左腔排气时,活塞杆伸出的同时带动液压缸活塞左移,此时,液压缸左腔排油经节流阀流向右腔,对活塞杆的运动起阻尼作用。调节节流阀便可控制排油速度,由于两活塞固联在同一活塞杆上,因此,也控制了气缸活塞的左行速度。反向运动时,因单向阀开启,所以活塞杆可快速缩回,液压缸无阻尼。油箱是为了克服液压缸两腔面积差和补充泄漏用的,如将气缸、液压缸位置改为图9-17所示的并联型气、液阻尼缸,则油箱可省去,改为油杯补油即可。

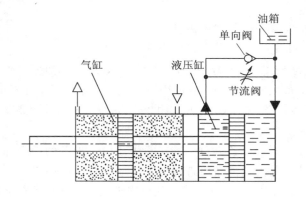

图9-16 串联式气、液阻尼缸

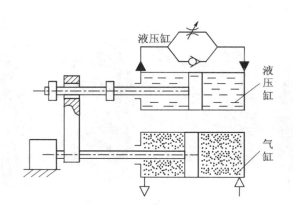

图9-17 并联式气、液阻尼缸

9.2 气 动 马 达

气动马达(Air Motors)是一种作连续旋转运动的气动执行元件,是一种把压缩空气的压力能转换成回转机械能的能量转换装置。其作用相当于电动机或液压马达,它输出转矩,驱动执行机构作旋转运动。在

气动马达

气压传动中使用广泛的是叶片式、活塞式和齿轮式气动马达。

1. 叶片式气动马达的工作原理

图 9-18 所示是双向叶片式气动马达的工作原理。压缩空气由 A 孔输入,小部分经定子两端的密封盖的槽进入叶片底部(图中未表示),将叶片推出,使叶片贴紧在定子内壁上;大部分压缩空气进入相应的密封空间而作用在两个叶片上,由于两叶片伸出长度不等,因此,就产生了转矩差,使叶片与转子按逆时针方向旋转,做功后的气体由定子上的孔 C 和 B 排出。若改变压缩空气的输入方向(即压缩空气由 B 孔进入,从 A 孔和 C 孔排出),则可改变转子的转向。

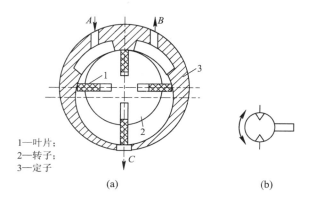

1—叶片;
2—转子;
3—定子

(a)　　　　　(b)

图 9-18　双向旋转的叶片式气动马达
(a) 结构;(b) 职能符号

2. 气动马达的特点及应用

1) 气动马达的特点

气动马达一般具有如下特点:

(1) 工作安全,具有防爆性能,适用于恶劣的环境,在易燃、易爆、高温、振动、潮湿、粉尘等条件下均能正常工作。

(2) 有过载保护作用。过载时,马达只是降低或停止转速;当过载解除后继续运转,并不产生故障。

(3) 可以无级调速。只要控制进气流量,就能调节马达的功率和转速。

(4) 比同功率的电动机轻 $1/10 \sim 1/3$,输出功率惯性比较小。

(5) 可长期满载工作,而温升较小。

(6) 功率范围及转速范围均较宽,功率小至几百瓦,大至几万瓦,转速可从几转每分到上万转每分。

(7) 具有较高的启动转矩,可以直接带负载启动,启动、停止迅速。

(8) 结构简单,操纵方便,可正、反转,维修容易,成本低。

(9) 速度稳定性差,输出功率小,效率低,耗气量大,噪声大,容易产生振动。

2) 气动马达的应用

气动马达的工作适应性较强,可用于无级调速、启动频繁、经常换向、高温潮湿、易燃易爆、负载启动、不便人工操纵及有过载可能的场合。目前,气动马达主要应用于矿山机械、专业性的机械制造业、油田、化工、造纸、炼钢、船舶、航空、工程机械等行业,许多气动工具如风钻、风扳手、风砂轮等均装有气动马达。随着气压传动的发展,气动马达的应用将更趋广泛。图 9-19 所示为气动马达的几个应用实例。

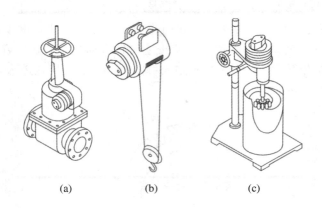

（a）　　　　　　　　（b）　　　　　　　　（c）

图 9-19　气动马达应用实例
（a）阀；（b）升降机；（c）搅拌机

9.3　气缸的选择和使用要求

气缸的合理选用,是保证气动系统正常稳定工作的前提。所谓合理选用气缸,就是指根据各生产厂家要求的选用原则,使气缸符合正常的工作条件。这些条件主要包括工作压力范围,负载要求,工作行程,工作介质温度,环境条件(温度等),润滑条件及安装要求等。

1. 气缸的选择要点

一般对气缸有如下几个选择要点:

（1）根据气缸的负载状态和负载运动状态确定负载力 F 和负载率 η,再根据使用压力应小于气源压力 85% 的原则,按气源压力确定使用压力 p。单作用缸按杆径与缸径比为0.5 预选,双作用缸按杆径与缸径比为 0.3～0.4 预选,并根据式(9-2)至式(9-4)便可求得缸径 D,将所求出的 D 值标准化即可。如 D 尺寸过大,可采用机械扩力机构。

（2）根据气缸及传动机构的实际运行距离来预选气缸的行程,为便于安装调试,对计算出的距离以加大 10～20 mm 为宜,但不能太长,以免增大耗气量。

（3）根据使用目的和安装位置确定气缸的品种和安装形式。可参考相关手册或产品样本。

（4）活塞(或缸筒)的运动速度主要取决于气缸进、排气口及导管内径,选取时以气缸进、排气口连接螺纹尺寸为基准。为获得缓慢而平稳的运动,可采用气、液阻尼缸。普通气缸的运动速度为 0.5～1 m/s 左右,对高速运动的气缸应选用缓冲缸或在回路中加缓冲。

2. 气缸的使用要求

气缸一般有如下几个使用要求:

（1）气缸的一般工作条件是周围环境及介质温度在 5～60℃ 范围内,工作压力在0.4～0.6 MPa 范围内(表压)。超出此范围时,应考虑使用特殊密封材料及十分干燥的空气。

（2）安装前应在 1.5 倍的工作压力下试压，不允许有泄漏。

（3）在整个工作行程中，负载变化较大时应使用有足够出力余量的气缸。

（4）不使用满行程工作（特别在活塞伸出时），以避免因撞击而损坏零件。

（5）注意合理润滑，除无油润滑气缸外，应正确设置和调整油雾器，否则将严重影响气缸的运动性能，甚至不能工作。

（6）气缸使用时必须注意活塞杆强度问题。由于活塞杆头部的螺纹受冲击而遭受破坏，大多数场合活塞杆承受的是推力负载，因此必须考虑细长杆的压杆稳定性问题，以及气缸水平安装时活塞杆伸出因自重而引起活塞杆头部下垂的问题。安装时还要注意受力方向，活塞杆不允许承受径向载荷。

（7）在大惯性负载运动停止时，活塞杆头部连接处往往伴随着冲击，由于冲击作用而容易引起活塞杆头部遭受破坏。因此，在使用时应检查负载的惯性力，设置负载停止的阻挡装置和缓冲装置，以消除活塞杆上承受的不合理的作用力。

思考题与习题

常见问题解答

9-1　简述气缸需要缓冲装置的原因。

9-2　在行程较长的场合，如机械手坐标位移等，应采用哪一种形式的气缸？

9-3　气缸的安装形式有哪几种？

9-4　简述叶片式气动马达的工作原理。

9-5　单作用气缸内径 $D = 63$ mm，复位弹簧最大反力 $F = 150$ N，工作压力 $p = 0.5$ MPa，负载率为 0.4。该气缸的推力为多少？

9-6　单杆双作用气缸内径 $D = 125$ mm，活塞杆直径 $d = 36$ mm，工作压力 $p = 0.5$ MPa，气缸负载率为 0.5。求该气缸的拉力和推力。

9-7　单杆双作用气缸内径 $D = 100$ mm，活塞杆直径 $d = 40$ mm，行程 $L = 450$ mm，进、退压力均为 $p = 0.5$ MPa，在运动周期下以 $\eta_V = 0.9$ 的容积效率连续运转。求一个往返行程所消耗的自由空气量。

第10章 气动控制元件

在气压传动系统中,气动控制元件是用来控制和调节压缩空气的压力、流量、流动方向以及发送信号的重要元件,利用它们可以组成各种气动控制回路,以保证气动执行元件或机构按设计的程序正常工作。气动控制元件按功能和用途可分为方向控制阀、流量控制阀和压力控制阀三大类。此外,还有通过改变气流方向和通断来实现各种逻辑功能的气动逻辑元件。

10.1 方向控制阀

气动方向控制阀(Directional Control Valves)与液压方向控制阀相似,是用来改变气流流动方向或通断的控制阀。其种类如图 10-1 所示。

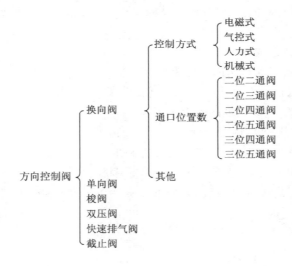

图 10-1 方向控制阀的种类

10.1.1 分类

1. 按阀内气流的流通方向分

按阀内气流的流通方向可将气动控制阀分为单向型控制阀和换向型控制阀。只允许气流沿一个方向流动的控制阀称为单向型控制阀,如单向阀、梭阀、双压阀和快速排气阀等。可以改变气流流动方向的控制阀称为换向型控制阀,如电磁换向阀和气控换向阀等。

2. 按控制方式分

表 10-1 所示为气动控制阀按控制方式所做的分类及职能符号。

表 10-1 气动控制阀的几种控制方式及职能符号

人力控制	一般手动操作	按钮式
	手柄式、带定位	脚踏式
机械控制	控制轴	滚轮杠杆式
	单向滚轮式	弹簧复位
气动控制	直动式	先导式
电磁控制	单电控	双电控
	先导式双电控,带手动	

1)电磁控制

利用电磁线圈通电,静铁芯对动铁芯产生电磁吸力使阀切换,以改变气流方向的阀,称为电磁控制换向阀,简称电磁阀。这种阀易于实现电、气联合控制,能实现远距离操作,故得到广泛应用。

2)气压控制

利用气体压力来使主阀芯切换而使气流改变方向的阀,称为气压控制换向阀,简称气控阀。这种阀在易燃、易爆、潮湿、粉尘大的工作环境中,工作安全可靠。该阀按控制方式不同可分为加压控制、卸压控制、差压控制和延时控制等形式。

加压控制是指输入的控制气压是逐渐上升的,当压力上升到某一值时,阀被切换。这种控制方式是气动系统中最常用的控制方式,有单气控和双气控之分。

卸压控制是指输入的控制气压是逐渐降低的,当压力降至某一值时,阀便被切换。

差压控制是利用阀芯两端受气压作用的有效面积不等,在气压的作用下产生的作用力之差值来使阀切换。

延时控制是利用气流经过小孔或缝隙节流向气室内充气的。当气室里的压力升至一定值时,阀被切换,从而达到信号延时输出的目的。

3)人力控制

依靠人力使阀切换的换向阀,称为手动控制换向阀,简称人控阀。它可分为手动阀和脚踏阀两大类。

人控阀与其他控制方式相比，具有可按人的意志进行操作，使用频率较低，动作较慢，操作力不大，通径较小，操作灵活等特点。人控阀在手动气动系统中，一般用来直接操纵气动执行机构。在半自动和全自动系统中，多作为信号阀使用。

4）机械控制

用凸轮、撞块或其他机械外力使阀切换的阀称为机械控制换向阀，简称机控阀。这种阀常用作信号阀使用。这种阀可用于湿度大、粉尘多、油分多的场合，不宜用于电气行程开关的场合，但宜用于复杂的控制装置中。

3. 按阀的切换通口数目分

阀的通口数目包括输入口、输出口和排气口。按切换通口的数目分，有二通阀、三通阀、四通阀和五通阀等。表 10 - 2 为换向阀的通口数和职能符号。

表 10 - 2　换向阀的通口数与职能符号

名称	二通阀		三通阀		四通阀	五通阀
	常断	常通	常断	常通		
职能符号	A 　 P	A 　 P	A 　 $P\ R$	A 　 $P\ R$	$A\ B$ 　 $P\ R$	$A\ B$ 　 $R\ P\ S$

二通阀有两个口，即一个输入口（用 P 表示）和一个输出口（用 A 表示）。

三通阀有三个口，除 P 口、A 口外，增加了一个排气口（用 R 或 O 表示）。三通阀既可以是两个输入口（用 P_1、P_2 表示）和一个输出口，作为选择阀（选择两个不同大小的压力值）；也可以是一个输入口和两个输出口，作为分配阀。

二通阀、三通阀有常通型和常断型之分。常通型是指阀的控制口未加控制信号（即零位）时，P 口和 A 口相通。反之，常断型阀在零位时，P 口和 A 口是断开的。

四通阀有四个口，除 P、A、R 外，还有一个输出口（用 B 表示），通路为 $P{\rightarrow}A$、$B{\rightarrow}R$ 或 $P{\rightarrow}B$、$A{\rightarrow}R$。

五通阀有五个口，除 P、A、B 外，还有两个排气口（用 R、S 或 O_1、O_2 表示）。通路为 $P{\rightarrow}A$、$B{\rightarrow}S$ 或 $P{\rightarrow}B$、$A{\rightarrow}R$。五通阀也可以变成选择式四通阀，即两个输入口（P_1 和 P_2）、两个输出口（A 和 B）和一个排气口 R。两个输入口供给压力不同的压缩空气。

4. 按阀芯工作的位置数分

阀芯的切换工作位置简称"位"，阀芯有几个切换位置就称为几位阀。

有两个通口的二位阀称为二位二通阀（常表示为 2/2 阀，前者表示通口数，后者表示工作位置数），它可以实现气路的通或断。有三个通口的二位阀称为二位三通阀（常表示为 3/2 阀）。在不同的工作位置，可实现 P、A 相通或 A、R 相通。常用的还有二位五通阀（常表示为 5/2 阀），它可以用于推动双作用气缸的回路中。

阀芯具有三个工作位置的阀称为三位阀。当阀芯处于中间位置时，各通口呈关断状态，则称为中间封闭式；若输出口全部与排气口接通，则称为中间卸压式；若输出口都与输入口接通，则称为中间加压式；若在中间卸压式阀的两个输出口都装上单向阀，则称为中位式止回阀。

换向阀处于不同工作位置时，各通口之间的通断状态是不同的。阀处于各切换位置时，各通口之间的通断状态分别表示在一个长方形的方框上，这样就构成了换向阀的职能符号。常见换向阀的名称和职能符号见表 10 - 3。

表 10 - 3 常见换向阀名称和职能符号

符号	名称	正常位置	符号	名称	正常位置
	二位三通阀(2/2)	常断		二位五通阀(5/2)	两个独立排气口
	二位二通阀(2/2)	常通		三位五通阀(5/3)	中位封闭
	二位三通阀(3/2)	常断		三位五通阀(5/3)	中位加压
	二位三通阀(3/2)	常通		三位五通阀(5/3)	中位卸压
	二位四通阀(4/2)	一条通路供气，另一条通路排气			

这里需要对表 10 - 3 中的符号作出说明，阀中的通口用数字表示，符合 ISO5599—3 标准。通口既可用数字，也可用字母表示。表 10 - 4 为两种表示方法的比较。

表 10 - 4 数字和字母两种表示方法的比较

通 口	数字表示	字母表示	通 口	数字表示	字母表示
输入口	1	P	排气口	5	R
输出口	2	B	输出信号清零	(10)	(Z)
排气口	3	S	控制口(1、2 口接通)	12	Y
输出口	4	A	控制口(1、4 口接通)	14	Z

5. 按阀芯结构分

阀芯结构是影响阀性能的重要因素之一。常用的阀芯结构有滑柱式、提动式(又称截止式)和滑板式等。

6. 按连接方式分

阀的连接方式有管式连接、板式连接、集装式连接和法兰连接等几种。

管式连接有两种：一种是阀体上的螺纹孔直接与带螺纹的接管相连；另一种是阀体上装有快速接头，直接将管插入接头内。对不复杂的气路系统，管式连接简单，但维修时要先拆下配管。

板式连接需要配专用的过渡连接板，管路与连接板相连，阀固定在连接板上，装拆时不必拆卸管路，对复杂气动系统维修方便。

集装式连接是将多个板式连接的阀安装在集装块(又称汇流板)上，各阀的输入口或排气口可以共用，各阀的排气口也可单独排气。这种方式可以节省空间，减少配管，便于维修。

10.1.2 换向阀的结构特点及工作原理

换向阀按结构可分为提动阀（或称截止阀）和滑动阀。其中提动阀又可分为球座阀和盘座阀。滑动阀可分为纵向滑柱阀、纵向滑板阀和旋转滑轴阀。

气动换向阀

1. 提动阀（Poppet Valve）

提动阀是利用圆球、圆盘、平板或圆锥阀芯在垂直方向相对阀座移动，以控制通路的开启或切断。

1）球座阀（Ball Seat Valve）

图 10 - 2 所示为二位三通（3/2）机械动作球座阀的工作原理。当换向阀未驱动时如图 10 - 2(a)所示，复位弹簧将球状阀芯挤压在阀座上，从而使进气口 1 关闭，进气口 1 与工作口 2 不相通，工作口 2 与排气口 3 相通。当换向阀工作时如图 10 - 2(b)所示，驱动推杆可将阀口打开。当阀口打开时，换向阀须克服复位弹簧力和气压力（由压缩空气产生）。一旦阀口打开，进气口 1 就与工作口 2 相通，压缩空气进入换向阀输出侧，使换向阀有气信号输出。驱动力大小取决于换向阀通径。这种换向阀结构紧凑、简单，可安装各种类型的驱动头。对于直接驱动方式来说，驱动推杆动作的驱动力限制了其应用。大流量时，阀芯有效面积也大，需要较大的驱动力才能将阀口打开，因此，此类型换向阀通径不宜过大。这种阀的操作皆由人力或机械驱动，弹簧复位。

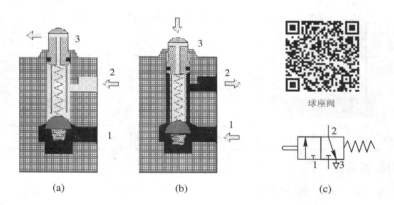

球座阀

图 10 - 2　机械动作 3/2 常开式球座阀

(a) 正常位置结构；(b) 动作位置结构；(c) 职能符号

2）盘座阀（Disc Seat Valve）

盘座换向阀采用圆盘密封结构，较小的阀芯位移就可产生较大的过流面积，具有响应快，抗污染能力强，寿命长，通流能力较大等特点。

图 10 - 3 所示为二位三通机械动作常闭式盘座阀的工作原理。如图 10 - 3(b)所示，在未驱动状态下，进气口 1 关闭，工作口 2 与排气口 3 相通。如图 10 - 3(c)所示，驱动推杆动作时，阀口打开，从而使进气口 1 与工作口 2 相通，换向阀有气信号输出。考虑到其阀芯工

作面积，此类换向阀的驱动力较大。盘座阀主要制成 2/2、3/2 及 4/2 阀，按控制需求有"常闭"式和"常开"式。此类阀芯可由人力、机械、电磁或气压操纵，操纵时须克服复位弹簧力和空气压力。图 10-4 所示为二位三通机械动作常开式盘座阀的工作原理。

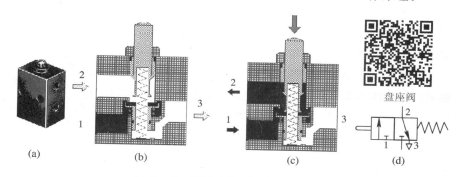

图 10-3　机械动作 3/2 常闭式盘座阀
（a）外观；（b）正常位置结构；（c）动作位置结构；（d）职能符号

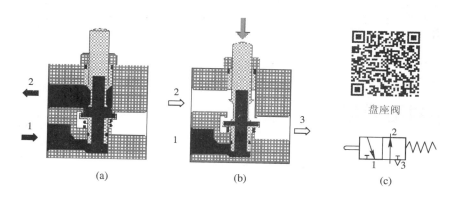

图 10-4　机械动作 3/2 常开式盘座阀
（a）正常位置结构；（b）动作位置结构；（c）职能符号

图 10-5 所示为单气控常闭式 3/2 盘座阀的工作原理。单气控二位三通阀由控制口 12 上的气信号直接驱动。由于此换向阀只有一个控制信号，因此，这种阀被称为直动式换向

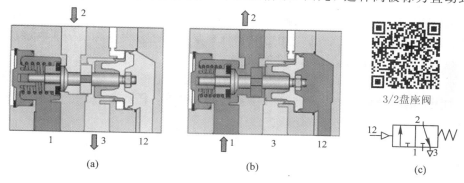

图 10-5　单气控 3/2 常闭式盘座阀
（a）正常位置结构；（b）动作位置结构；（c）职能符号

阀，该换向阀靠弹簧复位。如图 10-5(b)所示，当控制口 12 上有气信号时，盘状阀芯推动滑柱正对复位弹簧移动，使进气口 1 与工作口 2 相通，工作口 2 有气信号输出。控制口 12 上的气体压力必须足够大，以克服作用在阀芯上的弹簧力和空气压力使阀芯移动。通常，根据流量选择换向阀通径大小。

图 10-6 所示的双气控二位五通换向阀采用圆盘密封方式，其开闭行程相对较短。阀口的圆盘密封，既可以使进气口 1 与工作口 2 相通，也可以使进气口 1 与工作口 4 相通。双气控二位五通阀具有记忆功能，当两个控制口 14 和 12 中的一个有气信号时，二位五通换向阀将换向，且一直保持原来工作位置不变，直到另一个控制口有信号时才切换阀芯。这种换向阀两端各有一个手控装置，以便对阀芯手动操作。

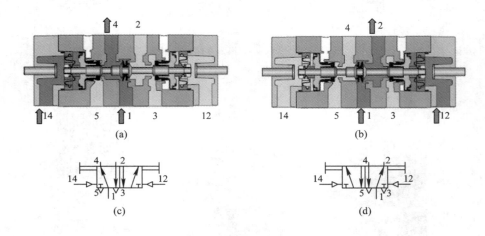

图 10-6　双气控二位五通圆盘式换向阀（带手动复位）
(a) 控制口 14 有信号结构图；(b) 控制口 12 有信号结构图；
(c) 14 口通气状态职能符号；(d) 12 口通气状态职能符号

以下所述的电磁阀，从结构上也属于提动阀。电磁阀是气动控制元件中最主要的元件，其品种繁多，结构各异，按操纵方式可分为直动式和先导式两类。

直动式（Direct Control）电磁阀是利用电磁力直接驱动阀芯换向的。如图 10-7 所示的直动式电磁阀，属于小尺寸阀，故电磁力可直接吸引柱塞，从而使阀芯换向。图 10-7(b) 所示为电磁铁尚未通电状态，弹簧将柱塞压下，使 1 口和 2 口断开，2 口和 3 口接通，阀处于排气状态。如图 10-7(c) 所示，当电磁铁通电后，电磁力大于弹簧力，柱塞被提上升，1 口和 2 口通，3 口被遮断，阀处于进气状态。

直动式电磁阀只适用于小型阀。如果要利用直动式电磁铁控制大流量空气，则阀的体积必须加大，电磁铁也要加大才能吸引柱塞，而体积和电耗都增大会带来不经济的问题，为克服这些缺点，应采用先导式结构。

先导式（Pilot Control）电磁阀是由小型直动式电磁阀和大型气控换向阀组合构成的。它利用直动式电磁阀输出先导气压，此先导气压再推动主阀芯换向，该阀的电控部分又称为电磁先导阀。

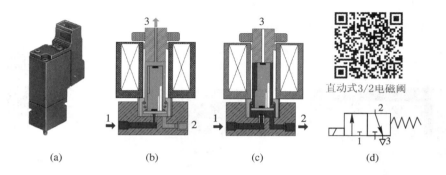

图 10 - 7　直动式 3/2 电磁阀

（a）外观；（b）正常位置结构；（c）动作位置结构；（d）职能符号

图 10 - 8 所示为先导式单电控 3/2 换向阀的工作原理。图 10 - 8(a) 所示为电磁线圈未通电状态，主阀的供气路 1 有一小孔通路（图中未示出）到先导阀的阀座，弹簧力使柱塞压向先导阀的阀座，1 口和 2 口断开，2 口和 3 口接通，阀处于排气状态。图 10 - 8(b) 所示为电磁线圈通电状态，电磁力吸引柱塞被提升，压缩空气流入主阀阀芯上端，推动阀芯向下移动，且使盘阀离开阀座，压缩空气从 1 口流向 2 口，3 口被断开。电磁铁断电，则电磁阀复位。

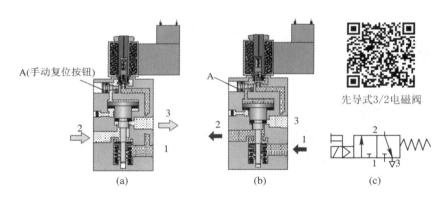

图 10 - 8　先导式 3/2 电磁阀

（a）正常位置结构；（b）工作位置结构；（c）职能符号

2. 滑动阀（Slide Valve）

滑动阀是利用滑柱、滑板或旋转滑轴在阀体里运动来实现气路通断的阀。

1）纵向滑柱阀（Longitudinal Slide Valve）

纵向滑柱阀是利用一个有台肩的滑柱在阀体内轴向移动，从而使各气口接通或关断的。滑柱的移动可采用人力、机械、电气或气动方式操纵。

图 10 - 9 所示为双气控二位五通滑柱式换向阀。由于没有复位弹簧，因此只要在 12 口或 14 口引入一个较低的工作压力即可使滑柱移动。如图 10 - 9(a) 所示，当控制口 12 有压缩空气时，滑柱右移，则空气从 1 口流向 2 口，从 4 口流向 5 口，3 口被遮断。除非 14 口有压缩空气引入（如图 10 - 9(b) 所示），否则滑柱不会改变位置，这就是该阀所具有的记忆功能。控制口 12 口或 14 口的压缩空气只需一个脉冲信号即可使滑柱移动，但 12 口和 14 口

不能同时有信号。在这种换向阀中，阀芯与阀体之间的间隙不超过 $0.002\sim0.004$ mm。与提动式换向阀相比较，这种换向阀工作行程要大一些。

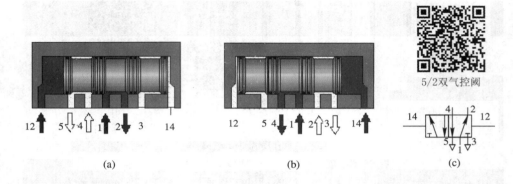

图 10 - 9   双气控 5/2 滑柱式换向阀

(a) 控制口 12 有信号时；(b) 控制口 14 有信号时；(c) 职能符号

图 10 - 10(a)所示为单电控先导式二位五通换向阀的外观。该阀在结构上属于滑柱式，主要用于控制双作用缸的运动。如图 10 - 10(b)所示，当没有电信号输入时，先导阀的柱塞顶在阀座上，阀的滑柱右边没有先导气压。如图 10 - 10(c)所示，当电磁铁通电时，先导阀的柱塞被吸，右移，压缩空气经 1 口的小孔通到滑柱右边使滑柱左移，故空气从 1 口流向 4 口，从 2 口流向 3 口，5 口被遮断。当断电时，滑柱左侧弹簧将滑柱向右推，换向阀复位。此阀带有手动复位按钮。

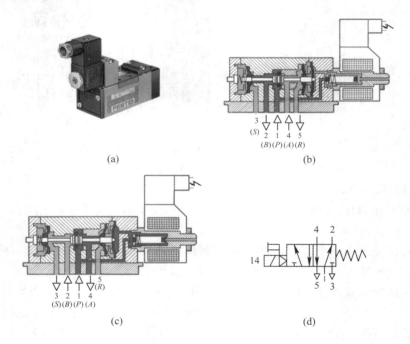

图 10 - 10   单电控先导式 5/2 换向阀(带手动复位)

(a) 外观；(b) 正常位置结构；(c) 动作位置结构；(d) 职能符号

图 10-11(a)所示为双电控先导式二位五通换向阀的外观。该阀在结构上也属于滑柱式，主要用于控制双作用缸的运动及信号的转接。图 10-11(b)所示为阀两边电磁铁均未通电状态，弹簧将先导阀芯压在先导阀的阀座上，故主阀滑柱两端皆没有先导气压，主阀的滑柱停在上一个动作信号所决定的位置，空气从 1 口流向 2 口，从 4 口流向 5 口，3 口被遮断。如图10-11(c)所示，当右边电磁铁通电时，右边先导阀芯右移，1 口气源信号经右边小孔通到主阀滑柱右边，滑柱左移，空气从 1 口流向 4 口，从 2 口流向 3 口，5 口被遮断。如切断电源，则滑柱停在左边。若使滑柱右移，则使左边电磁铁通电即可。此阀也为记忆阀，带有手动复位按钮。

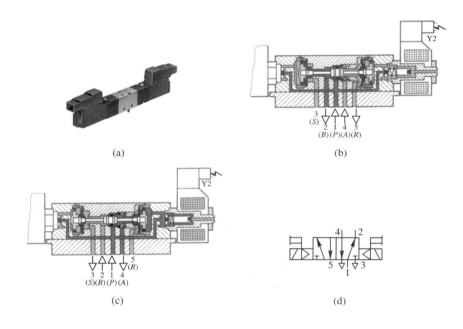

(a)

(b)

(c)

(d)

图 10-11　双电控先导式 5/2 换向阀(带手动复位)
(a) 外观；(b) 正常位置结构；(c) 动作位置结构；(d) 职能符号

2）纵向滑板阀（Longitudinal Flat Slide Valve）

纵向滑板阀是利用滑柱的移动带动滑板来接通或断开各通口的。滑板靠气压或弹簧压向阀座，能自动调节。这种阀的滑板即使产生磨耗，也能保证有效的密封。

图 10-12 所示为双气控二位四通滑板阀的工作原理。当压缩空气从 12 口引入时，滑柱左移，空气从 1 口流向 2 口，从 4 口流向 3 口，如图 10-12(a)所示。当压缩空气从 14 口引入时，滑柱右移，空气从 1 口流向 4 口，从 2 口流向 3 口，如图 10-12(b)所示。如切断控制口的气源，则滑柱在从另一侧接受信号前，仍停留在当前位置。两端控制口的气信号只要是脉冲信号即可。

3）旋转滑轴阀（Plate Slide Valve）

旋转滑轴阀是利用两个盘片使各个通路互相连接或分开的，通常用手或脚操作，主要有二位四通或三位四通阀。图 10-13 所示为旋转滑轴式 4/3 换向阀的工作原理。

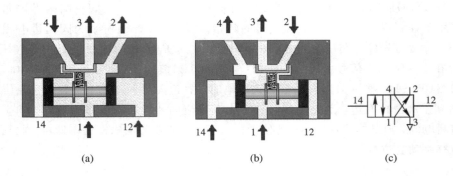

图 10 - 12　双气控 4/2 纵向滑板阀

(a) 12 口有信号，14 口无信号的结构；

(b) 14 口有信号，12 口无信号的结构；(c) 职能符号

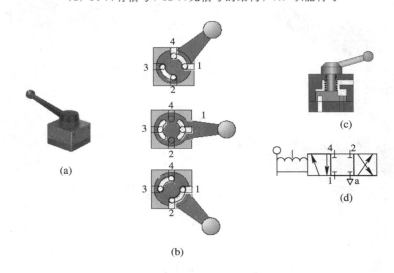

图 10 - 13　旋转滑轴式 4/3 换向阀（中位封闭）

（a）外观；（b）阀位；（c）结构；（d）职能符号

3. 延时阀（Time Delay Valve）

延时阀是一种时间控制元件，它的作用是使阀在一特定时间发出信号或中断信号，在气动系统中作信号处理元件。延时阀是一个组合阀，由二位三通换向阀、单向可调节流阀和气室组成。二位三通换向阀既可以是常闭式，也可以是常开式。图 10 - 14 所示为常闭式延时阀的工作原理。

如图 10 - 14（a）所示，当控制口 12 没有气信号时，换向阀阀芯受弹簧作用力压在阀座上，2 口无信号输出。如图 10 - 14（b）所示，当控制口 12 上有气信号输入时，经节流阀注入气室，因单向节流阀的节流作用且气室有容积，在短时间内无足够压力推动换向阀阀芯换向，经过一段时间 Δt 后，气室中气体压力已达到预定压力，二位三通换向阀换向，2 口有信号输出。图 10 - 14（c）所示为旧国标职能符号。图 10 - 14（d）所示为新国标职能符号。图 10 - 14（e）为延时阀的时序图。

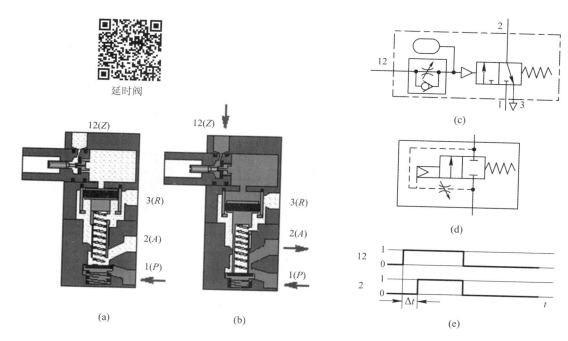

图 10-14 常开式延时阀

（a）控制口 12 无气结构；（b）控制口 12 有气结构；

（c）旧职能符号；（d）新职能符号；（e）时序图

若压缩空气是洁净的，且压力稳定，则可获得精确的延时时间。通常，延时阀的时间调节范围为 0～30 s，通过增大气室可以使延时时间加长。延时阀通常带可锁定的调节杆，可用来调节延时时间。

10.1.3 单向型方向阀

单向型方向阀有单向阀、梭阀、双压阀和快速排气阀等。

1. 单向阀（No-return Valve）

单向阀是指气流只能向一个方向流动而不能反向流动的阀，且压降较小。单向阀的工作原理、结构和职能符号与液压传动中的单向阀基本相同。这种单向阻流作用可由锥密封、球密封、圆盘密封或膜片来实现。

其他气动
换向阀

如图 10-15 所示的单向阀，利用弹簧力将阀芯顶在阀座上，故压缩空气要通过单向阀时必须先克服弹簧力。

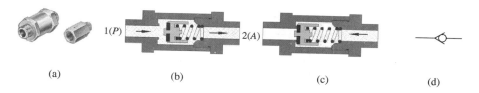

图 10-15 单向阀

（a）外观；（b）正向流通结构；（c）反向截止结构；（d）职能符号

2. 梭阀(Shuttle Valve)

梭阀又称为"或"门型梭阀。如图 10-16 所示的梭阀,有两个输入信号口 1 和一个输出信号口 2。若在一个输入口上有气信号,则与该输入口相对的阀口就被关闭,同时在输出口 2 上有气信号输出。这种阀具有"或"逻辑功能,即只要在任一输入口 1 上有气信号,在输出口 2 上就会有气信号输出。

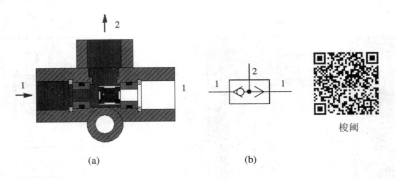

(a)   (b)

图 10-16 梭阀

(a) 结构;(b) 职能符号

梭阀在逻辑回路和气动程序控制回路中应用广泛,常用作信号处理元件。图 10-17 为数个输入信号需连接(并联)到同一个出口的应用方法,所需梭阀数目为输入信号数减 1。

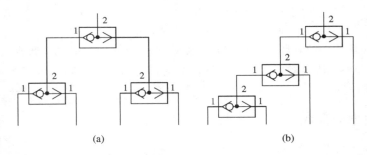

(a)   (b)

图 10-17 梭阀组合

(a) 双边法;(b) 单边法

图 10-18 所示为梭阀的应用实例,用两个手动按钮 1S1 和 1S2 操纵气缸进退。当驱动

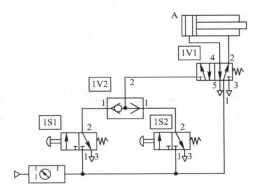

图 10-18 梭阀应用实例

两个按钮阀中的任何一个动作时，双作用气缸活塞杆都伸出，只有同时松开两个按钮阀，气缸活塞杆才回缩。梭阀应与两个按钮阀的工作口相连接，这样，气动回路才可以正常工作。

3. 双压阀（Dual Pressure Valve）

双压阀又称"与"门梭阀。在气动逻辑回路中，它的作用相当于"与"门作用。如图10-19所示，该阀有两个输入口 1 和一个输出口 2。若只有一个输入口有气信号，则输出口 2 没有气信号输出，只有当双压阀的两个输入口均有气信号时，输出口 2 才有气信号输出。双压阀相当于两个输入元件串联。

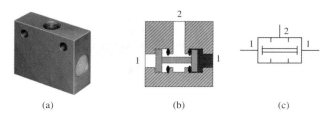

图 10-19　双压阀

（a）外观；（b）结构；（c）职能符号

与梭阀一样，双压阀在气动控制系统中也作为信号处理元件，数个双压阀的连接方式如图 10-20 所示，只有数个输入口皆有信号时，输出口才会有信号。双压阀的应用也很广泛，主要用于互锁控制、安全控制、功能检查或者逻辑操作。

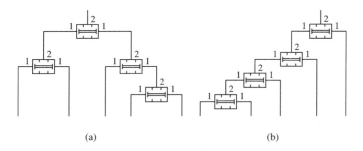

图 10-20　双压阀组合

（a）双边串联法；（b）单边串联法

图 10-21 所示为一个安全控制回路。只有当两个按钮阀 1S1 和 1S2 都压下时，单作用气缸活塞杆才伸出。若二者中有一个不动作，则气缸活塞杆将回缩至初始位置。

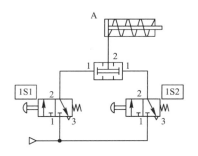

图 10-21　安全控制回路

4. 快速排气阀(Quick Exhaust Valve)

快速排气阀可使气缸活塞运动速度加快，特别是在单作用气缸情况下，可以避免其回程时间过长。图 10-22 所示为快速排气阀，当 1 口进气时，由于单向阀开启，压缩空气可自由通过，2 口有输出，排气口 3 被圆盘式阀芯关闭。若 2 口为进气口，则圆盘式阀芯就关闭气口 1，压缩空气从排气口 3 排出。为了降低排气噪声，这种阀一般带消声器。

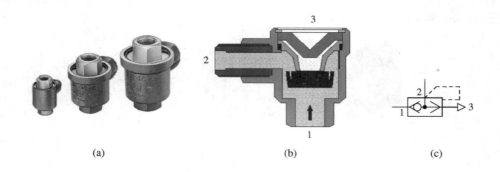

图 10-22　快速排气阀
(a) 外观；(b) 结构；(c) 职能符号

快速排气阀用于使气动元件和装置迅速排气的场合。为了减小流阻，快速排气阀应靠近气缸安装。例如，把它装在换向阀和气缸之间(应尽量靠近气缸排气口，或直接拧在气缸排气口上)，使气缸排气时不用通过换向阀而直接排出。这对于大缸径气缸及缸阀之间管路长的回路尤为需要，如图 10-23(a)所示。

快速排气阀也可用于气缸的速度控制，如图 10-23(b)所示。按下手动阀 1S1，由于节流阀的作用，气缸慢进；如手动阀 1S1 复位，则气缸无杆腔中的气体直接通过快速排气阀快速排出，气缸实现快退动作。

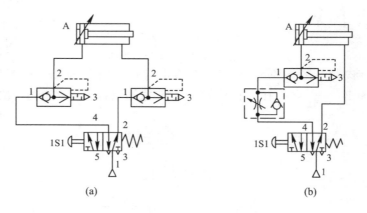

图 10-23　快速排气阀应用回路

10.1.4　方向控制阀的选用

在方向控制阀的选用上应考虑以下几点：

（1）根据流量选择阀的通径。阀的通径是根据气动执行机构在工作压力状态下的流量值来选取的。目前国内各生产厂对于阀的流量有的用自由空气流量表示，也有的用压力状态下的空气流量（一般是指在 0.5 MPa 工作压力下）表示。流量参数也有各种不同的表示方法，而且阀的接管螺纹并不能代表阀的通径，如 G1/4 的阀通径为 8 mm，也有的为 6 mm。这些在选择阀时需特别注意。

所选用的阀的流量应略大于系统所需的流量。信号阀（如手动按钮）是根据它距所控制的阀的远近、数量和响应时间的要求来选择的。一般对于集中控制或距离在 20 m 以内的场合，可选 3 mm 通径的；对于距离在 20 m 以上或控制数量较多的场合，可选 6 mm 通径的。

（2）根据气动系统的工作要求和使用条件选用阀的机能和结构，包括元件的位置数、通路数、记忆功能、静止时通断状态等。应尽量选择与所需机能一致的阀，如选不到，可用其他阀代替或用几个阀组合使用。如用二位五通阀代替二位三通阀或二位二通阀，只要将不用的气口用堵头堵上即可。又如用两个二位三通阀代替一个二位五通阀，或用两个二位二通阀代替一个二位三通阀。这种方法可在维修急用时试一试。

（3）根据控制要求，选择阀的控制方式。

（4）根据现场使用条件选择阀的适用范围，这些条件包括使用现场的气源压力大小、电源条件（交直流、电压大小等）、介质温度、环境温度、是否需要油雾润滑等。应选择能在相应条件下可靠工作的阀。

（5）根据气动系统工作要求选用阀的性能，包括阀的最低工作压力、最低控制压力、响应时间、气密性、寿命及可靠性。

（6）根据实际情况选择阀的安装方式。从安装维修方面考虑板式连接较好，包括集装式连接，ISO5599.1 标准也是板式连接。因此优先采用板式安装方式，特别是对集中控制的气动控制系统更是如此。管式安装方式的阀占有空间小，也可以集中安装，且随着元件的质量和可靠性不断提高，已得到广泛应用。

（7）应选用标准化产品，避免采用专用阀，尽量减少阀的种类，便于供货、安装及维护。

10.2　流量控制阀

在气动系统中，经常要求控制气动执行元件的运动速度，这是靠调节压缩空气的流量来实现的。用来控制气体流量的阀称为流量控制阀（Flow control valves）。流量控制阀是通过改变阀的通流截面积来实现流量控制的元件，它包括节流阀、单向节流阀、排气节流阀等。

气动流量
控制阀

1. 节流阀（Throttle Valve）

节流阀是将空气的流通截面缩小以增加气体的流通阻力，从而降低气体的压力和流量的。如图 10-24 所示，阀体上有一个调整螺丝，可以调节节流阀的开口度（无级调节），并可保持其开口度不变，此类阀称为可调节开口节流阀。流通截面固定的节流阀称为固定开口节流阀。可调节流阀常用于调节气缸活塞的运动速度，若有可能，应将其直接安装在气缸上。这种节流阀有双向节流作用。使用节流阀时，节流面积不宜太小，因为空气中的冷凝水、尘埃等塞满阻流口通路会引起节流量的变化。

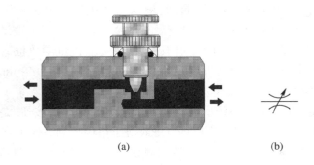

图 10-24　可调节流阀
(a) 结构；(b) 职能符号

2. 单向节流阀(One Way Flow Control Valve)

单向节流阀是由单向阀和节流阀组合而成的，常用于控制气缸的运动速度，也称为速度控制阀。如图 10-25 所示，当气流从 1 口进入时，单向阀被顶在阀座上，空气只能从节流口流向出口 2，流量被节流阀节流口的大小所限制，调节螺钉可以调节节流面积。当空气从 2 口进入时，它推开单向阀自由流到 1 口，不受节流阀限制。

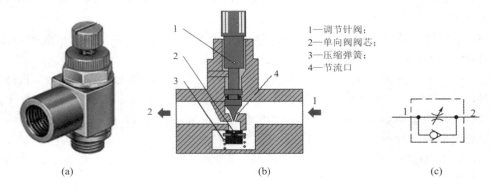

1—调节针阀；
2—单向阀阀芯；
3—压缩弹簧；
4—节流口

图 10-25　单向节流阀
(a) 外观；(b) 结构；(c) 职能符号

利用单向节流阀控制气缸的速度方式有进气节流(Meter-in)和排气节流(Meter-out)两种。

图 10-26(a)所示为进气节流控制，是通过控制进入气缸的流量来调节活塞运动速度的。采用这种控制方式，如活塞杆上的负荷有轻微变化，将会导致气缸速度的明显变化。因此，它的速度稳定性差，仅用于单作用气缸、小型气缸或短行程气缸的速度控制。

图 10-26(b)所示为排气节流控制，它是控制气缸排气量的大小的，而进气是满流的。这种控制方式能为气缸提供背压来限制速度，故速度稳定性好，常用于双作用气缸的速度控制。

单向节流阀用于气动执行元件的速度调节时应尽可能直接安装在气缸上。

一般情况下，单向节流阀的流量调节范围为管道流量的 20%～30%。对于要求能在较宽范围里进行速度控制的场合，可采用单向阀开度可调的速度控制阀。

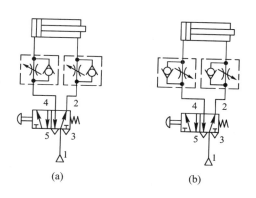

(a)   (b)

图 10 - 26　气缸速度控制

（a）进气节流；（b）排气节流

3. 排气节流阀(Exhaust Throttle Valve)

排气节流阀的节流原理和节流阀一样，也是靠调节通流面积来调节阀流量的。它们的区别是，节流阀通常是安装在系统中调节气流的流量，而排气节流阀只能安装在排气口处，调节排入大气的流量，以此来调节执行机构的运动速度。图 10 - 27 所示为排气节流阀的工作原理，气流从 A 口进入阀内，由节流口节流后经消声套排出。因而，它不仅能调节执行元件的运动速度，还能起到降低排气噪声的作用。

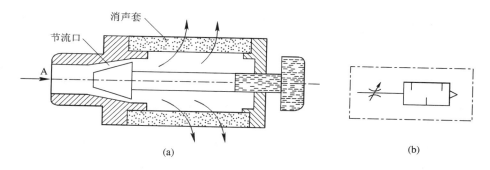

(a)   (b)

图 10 - 27　排气节流阀

（a）结构；（b）职能符号

排气节流阀通常安装在换向阀的排气口处，与换向阀联用，起单向节流阀的作用。它实际上是节流阀的一种特殊形式。由于其结构简单，安装方便，能简化回路，因此应用日益广泛。

4. 流量控制阀的选用

选用流量控制阀时应考虑以下两点：

（1）根据气动装置或气动执行元件的进、排气口通径来选择。

（2）根据所控制气缸的缸径和缸速，计算流量调节范围，然后从样本上查节流特性曲线，选择流量控制阀的规格。用流量控制的方法控制气缸的速度，因为受空气的压缩性及气阻力的影响，一般气缸的运动速度不得低于 30 mm/s。

10.3 压力控制阀

压力控制阀是用来控制气动系统中压缩空气的压力的，用于满足各种压力需求或节能。压力控制阀有减压阀、安全阀（溢流阀）和顺序阀三种。

气动系统与液压传动系统不同的一个特点是，液压传动系统的液压油是由安装在每台设备上的液压源直接提供的，而在气动系统中，一个空压站输出的压缩空气通常可供多台气动装置使用。空压站输出的空气压力高于每台气动装置所需的压力，且压力波动较大。因此，每台气动装置的供气压力都需要减压阀来减压，并保持供气压力稳定。对于低压控制系统（如气动测量），除用减压阀降低压力外，还需要用精密减压阀（或定值器）以获得更稳定的供气压力。对于这类压力控制阀，当输入压力在一定范围内改变时，能保持输出压力不变。

当管路中的压力超过允许压力时，为了保证系统的工作安全，往往用安全阀来实现自动排气，使系统的压力下降，如储气罐顶部必须装安全阀。

气动装置中不便安装行程阀，而要依据气压的大小来控制两个以上的气动执行机构的顺序动作时，就要用到顺序阀。

1. 减压阀

减压阀又称调压阀，用于将空压站输出的空气压力减到适当的空气压力，以适应各种设备。具体内容请参见 8.2.3 节。

2. 安全阀

安全阀是用来防止系统内压力超过最大许用压力来保护回路或气动装置安全的。图 10-28 所示为安全阀的工作原理。阀的输入口与控制系统（或装置）相连，当系统压力小于此阀的调定压力时，弹簧力使阀芯紧压在阀座上，如图 10-28(a) 所示。当系统压力大于此阀的调定压力时，则阀芯开启，压缩空气从 R 口排放到大气中，如图 10-28(b) 所示。此后，当系统中的压力降低到阀的调定值时，阀门关闭，并保持密封。

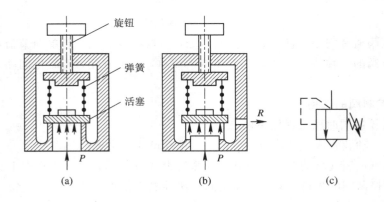

图 10-28 安全阀的工作原理
(a) 关闭状态结构；(b) 开启状态结构；(c) 职能符号

3. 顺序阀

顺序阀是靠回路中的压力变化来控制气缸顺序动作的一种压力控制阀。在气动系统中，顺序阀通常安装在需要某一特定压力的场合，以便完成特定的操作。只有达到需要的操作压力后，顺序阀才有气信号输出。图 10-29 所示为可调式顺序阀的工作原理。

如图 10-29(a) 所示，当控制口 12 的气信号小于阀的弹簧调定压力时，从 1 口进入的压缩空气被堵塞，2 口的气体经 3 口排放。如图 10-29(b) 所示，只有当控制口 12 上的气信号压力超过了弹簧调定值时，压缩空气才将膜片和柱塞顶起，顺序阀开启，压缩空气从 1 口流向 2 口，3 口被遮断。调节杆上带一个锁定螺母，可以锁定预调压力值。

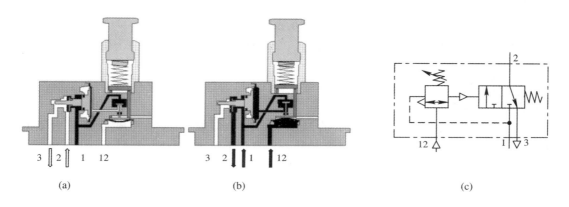

图 10-29 顺序阀
(a) 未驱动时结构；(b) 已驱动结构；(c) 职能符号

图 10-30 所示为顺序阀的应用回路。当驱动按钮阀动作时，气缸伸出，并对工件进行加工。只要达到预定压力，气缸就复位。顺序阀的预定压力可调。

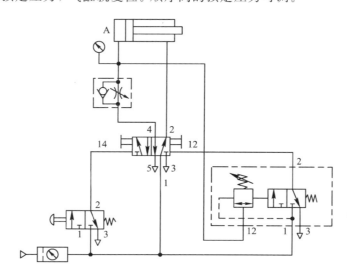

图 10-30 顺序阀应用回路

思考题与习题

10-1 气动方向控制阀与液压方向控制阀有何异同?

10-2 简述换向阀通口与切换位置的意义。

10-3 换向阀的操作方式有几种? 试以符号表示之。

10-4 简述二位三通阀在气动系统中的功能。

10-5 换向阀按结构可分为哪几种? 分别简述其特点。

10-6 为何在大流量的场合采用先导式电磁阀而不采用直动式电磁阀呢?

10-7 试用二位二通阀控制双作用缸的前进、后退的气动回路。

10-8 试绘出一气动回路,其条件是三个不同输入信号中任何一个输入信号均可使气缸前进,当活塞伸到头自动后退。

10-9 试绘出一气动回路,其条件是只有三个输入信号同时输入才可使气缸前进,当活塞伸到头自动后退。

10-10 参考图 10-19 所示的双压阀,若 1 口输入的空气压力分别为 6 bar(0.6 MPa)和 4 bar(0.4 MPa),则 2 口输出的空气压力是多少?

10-11 简述梭阀的工作原理,并举例说明其应用。

10-12 快速排气阀为什么能快速排气? 在使用和安装快速排气阀时应注意什么问题?

10-13 画出二位三通双气控换向阀、双电控二位五通先导式电磁换向阀、中位机能"O"型三位五通气控换向阀、二位三通手动换向阀、梭阀、快速排气阀、延时阀、减压阀的职能符号。

10-14 在气动控制元件中,哪些元件具有记忆功能? 记忆功能是如何实现的?

10-15 使用节流阀时,为何节流面积不宜太小?

10-16 为何出口节流方式不适用于短行程气缸的速度控制?

10-17 参考图 10-14,如要调整时间 Δt,则可由延时阀中哪个元件调整?

10-18 简述顺序阀的工作原理。

第11章 真空元件

在低于大气压力下工作的元件称为真空元件（Vacuum components），由真空元件所组成的系统称为真空系统（或称为负压系统）。真空系统作为实现自动化的一种手段已广泛用于轻工、食品、印刷、医疗、塑料制品等行业，以及自动搬运和机械手等各种机械设备之中，具体如：玻璃的搬运、装箱；机械手抓取工件；印刷机械中的纸张检测、运输；包装机械中包装纸的吸附、送标、贴标、包装袋的开启；精密零件的输送；塑料制品的真空成型；电子产品的加工、运输、装配等各种工序作业。

真空系统的真空是依靠真空发生装置产生的。真空发生装置有真空泵和真空发生器两种。真空泵是一种吸入口形成负压、排气口直接通大气，两端压力比很大的抽除气体的机械。它主要用于连续大流量，适合集中使用，且不宜频繁启、停的场合。真空发生器是利用压缩空气的流动而形成一定真空度的气动元件，适合从事流量不大的间歇工作和表面光滑的工件。

11.1 真空发生器

1. 工作原理

典型的真空发生器（Ejector）的工作原理图如图 11-1 所示，它由先收缩后扩张的拉伐尔喷管 1、负压腔 2、接收管 3 和消声器 4 等组成。真空发生器是根据文丘里原理产生真空的。当压缩空气从供气口 P(1) 流向排气口 R(3) 时，在真空口 U 上就会产生真空。吸盘与真空口 U 连接，靠真空压力便可吸起物体。如果切断供气口 P 的压缩空气，则抽空过程就会停止。

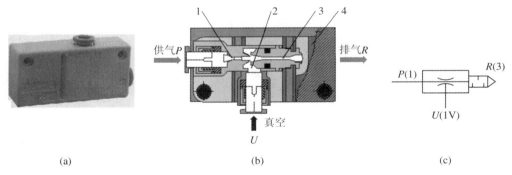

(a)   (b)   (c)

1—拉伐尔喷管；2—负压腔；3—接收管；4—消声器

图 11-1 带消声器的真空发生器

（a）外观；（b）结构；（c）职能符号

2. 特点

用真空发生器产生真空有如下几个特点:

(1) 结构简单,体积小,使用寿命长。

(2) 产生的真空度(负压力)可达 88 kPa,吸入流量不大,但可控、可调,稳定、可靠。

(3) 瞬时开关特性好,无残余负压。

11.2 真 空 吸 盘

真空吸盘(Vaccum Suction Cup)是直接吸吊物体的元件,是真空系统中的执行元件。吸盘通常是由橡胶材料和金属骨架压制而成的。制造吸盘的材料通常有丁晴橡胶、聚氨脂橡胶和硅橡胶等,其中硅橡胶适用于食品行业。

图 11-2 所示为常用吸盘的类型。图 11-2(a)所示为圆形平吸盘,适合吸表面平整的工件。图 11-2(b)所示为波纹吸盘,采用风箱型结构,适合吸表面突出的工件。真空吸盘的安装是靠吸盘上的螺纹直接与真空发生器或者真空安全阀、空心活塞杆气缸相连,如图 11-3 所示。

(a)   (b)   (c)

图 11-2 真空吸盘

(a) 圆形平吸盘外观;(b) 波纹吸盘外观;(c) 职能符号

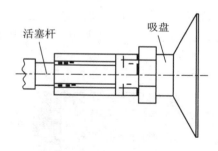

图 11-3 真空吸盘的连接

11.3 真 空 顺 序 阀

如要变化真空信号,可使用真空顺序阀(或称真空控制阀,Vacuum Sequence Valve)实现。其结构原理与压力顺序阀相同,只是用于负压控制。图 11-4 所示为其结构原理图,当真空顺序阀的控制口 U 上的真空达到设定值时,二位三通换向阀就换向。

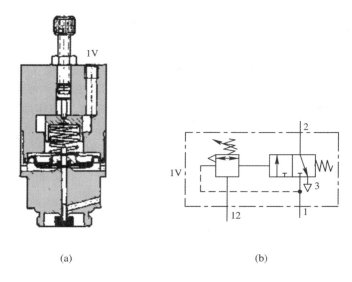

(a)   (b)

图 11-4 真空顺序阀
(a) 结构；(b) 职能符号

11.4 真 空 开 关

真空开关(Vacuum Switch)是用于检测真空压力的开关。当真空压力未达到设定值时，开关处于断开状态。当真空压力达到设定值时，开关处于接通状态，发出电信号，控制真空吸附机构动作。

真空开关按触点形式可分为有触点式(磁性舌簧管开关)和无触点式(半导体真空开关)。

膜片式真空开关属于有触点式真空开关，是利用膜片感应真空压力变化的，再用舌簧管开关配合磁环提供压力信号。图 11-5 所示为膜片式真空开关的工作原理图。

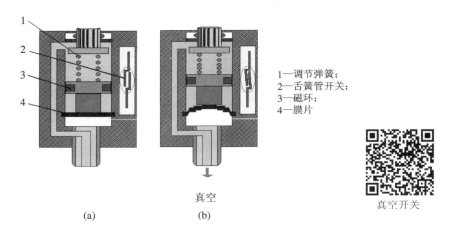

1—调节弹簧；
2—舌簧管开关；
3—磁环；
4—膜片

真空

(a)   (b)

真空开关

图 11-5 膜片式真空开关
(a) 真空压力未达到设定值结构；(b) 真空压力达到设定值结构

11.5 真空回路

图 11-6 所示为一个真空吸附回路。启动手动阀向真空发生器 3 提供压缩空气即产生真空,对吸盘 2 进行抽吸,当吸盘内的真空度达到调定值时,真空顺序阀 4 打开,推动二位三通阀换向,使控制阀 5 切换,气缸 A 活塞杆缩回(吸盘吸着工件移动)。当活塞杆缩回压下行程阀 7 时,延时阀 6 动作,同时开关 1 换向,真空断开(吸盘放开工件),经过设定时间延时后,主控制阀 5 换向,气缸伸出,完成一次吸放工件动作。

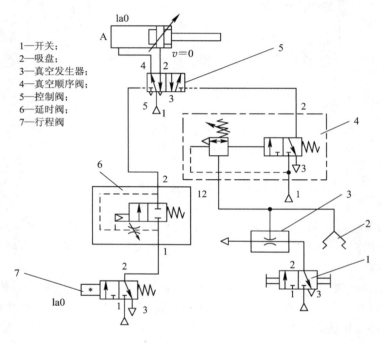

1—开关;
2—吸盘;
3—真空发生器;
4—真空顺序阀;
5—控制阀;
6—延时阀;
7—行程阀

图 11-6 真空应用回路

思考题与习题

11-1 试简述真空发生器的工作原理。

11-2 试设计一个简单的真空拾、放光滑工件的系统,并说明如何控制真空发生器拾取和放置工件。

第 12 章　气动程序控制系统

前面章节已经对气动系统的常用元件进行了详细介绍，本章将讨论气动程序控制系统的分析与设计，也就是讨论如何按照给定的生产工艺(程序)，使各控制阀之间的信号按一定的规律连接起来，实现执行元件(气缸)的动作。设计程序控制回路有多种方法，本章只介绍两种方法：经验法和串级法。

从控制信号来说，气动程序控制回路有气控回路和电控回路两种。设计方法以气控回路为例说明，同样也适用于目前工厂中仍广泛使用的继电器电控回路的设计。

12.1　气动基本回路

与液压传动系统一样，气动系统无论多么复杂，它均由一些具有特定功能的基本回路组成。在气动系统分析、设计之前，先介绍一些气动基本回路和常用回路，以了解回路的功能，熟悉回路的构成和性能，便于气动控制系统的分析和设计，以组成完善的气动控制。应该指出，本章所介绍的

气动回路的
基础知识

回路在实际应用中不要照搬使用，而应根据设备工况、工艺条件仔细分析和比较后再选用。

12.1.1　气动回路的符号表示法

工程上，气动系统回路图是以气动元件职能符号组合而成的，故读者对前述所有气动元件的功能、符号与特性均应熟悉和了解。

以气动符号所绘制的回路图可分为定位和不定位两种表示法。

定位回路图是以系统中元件实际的安装位置绘制的，如图 12-1 所示。这种方法使工程技术人员容易看出阀的安装位置，便于维修和保养。

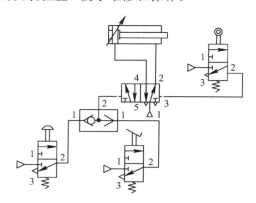

图 12-1　定位回路图

不定位回路图不是按元件的实际位置绘制的，而是根据信号流动方向，从下向上绘制的，各元件按其功能分类排列，顺序依次为气源系统、信号输入元件、信号处理元件、控制元件、执行元件，如图 12-2 所示。本章主要使用此种回路表示法。

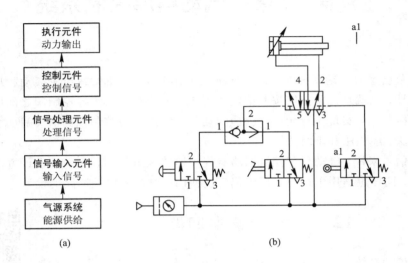

图 12-2 不定位回路图
(a) 气动元件信号流；(b) 示例

为分清气动元件与气动回路的对应关系，图 12-3 和图 12-4 分别给出全气动系统和电-气动系统的控制链中信号流和元件之间的对应关系。掌握这一点对于分析和设计气动程序控制系统非常重要。

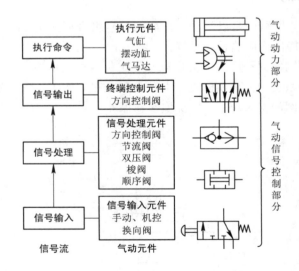

图 12-3 全气动系统中信号流和气动元件的关系

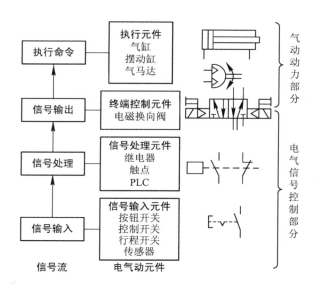

图 12 - 4 电-气动系统中信号流和元件的关系

12.1.2 回路图内元件的命名

气动回路图内元件常以数字和英文字母两种方法命名。

1. 数字命名

在数字命名方法中，元件按照控制链分成几组，每一个执行元件连同相关的阀称为一个控制链。0 组表示能源供给元件，1、2 组代表独立的控制链。

1A，2A 等	代表执行元件
1V1，1V2 等	代表控制元件
1S1，1S2 等	代表输入元件（手动和机控阀）
0Z1，0Z2 等	代表能源供给（气源系统）

2. 英文字母命名

此类命名法常用于气动回路图的设计，并在回路中代替数字命名使用。在英文字母命名中，大写字母表示执行元件，小写字母表示信号元件。

A，B，C 等	代表执行元件
a1，b1，c1 等	代表执行元件在伸出位置时的行程开关
a0，b0，c0 等	代表执行元件在缩回位置时的行程开关

12.1.3 各种元件的表示方法

在回路图中，阀和气缸尽可能水平放置。回路中的所有元件均以起始位置表示，否则另加注释。阀的位置定义如下。

1. 正常位置

阀芯未操作时阀的位置为正常位置。

2. 起始位置

阀已安装在系统中，并已通气供压，阀芯所处的位置称为起始位置，应标明。图12-5所示的滚轮杠杆阀（信号元件），正常位置为关闭阀位，当在系统中被活塞杆的凸轮板压下时，其起始位置变成通路，应按图12-5(b)所示表示。

对于单向滚轮杠杆阀，因其只能在单方向发出控制信号，所以在回路图中必须以箭头表示出对元件发生作用的方向，逆向箭头表示无作用，如图12-6所示。

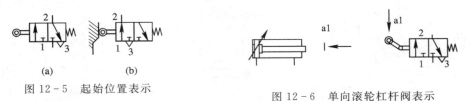

图 12-5　起始位置表示
(a) 正常位置；(b) 起始位置

图 12-6　单向滚轮杠杆阀表示

12.1.4　管路的表示

在气动回路中，元件和元件之间的配管符号是有规定的。通常工作管路用实线表示，控制管路用虚线表示。而在复杂的气动回路中，为保持图面清晰，控制管路也可以用实线表示。管路尽可能画成直线以避免交叉。图12-7所示为管路表示方法。

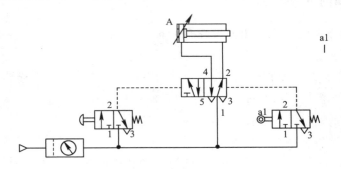

图 12-7　管路表示方法

12.1.5　气动常用回路

1. 单作用气缸的控制回路

控制单作用气缸的前进、后退必须采用二位三通阀。图12-8所示为单作用气缸控制回路。按下按钮，压缩空气从1口流向2口，活塞伸出，3口遮断，单作用气缸活塞杆伸出；放开按钮，阀内弹簧复位，缸内压缩空气由2口流向3口排放，1口被遮断，气缸活塞杆在复位弹簧作用下立即缩回。

气动基本回路

2. 双作用气缸的控制回路

控制双作用气缸的前进、后退可以采用二位四通阀，如图12-9(a)所示，或采用二位五通阀，如图12-9(b)所示。按下按钮，压缩空气从1口流向4口，同时2口流向3口排气，活塞杆伸出；放开按钮，阀内弹簧复位，压缩空气由1口流向2口，同时4口流向5口排放，气缸活塞杆缩回。

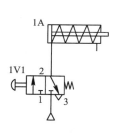

图 12-8 单作用气缸控制回路

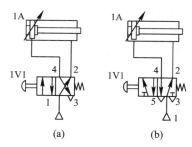

图 12-9 双作用气缸控制回路

3. 利用梭阀的控制回路

图 12-10 所示为利用梭阀的控制回路，回路中的梭阀相当于实现"或"门逻辑功能的阀。在气动控制系统中，有时需要在不同地点操作单作用缸或实施手动/自动并用操作回路。

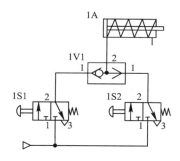

图 12-10 利用梭阀的控制回路

4. 利用双压阀的控制回路

图 12-11 所示为利用双压阀的控制回路。在该回路中，需要两个二位三通阀同时动作才能使单作用气缸前进，实现"与"门逻辑控制。最常用的双手操作回路还有如图12-12所示的回路，常用于安全保护回路。

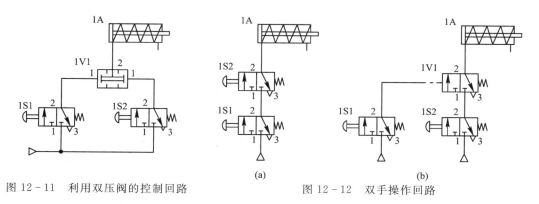

图 12-11 利用双压阀的控制回路

图 12-12 双手操作回路

5. 单作用气缸的速度控制回路

图 12-13 所示为利用单向节流阀控制单作用气缸活塞速度的回路。单作用气缸前进速度的控制只能用入口节流方式，如图 12-13(a)所示。单作用气缸后退速度的控制只能

用出口节流方式,如图12－13(b)所示。如果单作用气缸前进及后退速度都需要控制,则可以同时采用两个节流阀控制,回路如图12－13(c)所示,活塞前进时由节流阀1V1控制速度,活塞后退时由节流阀1V2控制速度。

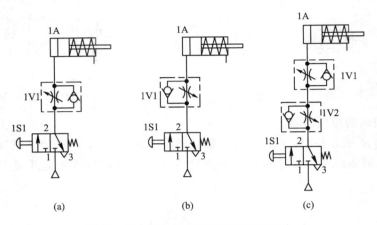

图 12－13 单作用气缸的速度控制回路
(a) 气缸前进速度控制;(b) 气缸后退速度控制;(c) 双向速度控制

6. 双作用气缸的速度控制回路

图12－14所示为双作用气缸的速度控制回路。如图12－14(a)所示的使用二位五通阀的回路,必须采用单向节流阀实现排气节流的速度控制。一般将带有旋转接头的单向节流阀直接拧在气缸的气口上来实现排气节流,安装使用方便。如图12－14(b)所示,在二位五通阀的排气口上安装了排气消声节流阀,以调节节流阀开口度,实现气缸背压的排气控制,完成气缸往复速度的调节。使用如图12－14(b)所示的速度控制方法时应注意:换向阀的排气口必须有安装排气消声节流阀的螺纹口,否则不能选用。图12－14(c)所示是用单向节流阀来实现进气节流的速度控制。

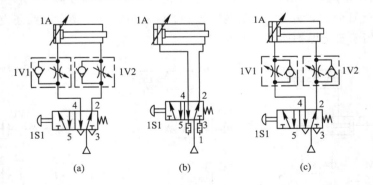

图 12－14 双作用气缸的速度控制回路
(a) 排气节流速度控制;(b) 排气消声节流阀的速度控制;(c) 进气节流速度控制

7. 增加单作用气缸及双作用气缸的速度控制回路

图12－15所示为增加单作用气缸活塞后退的速度控制回路。当活塞后退时,气缸中的压缩空气经快速排气阀1V1的3口直接排放,不需经换向阀而减少排气阻力,故活塞可快速后退。

— 188 —

图 12 - 16 所示为增加双作用气缸活塞前进的速度控制回路。双作用气缸前进时在气缸排气口加一个快速排气阀 1V1,以减小排气阻力。

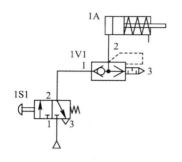

图 12 - 15　单作用气缸的快速后退回路

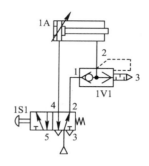

图 12 - 16　双作用气缸的快速前进回路

8. 单作用气缸间接控制回路

对于控制大缸径、大行程的气缸运动,应使用大流量控制阀作为主控阀。图 12 - 17 所示为单作用气缸间接控制的回路。按钮阀 1S1 仅为信号元件,用来控制主阀 1V1 切换,因此是小流量阀。按下按钮时,气缸活塞杆将伸出;一旦松开按钮,气缸活塞杆将回缩。按钮阀可安装在距气缸较远的位置上。

9. 双作用气缸间接控制回路

图 12 - 18 所示为双作用气缸间接控制的回路。主控阀 1V1 有记忆功能,称为记忆元件。信号元件 1S1 和 1S2 只要发出脉冲信号,即可使主控阀 1V1 切换。按下阀 1S1,发出信号,使主控阀换向,活塞前进。在阀 1S2 未按下之前,活塞停在伸出位置。同理,按下阀 1S2 可使活塞后退。

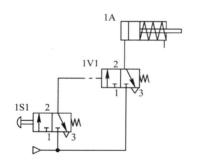
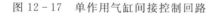

图 12 - 17　单作用气缸间接控制回路

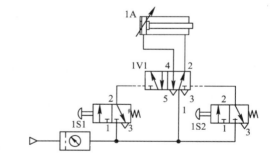

图 12 - 18　双作用气缸间接控制回路

10. 行程阀控制的单往复回路

图 12 - 19 所示为行程阀控制的单往复回路。其功能是:双作用气缸到达行程终点后自动后退。与图 12 - 18 的控制方式类似,将信号元件 1S2 改成滚轮杠杆阀。当按下阀 1S1 时,主控阀 1V1 换向,活塞前进;当活塞杆压下行程阀 1S2 时,产生另一信号,使主控阀 1V1 复位,活塞后退。但应注意:当一直按着 1S1 时,活塞杆即使伸出碰到 1S2,也无法后退。

11. 压力控制的单往复回路

图 12 - 20 所示为压力控制的单往复回路。按下按钮阀 1S1,主控阀 1V1 换向,活塞前

进，当活塞腔气压达到顺序阀的调定压力时，打开顺序阀 1V2，使主阀 1V1 换向，气缸后退，完成一次循环。但应注意：活塞的后退取决于顺序阀的调定压力，如活塞在前进途中碰到负荷时也会产生后退动作，即无法保证活塞一定能够到达端点。此类控制只能用在无重大安全要求的场合。

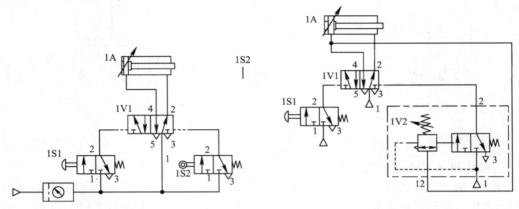

图 12-19　行程阀控制的单往复回路　　图 12-20　利用顺序阀的压力控制往复回路

12. 带行程检测的压力控制回路

图 12-21 所示为带行程检测的压力控制回路。按下按钮阀 1S1，主控阀 1V1 换向，活塞前进，当活塞杆碰到行程阀 1S2 时，若活塞腔气压达到顺序阀的调定压力，则打开顺序阀 1V2，压缩空气经过顺序阀 1V2、行程阀 1S2 使主阀 1V1 复位，活塞后退。这种控制回路可以保证活塞到达行程终点，且只有当活塞腔压力达到预定压力值时，活塞才后退。

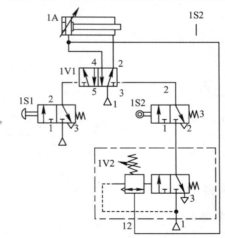

图 12-21　利用顺序阀和限位开关的往复控制回路

13. 利用延时阀控制的单往复回路

图 12-22 所示为利用延时阀控制的单往复回路。按下按钮阀 1S1 后，主控阀 1V1 换向，活塞前进，当延时阀设定的时间到时，主阀 1V1 右端有信号，阀芯切换，活塞后退。但应注意：采用时间控制可靠性低，一般必须配合行程开关。

14. 带行程检测的时间控制回路

图 12-23 所示为带行程检测的时间控制回路。按下按钮阀 1S1 后，主控阀 1V1 换向，活塞前进，当活塞杆压下行程阀 1S2 后，需经过一定时间，主阀 1V1 才能切换，活塞返回，这样就完成了一次往复循环。

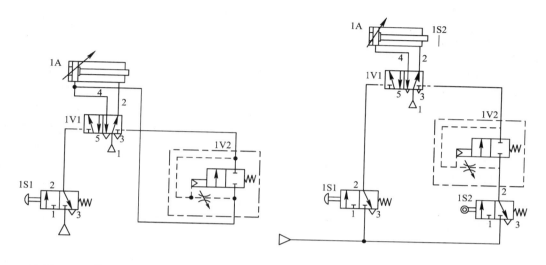

图 12-22 利用延时阀控制的单往复回路　　　　图 12-23 带行程检测的时间控制回路

15. 从两个不同地点控制双作用气缸的单往复回路

图 12-24 所示为从两个不同地点控制双作用气缸的回路。无论用手还是用脚发出信号，操纵阀 1S1、1S2 均能使主阀 1V1 切换，活塞前进，活塞杆伸出碰到行程阀 1S3 后立即后退。

16）慢速前进、快速后退回路

图 12-25 所示为慢速前进、快速后退回路。按下按钮阀 1S1 后，主控阀 1V1 换向，活塞前进，速度由阀 1V2 控制，当活塞杆碰到行程阀 1S2 时，活塞后退，快速排气阀 1V3 可增加其后退速度。

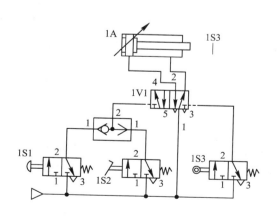 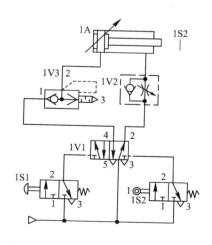

图 12-24 从两点控制双作用气缸的单往复回路　　图 12-25 慢速前进、快速后退回路

12.2 气动程序控制回路

气动程序
控制回路

各种自动化机械或自动生产线大多是依靠程序控制来工作的。所谓程序控制，是指根据生产过程的要求使被控制的执行元件按预先规定的顺序协调动作的一种自动控制方式。根据控制方式的不同，程序控制可分为时间程序控制、行程程序控制和混合程序控制三种。

（1）时间程序控制是指各执行元件的动作顺序按时间顺序进行的一种自动控制方式。时间信号通过控制线路，按一定的时间间隔分配给相应的执行元件，令其产生有顺序的动作，因而时间程序控制是一种开环控制系统。图 12-26（a）所示为时间程序控制方框图。

（2）行程程序控制一般是一个闭环程序控制系统，如图 12-26（b）所示。它是前一个执行元件动作完成并发出信号后，才允许下一个动作进行的一种自动控制方式。行程程序控制系统包括行程发信装置、执行元件、程序控制回路和动力源等部分。

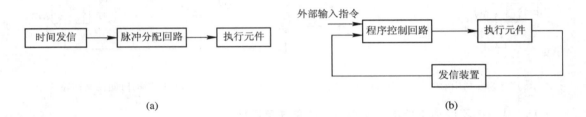

(a)　　　　　　　　　　　　　　　　　　　(b)

图 12-26　程序控制方框图
(a) 时间控制；(b) 行程控制

行程发信装置中用得最多的是行程阀。此外，各种气动位置传感器以及液位、温度、压力等传感器可用作行程发信装置。程序控制回路可由各种气动控制阀构成，也可由气动逻辑元件构成。常用气动执行元件有气缸、气马达、气液缸、气—电转换器及气动吸盘等。

行程程序控制的优点是结构简单，维护容易，动作稳定，特别是在程序运行中，当某节拍出现故障时，整个程序动作就停止，而实现自动保护。因此，行程程序控制方式在气动系统中被广泛采用。

（3）混合程序控制通常在行程程序控制系统中包含了一些时间信号，实质上是把时间信号看做行程信号来处理的一种行程程序控制。

本章主要讨论行程程序控制回路的设计。

12.2.1　动作顺序及发信开关作用状况的表示方法

对执行元件的运动顺序及发信开关的作用状况，必须清楚地把它表达出来，尤其对复杂顺序及状况，必须借助于运动图和控制图来表示，这样才能有助于气动程序控制回路图的设计。

1. 运动图

运动图是用来表示执行元件的动作顺序及状态的，按其坐标的表示不同可分为位移—步骤图和位移—时间图。

1）位移—步骤图

位移—步骤图描述了控制系统中执行元件的状态随控制步骤的变化规律。图中的横坐标表示步骤，纵坐标表示位移(气缸的动作)。如 A、B 两个气缸的动作顺序为 A＋B＋B－A－(A＋表示 A 气缸伸出，B－表示 B 气缸退回)，则其位移—步骤图如图 12－27 所示。

2）位移—时间图

位移—步骤图仅表示执行元件的动作顺序，而执行元件动作的快慢则无法表示出来。位移—时间图是描述控制系统中的执行元件的状态随时间变化规律的。如图 12－28 所示，图中的横坐标表示动作时间，纵坐标表示位移(气缸的动作)，从该图中可以清楚地看出执行元件动作的快慢。

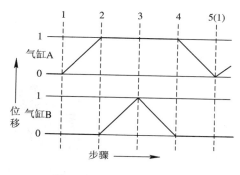

图 12－27　位移—步骤图

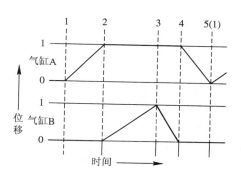

图 12－28　位移—时间图

2. 控制图

控制图用于表示信号元件及控制元件在各步骤中的接转状态，接转时间不计。如图 12－29 所示，该图表示行程开关在步骤 2 开启，而在步骤 4 关闭。

通常可在一个图上同时表示出运动图和控制图，这种图称为全功能图，如图 12－30 所示。借助于全功能图，按照直觉法将很容易设计出气动回路图，如图 12－31 所示。

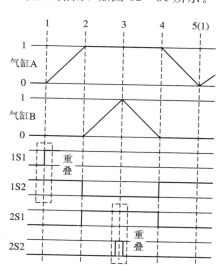

图 12－30　全功能图

图 12－29　控制图

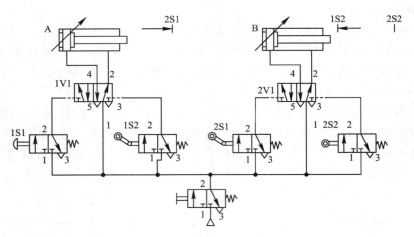

图 12-31 气动回路图

12.2.2 障碍信号的消除方法

气动程序控制回路
障碍信号的消除

在如图 12-32(a)所示的回路中，阀 1S1、1S2 为信号元件，当行程阀 1S1 被压住时，主控方向阀 1V1 左边控制口有气，使阀芯切换，气缸 1A 伸出。当活塞杆压下行程阀 1S2 时，如主控阀 1V1 的左边控制口还有气，则虽然右边控制口有气，但阀芯 1V1 无法切换，气缸 1A 就无法后退，这里 1V1 左端控制口的信号是障碍信号。因此，在控制回路的行程阀 1S1 到主控阀 1V1 的左端控制口之间加入延时阀 1V2，用以消除此障碍信号。如图 12-32(b)所示，即当阀 1S1 被压住时，其输出信号在延时阀设定时间 t 之后立即被切断，这样，当 1V1 右端控制口有气时，气缸就能后退。

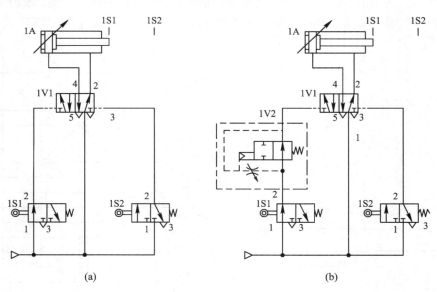

(a)   (b)

图 12-32 延时阀切断信号回路

用延时阀消除障碍信号是常用方法之一。在任何气动回路中，遇到主控阀两端的控制口同时有信号时，先到的控制信号(障碍信号)必须在后来控制信号到达前切断。下面就常用障碍信号的消除方法做一说明。

　　1) 采用单向滚轮杠杆阀

　　采用单向滚轮杠杆阀使得气缸在一次往复动作中只发出一个脉冲信号，把存在障碍的长信号缩短为脉冲信号，如图 12-33 所示。用这种方法排除障碍信号，其结构简单，但靠它发信的定位精度较低，需要设置固定挡块来定位，当气缸行程较短时不宜采用。

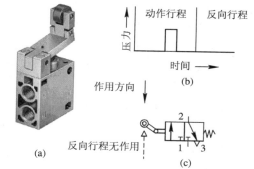
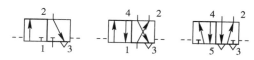

　　2) 采用延时阀

　　图 12-32 所示为已经介绍的利用常通型延时阀消除障碍信号的方法，在用直觉法设计气动回路时较常用。

图 12-33　采用单向滚轮杠杆阀
(a)外观；(b)脉冲信号；(c)职能符号

　　3) 采用中间记忆元件

　　图 12-34 所示的记忆元件(脉冲阀)常用于串级法中消除障碍信号，是一种有效的排障方法。

图 12-34　记忆元件

12.2.3　直觉法

　　"直觉法"就是通常所说的经验法或传统法，即回路设计靠设计者的经验和能力而完成。较简单的动作顺序用直觉法可以很快完成，但此方法不适用于复杂的控制，一方面容易设计错误，另一方面不宜诊断、维修。利用直觉法进行障碍信号的排除，一般采用单向滚轮杠杆阀。

气动回路设计
——直觉法

　　【例 12-1】　某一气动机械有 A、B 两个缸，两缸的动作顺序是：A 缸前进之后 B 缸再前进，然后 A 缸后退，B 缸再后退。位移—步骤图如图 12-35 所示，试设计其气动控制回路图。

　　设计步骤如下：

　　(1) 画出 A、B 两个气缸及相应的双气控二位五通换向阀(主控阀)，如图 12-36 所示。

　　(2) 在主控阀 1V1 和 1V2 两端控制口标注 A＋，A－，B＋，B－，意旨 1V1 阀如 A＋处有信号，A 缸前进，A－处有信号，A 缸后退，其余相同(见图 12-36)。

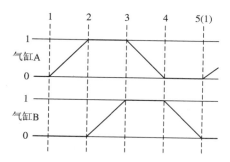

图 12-35　动作顺序 A＋B＋A－B－的位移—步骤图

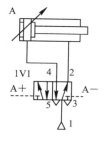
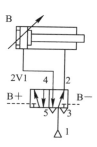

图 12-36　气缸和主控阀

（3）启动按钮 1S1 接在 A＋控制线上，操作启动按钮，A 缸前进（A＋），压到行程开关（行程阀）a1，发出信号使 B 缸前进（B＋），故行程开关（行程阀）a1 和 B＋控制线连接。

（4）B 缸前进，压到行程开关（行程阀）b1 后发出信号，目的是使 A 缸后退（A－），故行程开关（行程阀）b1 和 A－控制线连接。

（5）A 缸后退，压到行程开关（行程阀）a0 后发出信号，目的是使 B 缸后退（B－），故 a0 和 B－控制线连接。

以上的动作顺序图表示为

$$1S1 \quad \rightarrow A+ \rightarrow a1 \rightarrow B+ \rightarrow b1 \rightarrow A- \rightarrow a0 \rightarrow B-$$

（6）按以上顺序依次画出回路图，以英文字母标出阀的名称，并加上气源，如图 12－37 所示。

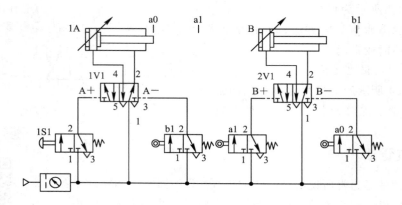

图 12－37　基本气动控制回路

（7）画出全功能图，以确定是否有障碍信号，如图 12－38 所示。

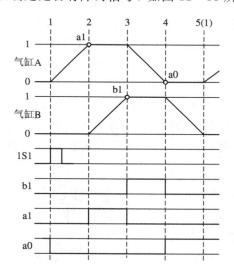

图 12－38　全功能图

检查障碍信号时，应注意主控阀 1V1 和 1V2 两端控制口是否同时出现信号。由动作顺序可知，A＋处信号是由启动按钮 1S1 给出的点动信号。A－信号则由 b1 给出，当 b1 发出

— 196 —

信号时，A＋处信号已经消失，故主控阀 1V1 两边不会同时有控制信号。同理，主控阀 2V1 两边也不会同时有信号存在。由动作顺序可知，本控制回路的信号元件 b1、a1、a0 用一般滚轮杠杆阀即可，无障碍信号。从全功能图中也可看出，启动按钮 1S1 和行程阀 b1、a1、a0 在一个循环内产生的信号是没有重叠的。完整的单一循环控制回路如图 12－39 所示，图中阀 1S 为系统气源开关。

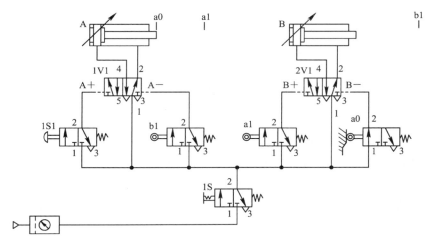

图 12－39　单一循环控制回路

（8）根据控制需要，加入辅助状况，如连续自动往复循环、紧急停止等操作。通常辅助状况的加入均在单一循环回路设计完成之后再考虑较为方便。如图 12－39 所示的单一循环控制回路，若要改成自动往复循环，则只要在 B 缸原点位置加入一个行程开关 b0 并和启动开关 1S1 串联，这样当 B 缸后退压到 b0 时，A 缸即可前进，产生另一次循环，如图 12－40所示。

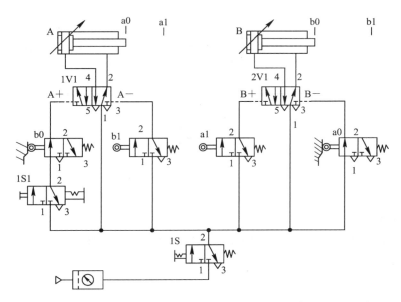

图 12－40　自动连续往复循环控制回路

【例 12-2】 A、B 两个气缸的位移—步骤图如图 12-41 所示，试设计其气动控制回路图。

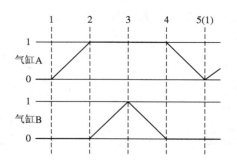

图 12-41 动作顺序 A＋B＋B－A－的位移—步骤图

按照例 12-1(1)～(6)的步骤，可画出气动控制回路图，如图 12-42 所示。由气缸的动作顺序及图 12-42 可知，行程开关 b0 的起始位置为通路状态，故主控阀 1V1 的右端控制口 A－在回路未操作之前一直有控制信号存在。当按下启动按钮 1S1 发出短信号到左端控制口时，主控阀 1V1 两端控制口同时有信号，1V1 无法换向，b0 是障碍信号。

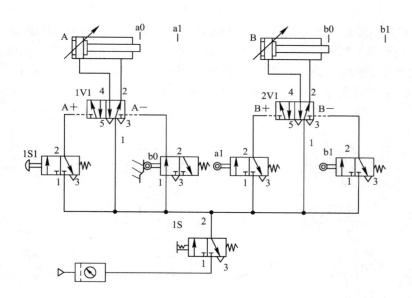

图 12-42 使用一般滚轮杠杆阀的气动控制回路

同理，当 A 缸前进压下 a1 时，使主控阀 B＋端有信号，B 缸前进。B 缸前进压到 b1 时，发出信号使 B 缸后退。因为动作顺序要求 B 缸缩回后 A 缸才缩回，所以主控阀 2V1 两端控制口同时有信号，2V1 无法换向，a1 是障碍信号。

由以上讨论可知，必须对该回路进行障碍信号排除，亦即将行程开关 b0 和 a1 改成单向滚轮杠杆阀，因此正确的气动控制回路图如图 12-43 所示。

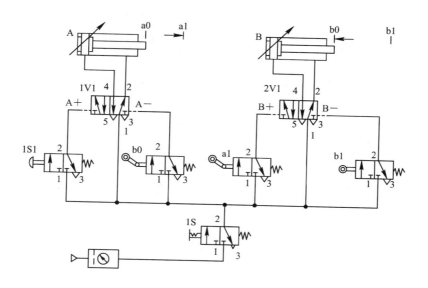

图 12-43 采用单向滚轮杠杆阀的控制回路

从图 12-44 所示的全功能图也可看出，1S1 和 b0 信号重叠，a1 和 b1 信号重叠。

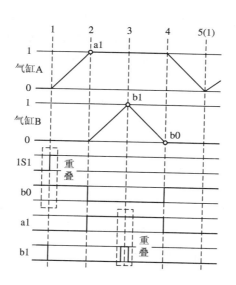

图 12-44 全功能图

图 12-43 所示控制回路中的气动信号没有互锁，气缸在动作时极易因人为失误引起启动信号的操作，而使动作顺序受到干扰。因此，为确保动作顺序的正确，必须在完成最后一个动作的气缸的位置加入一个行程开关，由此行程开关发出的信号产生互锁功能。互锁功能可由行程开关和启动按钮串联而成，图 12-45 所示为具有完全互锁启动开关的回路。

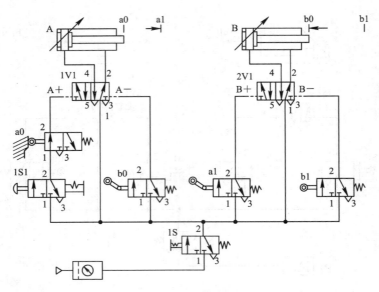

图 12-45　采用单向滚轮杠杆阀的气动控制回路

12.2.4　串级法

前述直觉法中的行程开关输出的信号往往由于执行元件(气缸)压住而无法切断，虽然可用单向滚轮杠杆阀或延时阀来消除障碍信号，但是对于较复杂的动作顺序，使用该方法不经济。下面介绍应用串级法设计气动回路。

串级法(Cascade Method)是一种控制回路的隔离法，主要是利用记忆元件作为信号的转接作用，即利用 4/2 双气控阀或 5/2 双气控阀以阶梯方式顺序连接，从而保证在任一时间只有一个组输出信号，其余组为排气状态，使主控阀两侧的控制信号不同时出现，如图12-46所示。

气动回路设计
——串级法

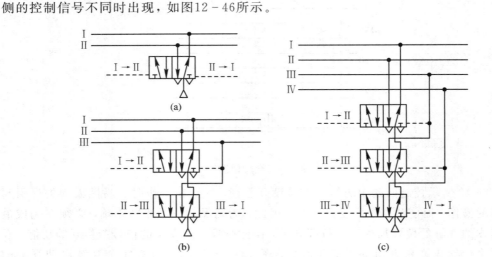

图 12-46　各级串级转换气路

(a) 二级串级转换气路；(b) 三级串级转换气路；(c) 四级串级转换气路

图 12-47 说明了四级串级回路中输出信号的情形。仔细观察图 12-47 中的(a)、(b)、(c)、(d)图,可发现每个图只有一组输出信号,其余组均为排气状态。

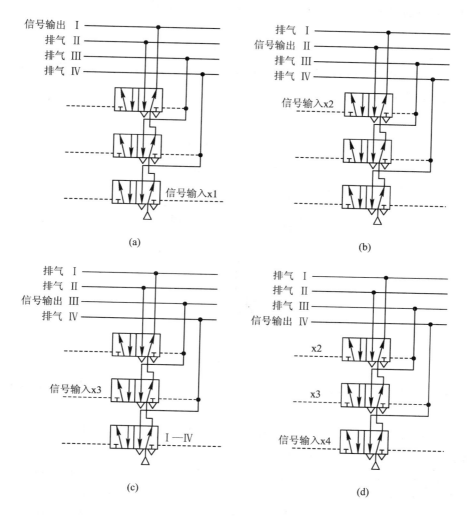

注:x1 信号输入,一组供气;x2 信号输入,二组供气;x3 信号输入,三组供气;x4 信号输入,四组供气

图 12-47　四级串级供气原理图

(a) x1 信号输入;(b) x2 信号输入;(c) x3 信号输入;(d) x4 信号输入

采用图 12-47 所示的串级供气法消除障碍信号比较容易,且是建立在回路图的实际操作程序中的,是一种有规则可循的气动回路设计法。但应注意:在控制操作开始前,压缩空气通过串级中的所有阀。另外,当串级中的记忆元件切换时,由该阀自身排放空气,因此,只要有一个阀动作不良,就会出现不良开关转换作用。

在设计回路中,需要多少输出管路和记忆元件,要按动作顺序的分组(级)而定。如动作顺序分为四组,则要输出四条管路,记忆元件的数量则为组数减一。

【例 12-3】　A、B 两气缸的位移—步骤图如图 12-41 所示,试用串级法设计其气动回路图。

设计步骤如下：

（1）按气缸动作顺序 A＋B＋B－A－分组，分组的原则是同一组内每个英文字母只能出现一次。分组的组数是输出管路数。分组的组数越少越好，即

$$A＋B＋/B－A－$$
$$\text{Ⅰ} \qquad \text{Ⅱ}$$

（2）画出两个气缸及各自的主控阀，并标出英文符号，应注意气缸必须在起始位置。

（3）画出输出管路数及记忆元件，如图 12－48 所示。

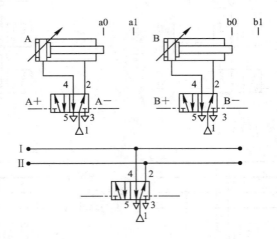

图 12－48　基本元件

（4）控制信号的产生靠活塞杆驱动行程开关，行程开关按照动作顺序依次标示英文字母。

① A 缸前进压下行程开关 a1，输出的信号使 B 缸前进，故 a1 接在 B＋控制线上，而 A＋属于第一组，a1 的供气口应接在第Ⅰ条输出管路上。

② B 缸前进压下行程开关 b1，输出的信号产生换组动作，即使第Ⅰ条输出管路改变为第Ⅱ条输出管路供气，故 b1 和 x2 控制线连接，b1 的供气口接在第Ⅰ条输出管路上。

③ 此时第Ⅰ条输出管路排气，第Ⅱ条输出管路和气源相通。第Ⅱ组的第一个动作为 B 缸后退，故直接将 B－控制线接到第Ⅱ条输出管路上。

④ B 缸后退压下行程开关 b0，输出的信号使 A 缸后退，故 b0 接在 A－控制线上。而 A－属于第二组，故 b0 的供气口接在第Ⅱ条输出管路上。

⑤ A 缸后退压下行程开关 a0，输出的信号切换记忆元件使第Ⅱ条输出管路排气，第Ⅰ条输出管路供气，故 a0 应接在 x1 控制线上，a0 的供气口则要接在第Ⅱ条输出管路上。将以上控制顺序表示为

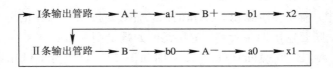

（5）按上述步骤画出气路图，并加入启动按钮 1S1，由动作顺序要求知，启动按钮 1S1 应接在 a0 和第 II 条输出管路之间，如图 12-49 所示。

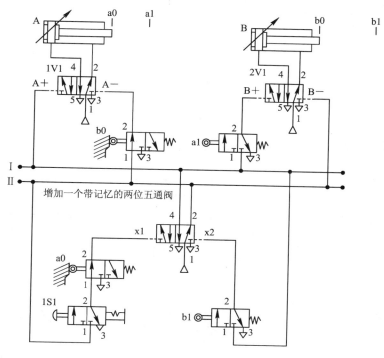

图 12-49　单一循环气动控制回路

（6）如有辅助情况，则在基本顺序完成之后再加入。

【例 12-4】　图 12-50 为打标机示意图。工件在料仓里靠重力落下，由 A 缸推向定位块并夹紧，接着 B 缸打印标志，然后由 C 缸将打印完的工件推出。其动作顺序为 A＋B＋B－A－C＋C－，位移—步骤图如图 12-51 所示。

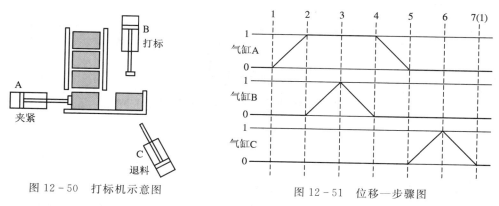

图 12-50　打标机示意图

图 12-51　位移—步骤图

该打标机所需辅助状况如下：

（1）各动作必须自动进行，并可选择单一循环、连续循环，启动信号由启动按钮输入。

（2）料仓有一个限位开关监测，如仓内无工件，则系统必须停在起始位置，并互锁以防止再启动。

（3）操作紧急停止按钮后，所有气缸无论在什么位置，均立即回到起始位置，只有互锁去除后才可再操作。

设计步骤如下：

将顺序动作分组为

$$A+B+/B-A-C+/C-$$
$$\text{I} \qquad \text{II} \qquad \text{I}$$

动作顺序分为两组，整个回路的控制顺序为

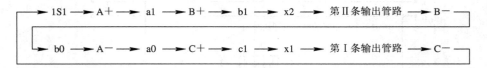

按照例12-3的设计步骤，很容易将单一循环的气动控制回路设计出来，如图12-52所示。

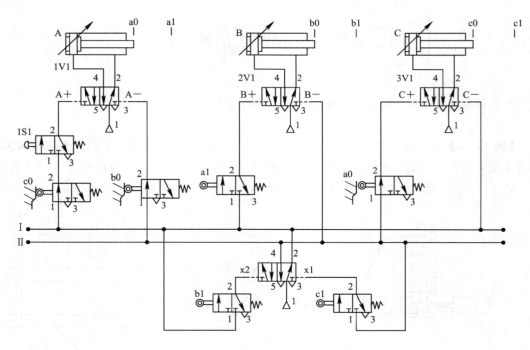

图12-52　单一循环气动控制回路图

就分级而言，控制回路的第一个动作是C−，但实际上第一个动作应该是A+，因此由图12-52可知，必须将启动按钮1S1装在第Ⅰ条输出管路及主阀1V1之间，且为获得在连续循环中达到互锁，必须串联行程开关c0。

有关各种辅助状况，必须在单一循环控制回路设计完成之后再一一加入。图12-53所示为加入了辅助条件的控制回路，图中阀 1S1、1S2 和 1V2 是满足辅助条件(1)所必需的；阀 1V3 是满足辅助条件(2)所必需的，当料仓没有工件时，阀 1V3 复位，系统恢复到起始位置，并切断启动信号。

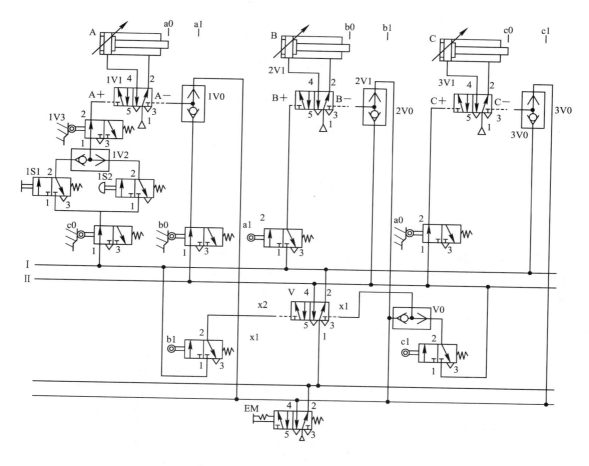

图 12-53　有辅助状况的控制回路

关于急停回路的设计，通常当按下紧急按钮时，必须想办法将供气回路信号送到主控阀的后退控制口，同时保证另一控制口没有信号，并必须使记忆元件复位，以利于急停消除后的重新启动。

由图 12-53 可知，EM 为急停按钮。按下 EM，气源信号经梭阀 1V0、2V0、3V0 使主控阀右端有控制信号，同时左端没有控制信号，且气源也经梭阀 V0 使记忆元件 V 复位，三个气缸同时后退。

图 12-53 中的阀 1S1 与电气回路上所用的带自锁开关和选择开关相似，这类阀操作不便。目前，在控制上一般采用弹簧复位的按钮开关作为信号元件。因此，对于气动控制系统而言，应按照实际需要在回路上加入辅助条件。先将辅助条件编成一个标准回路，然后作为相关回路的单元加入。图 12-54 所示为这一种可能的回路，且信号输入采用弹簧复位的手动按钮(3/2 阀)。

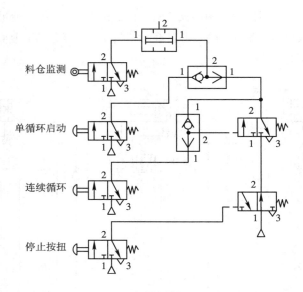

图 12-54 一种可能的回路

有关急停回路也可以归纳成如图 12-55 所示的回路。在图 12-54 的辅助条件和图 12-55 所示的急停回路基础上，可将图 12-53 所示的气动控制回路修改成为如图12-56 所示的气控回路图。在图 12-56 中，我们可以看出以下几种辅助条件：

（1）按下单循环启动按钮时，系统完成一个工作循环，然后停在起始位置。

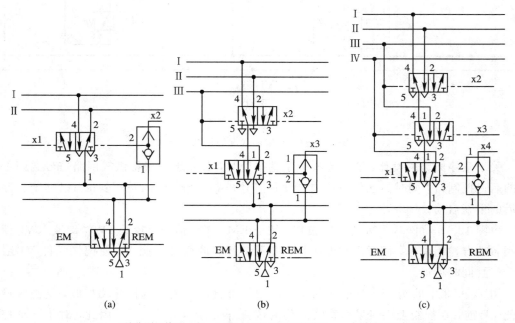

x1、x2、x3、x4是分别切换到一组、二组、三组和四组的信号，一般来自于行程阀或手动阀；
EM：急停；REM：急停解除

图 12-55 紧急停止回路

（a）二组；（b）三组；（c）四组

（2）按下连续循环按钮时，系统做自动连续操作，直到按下停止按钮才将循环切断。

（3）当料仓中没有工件时，料仓监测行程开关 1V3 复位，切断启动信号，无法使气缸启动或再次产生顺序动作。

（4）按下急停按钮 EM，所有缸在任何位置均立即退回起始位置。按下急停解除按钮 REM，整个系统方可重新启动。

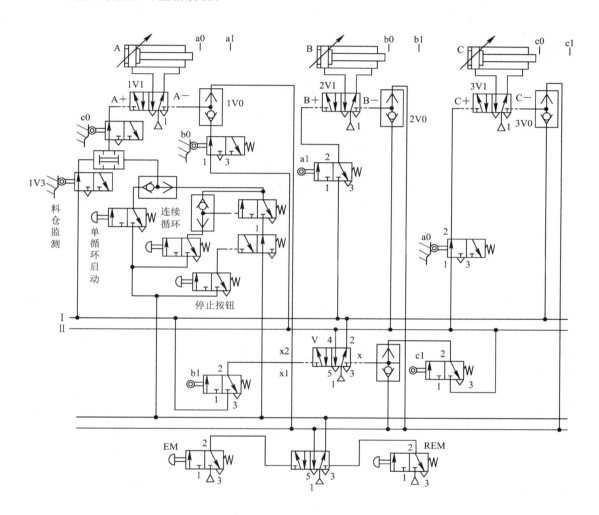

图 12-56　气动控制回路

在前述串级法中介绍的气缸动作程序设计的例子中，每个气缸在一个循环内只动作一次，气缸的动作可用设置在气缸端点的行程开关来完成顺序控制中信号传递的任务，且行程开关的供气口均靠串级管路供给；但如在一个循环中，同一个气缸的动作有重复现象，则传递信号的行程开关的供气口不再来自串级管路中的任一组，必须给一个不受管路分组影响的独立气源，再配合双压阀与串级管路搭配，得到所需控制信号，在此不再详细介绍。

12.3 工业实践项目：切割机气动系统

1. 控制要求和技术参数

切割机如图 12-57 所示。工作循环要求：脚踏开关一次则完成一次切割动作（铡刀切下→返回），为保证切断工件，铡刀必须在切断位置停留数秒。另外要求切割速度可以调节，为避免事故，工作之前需盖防护罩。系统压力为 46 bar，切断时间停留 2 s，切割速度比返回速度慢一倍。

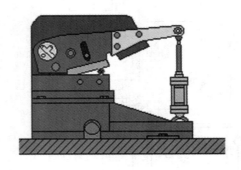

图 12-57 铡刀式切割机

2. 解决方案

（1）分析切割机的工作原理及过程，根据控制要求绘制出气缸动作的位移—步骤图。

（2）根据工业应用中的切割机控制要求，使用气动回路仿真软件设计气动回路图，仿真运行气动回路，检查是否满足切割机控制要求，满足要求后绘制标准规范的气动回路图。

3. 任务实施

根据设计出来的气动回路图从气动实训台上正确选取气动元件组装气动回路，经安全检查后，打开气动二联件的开关，调整气动系统压力为 46 bar；调试回路；记录操作过程及遇到的问题，将所使用的元器件名称及数量填入表 12-1，不完整的名称请补充。

表 12-1 项目实践所用元器件清单

实训名称	铝合金底板	气动二联件	分气块	气管	三通	双作用缸	二位五通双气控方向控制阀	二位三通按钮式方向控制阀	二位三通行程阀	单向节流阀	双压阀	延时阀
数量	1	1	1									

4. 任务反思

气动延时阀的延时范围为多少？可以实现的延时精度为多少？

5. 拓展与创新

防护罩与启动按钮阀的联动控制有几种？画出气动回路图，并在实训设备上搭建与调试气动系统，比较出哪种控制回路最优。

12.4 工业实践项目：物料翻转机构气动系统

1. 控制要求和技术参数

自动输送线上的物料翻转机构如图 12-58 所示，采用纯气动系统顺序控制。两个气缸的动作顺序为：A+；B+；A-；B-。要求：驱动按钮阀动作时，气缸 A 和 B 活塞杆按动作顺序 A+；B+；A-；B-伸出缩回，后一步动作需确认前一步动作到位（行程阀发信号），完成一次动作循环。系统压力为 46 bar。要求用排气节流的方法控制两缸活塞杆的前冲速度，同时实现单循环和连续往复自动循环选择控制。

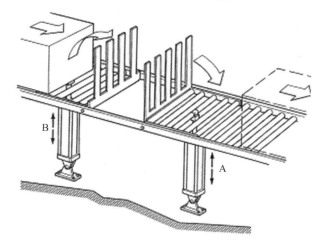

图 12-58 物料翻转机构

2. 解决方案

（1）分析自动输送线上的物料翻转机构工作原理及过程，根据控制要求绘制出气缸动作的位移—步骤图。

（2）根据工业应用中的自动输送线上的物料翻转机构控制要求，使用气动回路仿真软件设计气动回路图，仿真运行气动回路，检查是否满足物料翻转机构的控制要求，满足要求后绘制标准规范的气动回路图。

3. 任务实施

根据设计出来的气动回路图从气动实训台上正确选取气动元件组装气动回路，经安全检查后，打开气动二联件的开关，调整气动系统压力为 46 bar，调节单向节流阀使 2 个气缸伸出速度变慢，记录操作过程及遇到的问题，将所使用的元器件名称及数量填入表 12-2，不完整的名称请补充。

表 12-2 项目实践所用元器件清单

实训名称	铝合金底板	气动二联件	分气块	气管	三通	双作用缸	二位五通双气控方向控制阀	单向节流阀	二位三通行程阀	二位三通按钮阀
数量	1	1	1							

4. 任务反思

控制气缸伸出速度为何要采用排气节流？能否采用进气节流？有什么区别？

5. 拓展与创新

完成上述翻转机构的两个缸的方循环控制，主控元件除了采用二位五通双气控方向控制阀来实现，还可以采用什么样的主控阀？设计出气动控制回路图，并在实训设备上搭建并调试气动系统，比较出哪种控制回路最优。

思考题与习题

12-1　气缸的动作顺序如下，试用直觉法设计气动控制回路图。

常见问题解答

$$A-$$

(1) A＋B＋C＋B－；

$$C-$$

(2) A＋A－B＋C＋C－B－；

(3) A＋D＋B＋A－D－C＋B－C－。

12-2　用串级法设计以上回路，其动作要求如下：

(1) 单一循环；

(2) 连续循环；

(3) 紧急停止回路。

— 210 —

第13章 电气气动控制系统

电气气动控制系统(Electropneumatics)主要控制电磁阀的换向,其特点是响应快,动作准确,在气动自动化中应用广泛。

电气气动控制回路包括气动回路和电气回路两部分。气动回路一般指动力部分,电气回路指控制部分。通常在设计电气回路之前,一定要先设计出气动回路,按照动力系统的要求,选择采用何种形式的电磁阀来控制气动执行元件的运动,从而设计电气回路。在设计中,气动回路图和电气回路图必须分开绘制。在整个系统设计中,气动回路图按照习惯放置于电气回路图的上方或左侧。本章主要介绍有关电气控制的基本知识及常用电气回路的设计。

13.1 电气控制的基本知识

电气控制回路主要由按钮开关、行程开关、继电器及其触点、电磁铁线圈等组成。通过按钮或行程开关使电磁铁通电或断电来控制触点接通或断开的被控制主回路,称为继电器控制回路。电路中的触点有常开触点和常闭触点两种。

电气气动回路的
基础知识

控制继电器是一种当输入量变化到一定值时,电磁铁线圈通电励磁,吸合或断开触点的交、直流小容量的自动化电器。它被广泛应用于电力拖动、程序控制、自动调节与自动检测系统中。控制继电器的种类繁多,常用的有电压继电器、电流继电器、中间继电器、时间继电器、热继电器、温度继电器等。在电气气动控制系统中常用中间继电器和时间继电器。图13-1所示为中间继电器的外观。

1)中间继电器(Relay)

中间继电器由线圈、铁芯、衔铁、复位弹簧、触

图13-1 中间继电器的外观

点及端子组成,如图13-2所示,由线圈产生的磁场来接通或断开触点。当继电器线圈流过电流时,衔铁就会在电磁力的作用下克服弹簧压力,使常闭触点断开,常开触点闭合;当继电器线圈无电流时,电磁力消失,衔铁在返回弹簧的作用下复位,使常闭触点闭合,常开触点打开。图13-3所示为其线圈及触点的职能符号。

因为继电器线圈消耗电力很小,所以用很小的电流通过线圈即可使电磁铁励磁,而其控制的触点可通过相当大的电压电流,此乃继电器触点的容量放大机能。

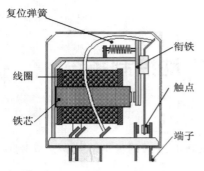

图 13 - 2　中间继电器原理图

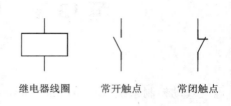

图 13 - 3　继电器线圈及触点的职能符号

2）时间继电器（Timer）

时间继电器目前在电气控制回路中应用非常广泛。它与中间继电器的相同之处是都由线圈与触点构成，而不同的是在时间继电器中，当输入信号时，电路中的触点经过一定时间后才闭合或断开。按照输出触点的动作形式，时间继电器分为以下两种（见图 13 - 4）：

（1）延时闭合继电器（On delay timer）：当继电器线圈流过电流时，经过预置时间延时，继电器触点闭合；当继电器线圈无电流时，继电器触点断开。

（2）延时断开继电器（Off delay timer）：当继电器线圈流过电流时，继电器触点闭合；当继电器线圈无电流时，经过预置时间延时，继电器触点断开。

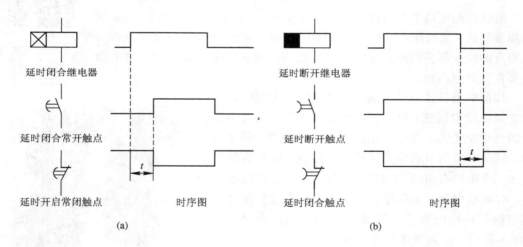

图 13 - 4　时间继电器线圈及其触点职能符号和时序图
（a）闭合；（b）断开

13. 2　电气回路图绘图原则

电气回路图通常以一种层次分明的梯形法表示，也称梯形图。它是利用电气元件符号进行顺序控制系统设计的最常用的一种方法。梯形图表示法可分为水平梯形回路图及垂直梯形回路图两种。在液压传动中，用了垂直梯形图表示法，本章仅介绍前一种方法。

图 13-5 所示为水平梯形回路图,图中上、下两平行线代表控制回路图的电源线,称为母线。

梯形图的绘图原则如下:

(1) 图中上端为火线,下端为接零线。

(2) 电路图的构成是由左向右进行的。为便于读图,接线上要加上线号。

(3) 控制元件的连接线接于电源母线之间,且尽可能用直线。

图 13-5 水平梯形回路图

(4) 连接线与实际的元件配置无关,由上而下依照动作的顺序来决定。

(5) 连接线所连接的元件均用电气符号表示,且均为未操作时的状态。

(6) 在连接线上,所有的开关、继电器等的触点位置由水平电路上侧的电源母线开始连接。

(7) 一个梯形图网络由多个梯级组成,每个输出元素(继电器线圈等)可构成一个梯级。

(8) 在连接线上,各种负载(如继电器、电磁线圈、指示灯等)的位置通常是输出元素,要放在水平电路的下侧。

(9) 在以上的各元件的电气符号旁注上文字符号。

13.3 基本电气回路

1. 是门电路(YES)

是门电路是一种简单的通、断电路,能实现是门逻辑电路。图 13-6 为是门电路,按下按钮 PB,电路 1 导通,继电器线圈 K 励磁,其常开触点闭合,电路 2 导通,指示灯亮。若放开按钮,则指示灯熄灭。

电气控制
基本回路

2. 或门电路(OR)

图 13-7 所示的或门电路也称为并联电路。只要按下三个手动按钮中的任何一个开关,使其闭合,就能使继电器线圈 K 通电。例如,可实现在一条自动生产线上的多个操作点可以作业。或门电路的逻辑方程为 S=a+b+c。

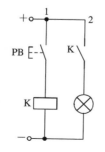

图 13-6 是门电路

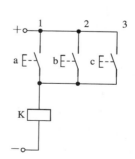

图 13-7 或门电路

3. 与门电路(AND)

图 13-8 所示的与门电路也称为串联电路。只有将按钮 a、b、c 同时按下,电流才通过继电器线圈 K。例如,一台设备为防止误操作,保证安全生产,安装了两个启动按钮,只有操作者将两个气动按钮同时按下时,设备才能运行。与门电路的逻辑方程为 $S = a \cdot b \cdot c$。

4. 自保持电路

自保持电路又称为记忆电路,在各种液、气压装置的控制电路中很常用,尤其是使用单电控电磁换向阀控制液、气压缸的运动时,需要自保持回路。图 13-9 所示列出了两种自保持回路。在图 13-9(a)中,按钮 PB1 按一下即放开,是一个短信号,继电器线圈 K 得电,第 2 条线上的常开触点 K 闭合,即使松开按钮 PB1,继电器 K 也将通过常开触点 K 继续保持得电状态,使继电器 K 获得记忆。图 13-9(a)中的 PB2 是用来解除自保持的按钮。当 PB1 和 PB2 同时按下时,PB2 先切断电路,PB1 按下是无效的,因此这种电路也称为停止优先自保持回路。

图 13-9(b)所示为另一种自保持回路,在这种电路中,当 PB1 和 PB2 同时按下时,PB1 使继电器线圈 K 得电,PB2 无效,这种电路也称为启动优先自保持回路。

上述两种电路略有差异,可根据要求恰当使用。

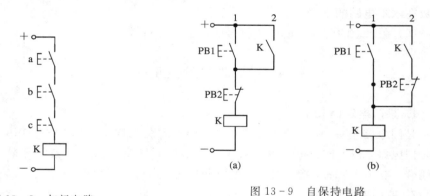

图 13-8 与门电路

图 13-9 自保持电路

(a)停止优先自保持回路;(b)启动优先自保持回路

5. 互锁电路

互锁电路用于防止错误动作的发生,以保护设备、人员安全,如电机的正转与反转,气缸的伸出与缩回。为防止同时输入相互矛盾的动作信号,使电路短路或线圈烧坏,控制电路应加互锁功能。如图 13-10 所示,按下按钮 PB1,继电器线圈 K1 得电,第 2 条线上的触点 K1 闭合,继电器 K1 形成自保,第 3 条线上 K1 的常闭触点断开,此时若再按下按钮 PB2,则继电器线圈 K2 一定不会得电。同理,若先按下按钮 PB2,则继电器线圈 K2 得电,继电器线圈 K1 一定不会得电。

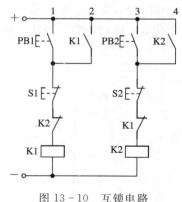

图 13-10 互锁电路

6. 延时电路

随着自动化设备的功能和工序越来越复杂，各工序之间需要按一定的时间紧密、巧妙地配合，要求各工序时间在一定时间内调节，这需要利用延时电路来加以实现。延时控制分为两种，即延时闭合和延时断开。

图13-11(a)所示为延时闭合电路，当按下开关 PB 后，延时继电器 T 开始计时，经过设定的时间后，时间继电器触点闭合，电灯点亮。放开 PB 后，延时继电器 T 立即断开，电灯熄灭。图13-11(b)所示为延时断开电路，当按下开关 PB 后，时间继电器 T 的触点也同时接通，电灯点亮；当放开 PB 后，延时断开继电器开始计时，到规定时间后，时间继电器触点 T 才断开，电灯熄灭。

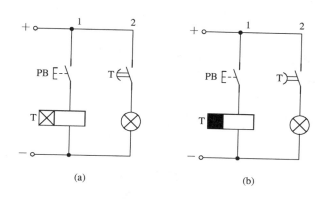

图 13-11　延时电路
（a）延时闭合；（b）延时断开

13.4　电气气动程序回路设计

在设计电气气动程序控制系统时，应将电气控制回路和气动动力回路分开画，两个图上的文字符号应一致，以便对照。

电气控制回路的设计方法有多种，本章主要介绍直觉法和串级法。

1. 用直觉法(经验法)设计电气回路图

用直觉法设计电气回路图即是应用气动的基本控制方法和自身的经验来设计。用此方法设计控制电路的优点是适用于较简单的回路设计，可凭借设计者本身积累的经验，快速地设计出控制回路。此方法的缺点是设计方法较主观，对于较复杂的控制回路不宜采用。在设计电气回路图之前，必须首先设计好气动动力回路，确定好与电气回路图有关的主要技术参数。在气动自动化系统中，常用的主控阀有单电控二位三通换向阀、单电控二位五通换向阀、双电控二位五通换向阀、双电控三位五通换向阀等四种。

在用直觉法设计控制电路时，必须从以下几方面考虑：

（1）分清电磁换向阀的结构差异。在控制电路的设计中，按电磁阀的结构不同将其分为脉冲控制和保持控制。双电控二位五通换向阀是利用脉冲控制的，单电控二位三通换向阀和单电控二位五通换向阀是利用保持控制的，在这里，电流是否持续保持，是电磁阀换向的关键。利用脉冲控制的电磁阀，因其具有记忆功能，无需自保，所以此类电磁阀没有弹簧。为避免因误动作造成电磁阀两边线圈同时通电而烧毁线圈，在设计控制电路时必须考虑互锁保护。利用保持电路控制的电磁阀，必须考虑使用继电器实现中间记忆，此类电磁阀通常具有弹簧复位或弹簧中位，这种电磁阀比较常用。

（2）注意动作模式。例如，若气缸的动作是单个循环，则用按钮开关操作前进，利用行程开关或按钮开关控制回程。若气缸动作为连续循环，则利用按钮开关控制电源的通、断电，在控制电路上比单个循环多加一个信号传送元件（如行程开关），使气缸完成一次循环后能再次动作。

（3）对行程开关（或按钮开关）是常开触点还是常闭触点的判别。用二位五通或二位三通单电控电磁换向阀控制气缸运动，欲使气缸前进，则控制电路上的行程开关（或按钮开关）应以常开触点接线，只有这样，当行程开关（或按钮开关）动作时，才能把信号传送给使气缸前进的电磁线圈。相反，若使气缸后退，则必须使通电的电磁线圈断电，电磁阀复位，气缸才能后退，且控制电路上的行程开关（或按钮开关）在控制电路上必须以常闭触点形式接线，这样，当行程开关（或按钮开关）动作时，电磁阀复位，气缸后退。

2. 典型回路

1）用二位五通单电控电磁换向阀控制单气缸运动

【例 13-1】 设计用二位五通单电控电磁换向阀控制的单气缸自动单往复回路。

利用手动按钮控制单电控二位五通电磁阀来操作单气缸实现单个循环，动力回路如图 13-12（a）所示，动作流程如图 13-12（b）所示，依照设计步骤完成 13-12（c）所示的电气回路图。

电气动典型控制回路

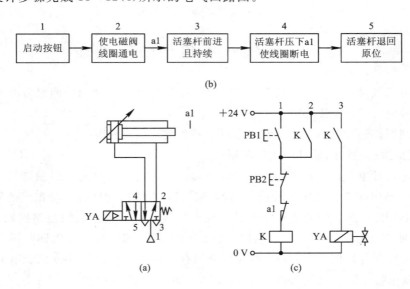

图 13-12 单气缸自动单往复回路

（a）气动回路图；（b）动作流程图；（c）电气回路图

设计步骤如下：

（1）将启动按钮 PB1 及继电器 K 置于 1 号线上，继电器的常开触点 K 及电磁阀线圈

YA 置于 3 号线上。这样，当 PB1 被按下时，电磁阀线圈 YA 通电，电磁阀换向，活塞前进，完成图 13-12(b)中方框 1、2 的要求，如图 13-12(c)所示的 1 号和 3 号线。

（2）由于 PB1 为一点动按钮，手一放开，电磁阀线圈 YA 就会断电，活塞后退。为使活塞保持前进状态，必须将继电器 K 所控制的常开触点接于 2 号线上，形成一自保电路，完成图 13-12(b)中方框 3 的要求，如图 13-12(c)所示的 2 号线。

（3）将行程开关 a1 的常闭触点接于 1 号线上，当活塞杆压下 a1 时，切断自保电路，电磁阀线圈 YA 断电，电磁阀复位，活塞退回，完成图 13-12(b)中方框 5 的要求。图 13-12(c)中的 PB2 为停止按钮。

动作说明如下：

（1）将启动按钮 PB1 按下，继电器线圈 K 通电，控制 2 号和 3 号线上所控制的常开触点闭合，继电器 K 自保，同时 3 号线接通，电磁阀线圈 YA 通电，活塞前进。

（2）活塞杆压下行程开关 a1，切断自保电路，1 号和 2 号线断路，继电器线圈 K 断电，K 所控制的触点恢复原位。同时，3 号线断开，电磁阀线圈 YA 断电，活塞后退。

【例 13-2】 设计用二位五通单电控电磁换向阀控制的单气缸自动连续往复回路。

动力回路如图 13-13(a)所示，动作流程如图 13-13(b)所示。依照设计步骤完成 13-13(c)所示的电气回路图。

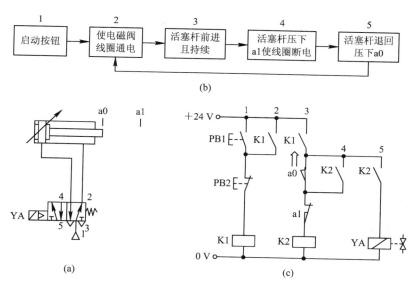

图 13-13 单气缸自动连续往复回路
(a) 气动回路图；(b) 动作流程图；(c) 电气回路图

设计步骤如下：

（1）将启动按钮 PB1 及继电器 K1 置于 1 号线上，继电器的常开触点 K1 置于 2 号线上，并与 PB1 并联，和 1 号线形成一自保电路，在火线上加一继电器 K1 的常开触点。这样，当 PB1 被按下时，继电器 K1 线圈所控制的常开触点 K1 闭合，3、4、5 号线上才接通电源。

（2）为得到下一次循环，必须多加一个行程开关，使活塞杆退回压到 a0 后再次使电磁阀通电。为完成这一功能，a0 以常开触点形式接于 3 号线上，系统在未启动之前活塞杆压在 a0 上，故 a0 的起始位置是接通的。

（3）将图 13-12(c) 稍加修改，即可得到电气回路图，如图 13-13(c) 所示。

动作说明如下：

（1）将启动按钮 PB1 按下，继电器线圈 K1 通电，2 号线和火线上的 K1 所控制的常开触点闭合，继电器 K1 形成自保。

（2）3 号线接通，继电器 K2 通电，4 号和 5 号线上的继电器 K2 的常开触点闭合，继电器 K2 形成自保。

（3）5 号线接通，电磁阀线圈 YA 通电，活塞前进。

（4）当活塞杆压下 a1 时，继电器线圈 K2 断电，K2 所控制的常开触点恢复原位，继电器 K2 的自保电路断开，4 号和 5 号线断路，电磁阀线圈 YA 断电，活塞后退。

（5）活塞退回压下 a0 时，继电器线圈 K2 又通电，电路动作由 3 号线开始。

（6）若按下 PB2，则继电器线圈 K1 和 K2 断电，活塞后退。PB2 为急停或后退按钮。

【例 13-3】 设计用二位五通单电控电磁换向阀控制的单气缸延时单往复运动回路。动力回路如图 13-14(a) 所示，位移—步骤图如图 13-14(b) 所示，动作流程如图 13-14(c) 所示，依照设计步骤完成 13-14(d) 所示的电气回路图。

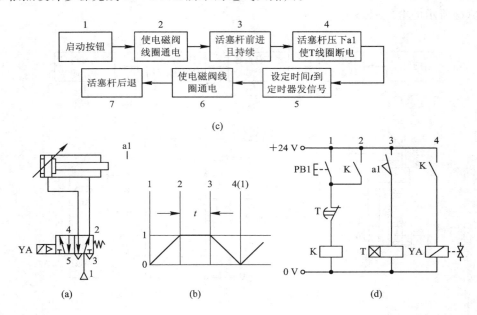

图 13-14　延时单往复运动回路

(a) 气动回路图；(b) 位移—步骤图；(c) 动作流程图；(d) 电气回路图

设计步骤如下：

（1）将启动按钮 PB1 及继电器 K 置于 1 号线上，继电器的常开触点 K 及电磁阀线圈 YA 置于 4 号线上，这样，当 PB1 被按下时，电磁阀线圈通电，完成图 13-14(c) 中方框 1 和 2 的要求。

（2）当 PB1 被松开时，电磁阀线圈 YA 断电，活塞后退。为使活塞保持前进，必须将继电器 K 的常开触点接于 2 号线上，且与 PB1 并联，和 1 号线构成一自保电路，从而完成图 13-14(c) 中方框 3 的要求。

（3）将行程开关 a1 的常开触点和定时器线圈 T 连接于 3 号线上。当活塞杆前进压下 a1 时，定时器动作，计时开始，如此，完成图 13-14(c) 中方框 4 的要求。

（4）定时器 T 的常闭触点接于 1 号线上。当定时器动作时，计时终止，定时器的触点 T 断开，电磁阀线圈 YA 断电，活塞后退，从而完成方框 5、6 和 7 的要求，如图 13-14(d) 所示。

动作说明如下：

（1）按下按钮 PB1，继电器线圈 K 通电，2 号和 4 号线上 K 所控制的常开触点闭合，继电器 K 形成自保，且 4 号线通路，电磁铁线圈 YA 通电，活塞前进。

（2）活塞杆压下 a1，定时器动作，经过设定时间 t，定时器所控制的常闭触点断开，继电器 K 断电，继电器所控制的触点复位。

（3）4 号线开路，电磁铁线圈 YA 断电，活塞后退。

（4）活塞杆一离开 a1，定时器线圈 T 断电，其所控制的常闭触点复位。

2）用二位五通双电控电磁换向阀控制单气缸运动

由上述可知：使用单电控电磁阀控制气缸运动，由于电磁阀的特性，因而控制电路上必须有自保电路；而二位五通双电控电磁阀有记忆功能，且阀芯的切换只要一个脉冲信号即可，故控制电路上不必考虑自保，电气回路的设计相对简单。

【例 13-4】 设计用二位五通双电控电磁换向阀控制的单气缸自动单往复回路。利用手动按钮使气缸前进，直至到达预定位置，其自动后退。气动回路如图 13-15(a) 所示，动作流程如图 13-15(b) 所示，依照设计步骤完成 13-15(c) 所示的电气回路图。

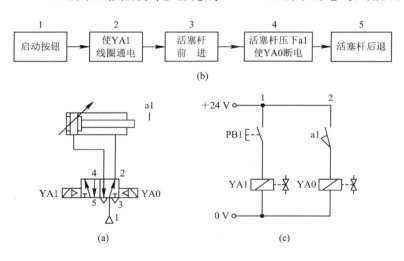

图 13-15 单气缸自动单往复回路
(a) 气动回路图；(b) 动作流程图；(c) 电气回路图

设计步骤如下：

（1）将启动按钮 PB1 和电磁阀线圈 YA1 置于 1 号线上。当按下 PB1 后立即放开时，线圈 YA1 通电，电磁阀换向，活塞前进，达到图 13-15(b) 中方框 1、2 和 3 的要求。

（2）将行程开关 a1 以常开触点的形式和线圈 YA0 置于 2 号线上。当活塞前进时，压下 a1，YA0 通电，电磁阀复位，活塞后退，完成图 14-15(b) 中方框 4 和 5 的要求。其电路如图 13 - 15(c)所示。

【例 13 - 5】 设计用二位五通双电控电磁换向阀控制的单气缸自动连续往复回路。其气动回路如图 13 - 16(a)所示,动作流程如图 13 - 16(b)所示,依照设计步骤完成如图 13 - 16(c)所示的电气回路图。

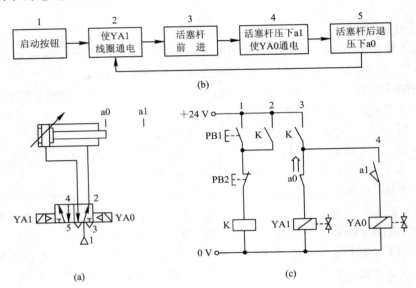

图 13 - 16 单气缸自动连续往复回路

(a)气动回路图;(b)动作流程图;(c)电气回路图

设计步骤如下:

(1) 将启动按钮 PB1 和继电器线圈 K 置于 1 号线上,K 所控制的常开触点接于 2 号线上。当按下 PB1 后立即放开时,2 号线上 K 的常开触点闭合,继电器 K 自保,则 3 号和 4 号线有电。

(2) 电磁铁线圈 YA1 置于 3 号线上,当按下 PB1 时,线圈 YA1 通电,电磁阀换向,活塞前进,完成如图 13 - 16(b)所示方框 1、2 和 3 的要求。

(3) 行程开关 a1 以常开触点的形式和电磁铁线圈 YA0 接于 4 号线上。当活塞杆前进压下 a1 时,线圈 YA0 通电,电磁阀复位,气缸活塞后退,完成如图 13 - 16(b)所示方框 4 的要求。

(4) 为得到下一次循环,必须在电路上加一个起始行程开关 a0,使活塞杆后退,压下 a0 时,将信号传给线圈 YA1,使 YA1 再次通电。为完成此项工作,a0 以常开触点的形式接于 3 号线上。系统在未启动之前,活塞在起始点位置,a0 被活塞杆压住,故其起始状态为接通状态。PB2 为停止按钮。电路如图 13 - 16(c)所示。

动作说明如下:

(1) 按下 PB1,继电器线圈 K 通电,2 号线上的继电器常开触点闭合,继电器 K 形成自保,且 3 号线接通,电磁铁线圈 YA1 通电,活塞前进。

(2) 当活塞杆离开 a0 时,电磁铁线圈 YA1 断电。

(3) 当活塞杆前进压下 a1 时,4 号线接通,电磁铁线圈 YA0 通电,活塞退回。当活塞杆后退压下 a0 时,3 号线又接通,电磁铁线圈 YA1 再次通电,第二个循环开始。

图 13-16(c)所示的电路图的缺点是：当活塞前进时，按下停止按钮 PB2，活塞杆前进，且压在行程开关 a1 上，活塞无法退回起始位置。如要按下停止按钮 PB2，无论活塞处于前进还是后退状态，均能使活塞马上退回到起始位置，应将按钮开关 PB2 换成按钮转换开关，其电路图如图 13-17 所示。

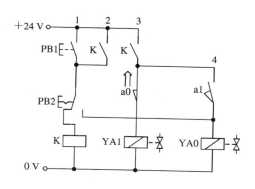

图 13-17　在任意位置可复位的单气缸自动连续往复回路

3. 用串级法设计电气回路图

对于复杂的电气回路用上述经验法设计容易出错。本节介绍串级法设计电气回路，其原则与前述设计纯气动控制回路相似。

用串级法设计电气回路并不能保证使用最少的继电器，但却能提供一种方便而有规则可循的方法。根据此法设计的回路易懂，可不必借助位移—步骤图来分析其动作，减少了对设计技巧和经验的依赖。

电气动回路设计

串级法既适用于双电控电磁阀控制的电气回路，也适用于单电控电磁阀控制的电气回路。

用串级法设计电气回路的基本步骤如下：

（1）画出气动动力回路图，按照程序要求确定行程开关位置，并确定使用双电控电磁阀或单电控电磁阀。

（2）按照气缸动作的顺序分组。

（3）根据各气缸动作的位置，决定其行程开关。

（4）根据步骤（3）画出电气回路图。

（5）加入各种控制继电器和开关等辅助元件。

1）使用双电控电磁阀的电气回路图设计

用串级法设计气路时，气缸的动作顺序经分组后，在任意时刻，只有其中某一组在动作状态中，如此可避免双电控电磁阀因误动作而导致通电。其详细设计步骤如下：

（1）写出气缸的动作顺序并分组，分组的原则是每个气缸的动作在每组中仅出现一次，即同一组中气缸的英文字母代号不得重复出现。

（2）每一组用一个继电器控制动作，且在任意时间，仅其中一组继电器处于动作状态。

（3）第一组继电器由启动开关串联最后一个动作所触动的行程开关的常开触点控制，并形成自保。

（4）各组的输出动作按照各气缸的运动位置及所触动的行程开关来确定，并按顺序设计回路。

（5）第二组和后续各组继电器由前一组气缸最后触动的行程开关的常开触点串联前一组继电器的常开触点控制，并形成自保。由此可避免行程开关被触动一次以上而产生错误的顺序动作，或是不按正常顺序触动行程开关而造成不良影响。

（6）每一组继电器的自保回路由下一组继电器的常闭触点切断，但最后一组继电器除外。最后一组继电器的自保回路是由最后一个动作完成时所触动的行程开关的常闭触点切断的。

（7）如果在回路中有两次动作以上的电磁铁线圈，那么必须在其动作回路上串联该动作所属组别的继电器的常开触点，以避免逆向电流造成不正确的继电器或电磁线圈被励磁。

如果将动作顺序分成两组，则通常只需用一个继电器（一组用继电器常开触点，一组用继电器常闭触点）；如果将动作顺序分成三组以上，则通常每一组用一个继电器控制，但在任意时刻，只有一个继电器通电。

【例 13-6】 A、B 两缸的动作顺序为 A＋B＋B－A－，两缸的位移—步骤图如图 13-18(a)所示，其气动回路如图 13-18(b)所示，试设计其电气回路图。

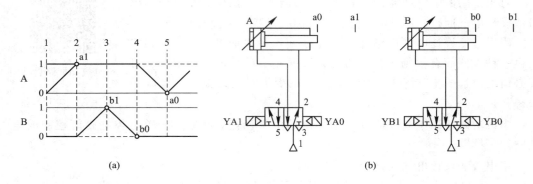

图 13-18 例 13-6 图
(a) 位移—步骤图；(b) 气动回路图

设计步骤如下：

（1）将两缸的动作按顺序分组，如图 13-19(a)所示。

（2）由于动作顺序只分成两组，因此只用 1 个继电器控制即可。第一组由继电器常开触点控制，第二组由继电器常闭触点控制。

（3）建立启动回路：将启动按钮 PB1 和继电器线圈 K1 置于 1 号线上，继电器 K1 的常开触点置于 2 号线上且和启动按钮并联。这样，当按下启动按钮 PB1，继电器线圈 K1 通电并自保。

（4）第一组的第一个动作为 A 缸伸出，故将 K1 的常开触点和电磁线圈 YA1 串联于 3 号线上。这样，当 K1 通电，A 缸即伸出，电路如图 13-19(b)所示。

（5）当 A 缸前进压下行程开关 a1 时，发信号使 B 缸伸出，故将 a1 的常开触点和电磁线圈 YB1 串联于 4 号线上且和电磁线圈 YA1 并联，电路如图 13-19(c)所示。

（6）当 B 缸伸出压下行程开关 b1 时，产生换组动作（由 1 组换到 2 组），即线圈 K1 断电，故必须将 b1 的常闭触点接于 1 号线上。

（7）第二组的第一个动作为 B—，故将 K1 的常闭触点和电磁线圈 YB0 串联于 5 号线上，电路如图 13-19(d)所示。

（8）当 B 缸缩回压下行程开关 b0 时，A 缸缩回，故将 b0 的常开触点和电磁线圈 YA0 串联且和电磁线圈 YB0 并联。

（9）将行程开关 a0 的常闭触点接于 5 号线上，以防止在未按下启动按钮 PB1 之前，电磁线圈 YA0 和 YB0 通电。

（10）完成电路，如图 13-19(e)所示。

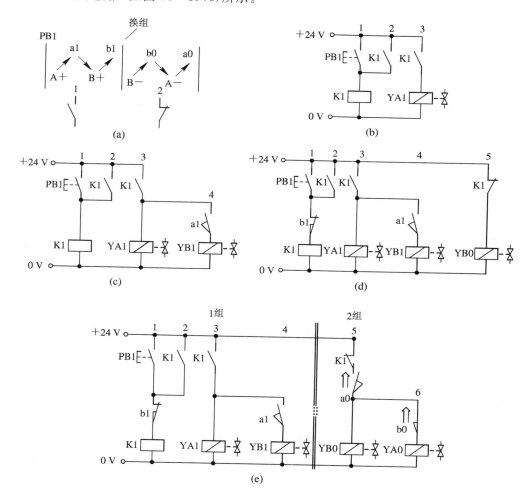

图 13-19 设计步骤图

动作说明如下：

（1）按下启动按钮，继电器 K1 通电，2 号和 3 号线上 K1 所控制的常开触点闭合，5 号线上的常闭触点断开，继电器 K1 形成自保。

（2）3 号线通路，5 号线断路，电磁线圈 YA1 通电，A 缸前进。A 缸伸出压下行程开关 a1，a1 闭合，4 号线通路，电磁线圈 YB1 通电，B 缸前进。

（3）B缸前进，压下行程开关b1，b1断开，电磁线圈K1断电，K1控制的触点复位，继电器K1的自保消失，3号线断路，5号线通路。此时，电磁线圈YB0通电，B缸缩回。

（4）B缸缩回，压下行程开关b0，b0闭合，6号线通路，电磁线圈YA0通电，A缸缩回。

（5）A缸后退，压下a0，a0断开。

由以上动作可知，采用串级法设计控制电路可防止电磁线圈YA1和YA0、YB1和YB0同时通电。

【例13-7】 A、B两缸的位移—步骤图如图13-20所示，其气动回路如图13-18(b)所示，试设计其电气回路图。

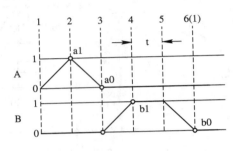

图13-20　位移—步骤图

设计步骤如下：

（1）将两缸的动作按顺序分组，如图13-21(a)所示。

（2）由图13-21(b)可见，动作顺序分成三组：第1组由继电器K1控制，第2组由继电器K2控制，第3组由继电器K3控制。

（3）首先建立启动回路。将启动按钮PB1、行程开关b0的常开触点和继电器线圈K1置于1号线上，K1的常开触点置于2号线上，且与PB1及b0并联。

（4）将K1的常开触点及电磁线圈YA1串联于3号线上。这样，当启动按钮PB1按下时，继电器K1自保，A缸伸出，电路如图13-21(b)所示。

（5）当A缸伸出压下行程开关a1时，要产生换组动作（由1组换到2组），也就是使继电器线圈K2通电，同时，使继电器线圈K1断电。要完成此功能，需将K1的常开触点、行程开关a1和继电器线圈K2串联于4号线上。继电器K2的常开触点接于5号线上，且和继电器K1的常开触点及a1并联，同时将K2的常闭触点串联到2号线上。这样，当A缸伸出压下行程开关a1时，继电器线圈K2通电，形成自保。2号线上K2的常闭触点断开，继电器线圈K1断电。其电路如图13-21(c)所示。

（6）继电器K2的常开触点及电磁线圈YA0串联于6号线上，当K2通电时，A缸缩回。

（7）当A缸缩回压下行程开关a0时，B缸伸出，故将a0的常开触点及电磁线圈YB1置于7号线上。

（8）当B缸伸出压下行程开关b1时，定时器动作，产生延时，故将b1的常开触点和定时器线圈T置于8号线上，其电路如图13-21(d)所示。

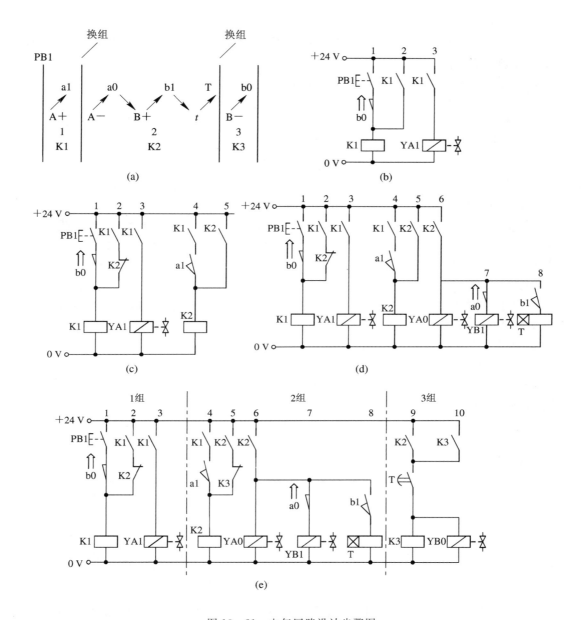

图 13-21 电气回路设计步骤图

（9）当定时器设定时间到时，产生换组动作（由2组换到3组），使继电器线圈 K3 通电，同时使继电器线圈 K2 断电。要完成此项功能，需将继电器 K2 的常开触点、定时器 T 的常开触点及继电器 K3 线圈置于 9 号线上，同时将继电器 K3 的常闭触点串联在 5 号线上。这样，当定时器时间到时，定时器的常开触点闭合，继电器线圈 K3 通电，5 号线上的 K3 的常闭触点分离，继电器线圈 K2 断电。

（10）将电磁线圈 YB0 置于 10 号线上，使其与继电器线圈 K3 并联。当 K3 通电时，电磁线圈 YB0 励磁，气缸 B 缩回。

（11）完成电气回路，如图 13-21(e) 所示。

动作说明如下：

（1）按下启动按钮，1 号线通路，继电器线圈 K1 通电，2 号、3 号和 4 号线上 K1 所控制的常开触点闭合，继电器 K1 自保。

（2）由于此时 3 号线通路，因此电磁线圈 YA1 通电，A 缸伸出。

（3）A 缸伸出压下行程开关 a1，4 号线通路，继电器线圈 K2 通电，则 5 号、6 号和 9 号线上所控制的常开触点闭合，2 号线上继电器 K2 的常闭触点分离，并使 1 和 2 号线上所形成的自保电路消失，线圈 K1 断电，动作由第 1 组换到第 2 组。

（4）6 号线通路，电磁线圈 YA0 通电，A 缸缩回。

（5）A 缸缩回，压下行程开关 a0，电磁线圈 YB1 通电，B 缸伸出。

（6）B 缸伸出压下 b1 时，定时器线圈 T 通电，开始计时。

（7）设定时间到时，定时器线圈所控制的常开触点闭合，9 号线通路，继电器线圈 K3 通电，5 号线上 K1 的常闭触点分离，4 号和 5 号线上所形成的自保电路消失，继电器线圈 K2 断电，动作由第 2 组换到第 3 组。

（8）继电器线圈 K3 通电，同时电磁线圈 YB0 通电，B 缸缩回。

由以上动作说明可知，在任一时刻，只有一个继电器线圈通电，则电磁线圈 YA1 和 YA0、YB1 和 YB0 不会出现同时通电的情况。

如果设计要求的控制条件如下：

（1）单循环、连续循环二者选一。

（2）按下急停按钮，A、B 两缸退回原始位置。

则电气回路图改为如图 13-22 所示。

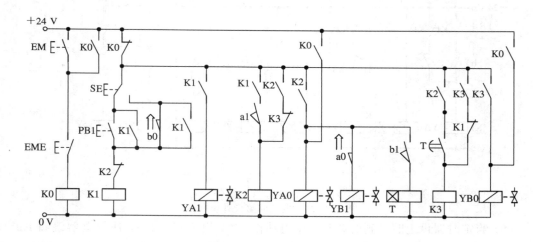

图 13-22 单循环、连续循环及紧急复位电路

注：PB1 为单循环按钮，SE 为选择开关，EM 为急停按钮，EME 为复位按钮。

2）使用单电控电磁阀的电气回路图设计

使用单电控电磁阀设计单电控电气回路，其设计思路是让电磁线圈通电而使方向控制阀换向，从而使气缸活塞杆伸出；让电磁阀断电，使电磁阀复位，即气缸缩回。如前所述，在串级法中，当新的一组动作开始时，前一组的所有主阀断电。因此，对于输出动作延续到后续各组的动作，必须在后续各组中再次被励磁。

单电控电磁阀的控制回路在设计步骤上与双电控电磁阀的控制回路相同，但通常将控制继电器线圈集中在回路左方，而控制输出电磁阀线圈放在回路右方。

【例 13 – 8】 A、B 两缸的位移—步骤图如图 13 – 23（a）所示，其气动动力回路如图 13 – 23（b）所示，试设计其电气回路图。

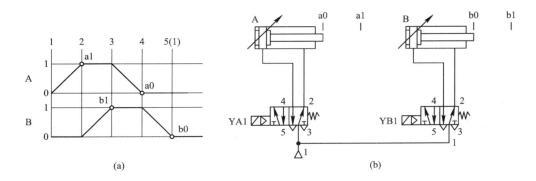

图 13 – 23　例 13 – 8 图
（a）位移—步骤图；（b）气动回路图

设计步骤如下：

（1）写出气缸的顺序动作，并按串级法分组，确定每个动作所触动的行程开关。为了表示电磁线圈的动作延续到后续各组中，用动作顺序下方画出水平箭头来说明线圈的输出动作必须维持至该点。如图 13 – 24（a）所示，电磁线圈 YB1 通电必须维持到 A 缸后退行程完成，当 A 缸后退压下 a0 时，线圈 YB1 断电，B 缸自动后退。

（2）动作分为两组，并由两个继电器分别掌管。将启动按钮 PB1、行程开关 b0 及继电器线圈 K1 置于 1 号线上，K1 的常开触点置于 2 号线上且和 PB1 与 b0 并联，K1 的常开触点和电磁线圈 YA1 串联于 5 号线上。这样当按下 PB1 时，电磁线圈 YA1 通电，继电器 K1 形成自保。电路如图 13 – 24（b）所示。

（3）A 缸伸出压下行程开关 a1，导致 B 缸伸出。因此，将继电器 K1 的常开触点、行程开关 a1 和电磁线圈 YB1 串联于 6 号线上，这样，当 A 缸伸出压下 a1 时，电磁线圈 YB1 通电，B 缸伸出。电路如图 13 – 24（c）所示。

（4）B 缸伸出压下行程开关 b1，产生换组动作（由 1 组换到 2 组）。将继电器 K1 的常开触点、行程开关 b1 及继电器线圈 K2 串联于 3 号线上，继电器线圈 K2 的常开触点接于 4 号线上且和常开触点 K1 及行程开关 b1 并联，这样，当 B 缸伸出压下行程开关 b1 时，继电器线圈 K2 通电，且形成自保，同时，1 号线上的继电器线圈 K2 的常闭触点分离，继电器线圈 K1 断电，顺序动作进入第 2 组。电路如图 13 – 24（d）所示。

（5）由于继电器 K1 断电，因此 5 号线断路，A 缸缩回。为防止动作进入第 2 组时 B 缸与 A 缸同时缩回，必须在 7 号线上加上继电器 K2 的常开触点，以延续电磁线圈 YB1 通电。

（6）A 缸缩回压下行程开关 a0，导致 B 缸缩回。因此，将行程开关 a0 的常闭触点串联于 3 号线上。这样，当 A 缸退回压下 a0 时，继电器线圈 K2 断电，B 缸缩回。

（7）完成电路如图 13 – 24（e）所示。

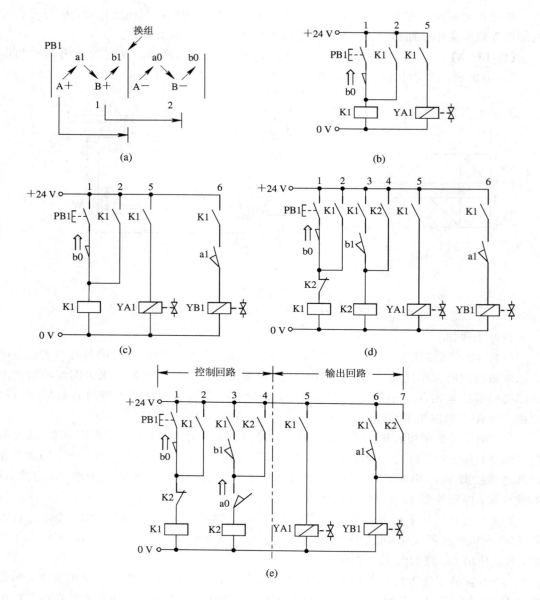

图 13-24 设计步骤图

动作说明如下：

（1）按下启动按钮 PB1，1 号线通路，继电器线圈 K1 通电，1 号、2 号、3 号、5 号及 6 号线上所控制的常开触点闭合，继电器线圈 K1 形成自保。

（2）5 号线通路，电磁线圈 YA1 通电，A 缸伸出。

（3）A 缸伸出压下 a1，6 号线通路，电磁线圈 YB1 通电，B 缸前进。

（4）B 缸前进压下 b1，3 号线通路，继电器线圈 K2 通电，4 号和 7 号线上 K2 的常开触点闭合，1 号线上 K2 的常闭触点分离，动作进入第 2 组。

（5）因为继电器线圈 K1 断电，K1 所控制的触点复位，所以 5 号线断电，电磁线圈 YA1 断电，A 缸缩回。

（6）当 A 缸缩回压下 a0 时，切断 3 号和 4 号线所形成的自保电路。此时，继电器线圈 K2 断电，K2 所控制的触点复位；7 号线断路，电磁线圈 YB1 断电，B 缸缩回。

13.5　工业实践项目：进料与夹紧机构电气动控制

1. 控制要求和技术参数

机械加工中的送料与夹紧机构如图 13-25 所示，动作要求：按下控制开关完成送料→夹紧→松开→退回，即 A+；B+；B-；A-，系统压力为 6 bar。要求用排气节流的方法控制两个气缸活塞杆的前冲速度，且 B 缸快速退回。可采用单电控或双电控换向阀阀控制。

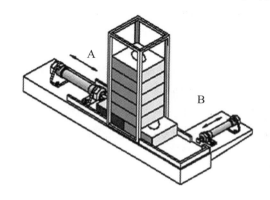

图 13-25　送料与夹紧机构

2. 解决方案

（1）分析进料与夹紧机构工作原理及过程，根据控制要求绘制出气缸动作的位移—步骤图。

（2）根据工业应用中的进料与夹紧机构控制要求，使用气动回路仿真软件设计气动回路图和电气控制回路图，仿真运行回路，检查是否满足进料与夹紧机构的控制求，满足要求后绘制标准规范的气动回路图和电气控制回路图。

3. 任务实施

根据设计出来的气动回路图从气动实训台上正确选取气动元件组装气动回路，按照电气控制回路图组装电气控制电路。经安全检查后，打开气动二联件的开关和 24 V 直流电源，调整气动系统压力为 6 bar。调试运行回路，记录操作过程及遇到的问题，将所使用的元器件名称及数量填入表 13-1，不完整的名称请补充。

表 13-1　项目所用元器件清单

实训名称	铝合金底板	气动二联件	分气块	气管	三通	3/2 按钮开关（常闭）	5/2 双电控先导方向控制阀	磁感应行程开关	双作用气缸	…
数量	1	1	1							

4. 任务反思

快速排气阀如何使气缸快速动作？其安装使用有什么要求？安装了快速排气阀后，在气动实训台上能否明显看到气缸运动速度提高？为什么？

5. 拓展与创新

完成上述 L 循环工业控制回路可以采用单电控与双电控电磁阀的多种组合设计。你可以设计出哪几种控制回路与电路？你认为哪种回路是相对优化的解决方案？

思考题与习题

常见问题解答

13-1 时间继电器按照其输出触点动作形式不同，可分为哪两种？试画出其符号及时序图。

13-2 简述中间继电器的工作原理。

13-3 简述电气回路图的画图原则。

13-4 简述自保电路。

13-5 简述互锁电路。

13-6 假定气动回路如图 13-12(a)所示，试设计一电气回路图，使其能控制图中所示气缸实现单一循环和连续往复循环动作。

13-7 试用串级法设计控制以下动作顺序（单一循环）的电气回路，气缸的主控阀分别为二位五通单电控电磁阀和二位五通双电控电磁阀。

(1) A－B－B＋A＋；

(2) A＋A－B＋A＋A－B－；

(3) A＋B＋A－B－；

(4) A＋B＋C＋C－B－A－；

(5) A＋B＋B－C＋A－C－；

(6) A＋A－B＋B－C＋C－。

第 14 章　可编程控制器的应用

可编程控制器由于价格低廉，功能齐全，工业环境适用性强，操作简单，因此已广泛用于自动化生产的各个领域。国外的调查结果表明，有 80% 以上的工业控制均可用可编程控制器来完成，如在数控设备、自动生产线及机器人等控制中。可编程控制器直接与液压、气动或电机等设备相结合来进行工业控制，为工业自动化提供了强有力的工具，加速了机电一体化的实现。有人称可编程控制器是现代工业自动化的灵魂。本章主要介绍可编程控制器的工作原理、三菱 FX$_{2N}$ 的编程语言及气动控制可编程控制系统的设计步骤。

14.1　可编程控制器概述

可编程控制器是以微处理器为基础，综合计算机技术、自动控制技术和通信技术而发展起来的一种新型工业控制装置。它结合了传统继电器控制技术和现代计算机信息处理两者的优点，是工业自动化领域中最重要、应用最广的控制设备，并已跃居工业生产自动化三大支柱（可编程控制器、机器人、计算机辅助设计与制造）的首位。

14.1.1　可编程控制器的一般概念

可编程控制器（Programmable Controller，PC）是在继电器控制技术和计算机技术的基础上开发出来的，并逐渐发展成为以微处理器为核心，集计算机技术、自动控制技术及通信技术于一体的一种专门用于工业控制的装置。

在传统继电器控制系统中，要完成一个控制任务，需要由导线将各种输入设备（按钮、控制开关、限位开关、传感器等）与若干中间继电器、时间继电器、计数继电器等组成的具有一定逻辑功能的控制电路相连接，然后，通过输出设备（接触器、电磁阀等执行元件）去控制被控对象的动作或运行。这种控制系统称作接线控制系统，所实现的逻辑称为布线逻辑，即输入对输出的控制作用是通过"接线程序"来实现的。在这种控制系统中，控制要求的变更或修改必须通过改变控制电路的硬接线来完成。因此，虽然其结构简单易懂，在工业控制领域中被长期广泛使用，但由于其设备体积大，动作速度慢，功能单一，接线复杂，通用性和灵活性差，已愈来愈不能满足现代化生产中的生产过程及工艺复杂、多变的控制要求。

1969 年，美国数字设备公司（DEC）根据美国通用汽车公司（GE）的要求，研制出了世界上第一台可编程控制器，并在 GE 公司的汽车自动装配线上首次应用成功。它主要用于取代传统的继电器逻辑控制。

可编程控制器具有执行逻辑运算、计时、计数等顺序控制功能，故最初称其为可编程逻辑控制器（Programmable Logic Controller），简称为 PLC。出于习惯叫法，本书中将可编程控制器称为 PLC。

14.1.2　可编程控制器的特点

可编程控制器之所以能成为当今增长速度最快的工业自动化控制设备，是因为它具备了许多独特的优点。它较好地解决了工业控制领域普遍关心的可靠、安全、灵活、方便、经济等问题。

可编程控制器的主要特点如下：

(1) 可靠性高，抗干扰能力强，是 PLC 最突出的特点。

(2) 编程简单易学。

(3) 设计、安装容易，调试周期短，维护简单。

(4) 模块品种丰富，通用性好，功能强大。

(5) 体积小，能耗低。

14.1.3　可编程控制器的发展趋势

目前，可编程控制器技术发展总的趋势是系列化、通用化、高性能化和网络化，主要表现在如下几个方面：

(1) 模块种类丰富多彩。为了适应各种特殊功能的需要，各种智能模块将层出不穷。智能模块是以微处理器为基础的功能部件，它们的 CPU 与 PLC 的 CPU 并行工作，占用主机的 CPU 时间很少，有利于提高 PC 的扫描速度和完成特殊的控制要求。

(2) 高可靠性。一些特定的环境和条件要求自动化系统有很高的可靠性，因而自诊断技术、冗余技术、容错技术在 PLC 中得到了广泛的应用。

(3) 在系统构成规模上向大、小两个方向发展。发展小型(超小型)化、专用化、模块化、有灵活组态特性的低成本 PLC，可以真正替代最小的继电器系统；发展大容量、高速度、多功能、高性能价格比的 PLC，可以满足现代化企业中大规模、复杂系统自动化的需要。

(4) 产品更加规范化、标准化。PLC 厂家在使硬件及编程工具换代频繁、丰富多样、功能提高的同时，日益向 MAP(制造自动化协议)靠拢，并使 PLC 基本部件，如输入/输出模块、接线端子、通信协议、编程语言和工具等方面的技术规格规范化和标准化，使不同产品间能相互兼容，易于组网，以方便用户真正利用 PLC 来实现工厂自动化。

(5) 大型网络化。今后的 PLC 将具有 DCS 系统的功能，网络化和强化通信能力是 PLC 的一个重要发展趋势。PLC 构成的网络将由多个 PLC、多个 I/O 模块相连，并可与工业计算机、以太网等相连构成整个工厂的自动控制系统。现场总线技术(如 PROFIBUS)在工业控制中将会得到越来越广泛的应用。

(6) 编程语言的高级化。除了梯形图、语句表、流程图外，一些 PLC 还增加了 BASIC、C 等编程语言。此外也出现了通用的、功能更强的组态软件，进一步改善了开发环境，提高了开发效率。

14.1.4　可编程控制器在气动控制中的应用

气动技术作为动力传动与控制的一种手段获得了越来越广泛的应用。气动控制方式有从由气动逻辑元件及气控阀组成的全气动控制到由电气技术参与的电-气动控制等多种。

全气动控制虽然发展了由计算机辅助设计的逻辑控制方式、位置控制系统和通用程序控制器(节拍器)等,但是面对庞大的、复杂多变的气动系统,其控制较复杂。目前,除了一些特殊的应用场合,如防爆、防静电场合等,已很少采用全气动控制。

电-气动控制也由继电器回路控制发展成为采用可编程控制器(PLC)控制。气动控制由于 PLC 的参与,使得庞大的、复杂多变的系统控制起来简单明了,使程序的编制、修改变得容易。随着气动技术的发展,电磁阀的线圈功率越来越小,而 PLC 的输出功率在增大,使电磁阀与 PLC 之间省去了许多中间环节,使控制系统变得更简单了。目前,随着微电子技术、通信技术、自动控制技术及检测技术的发展,气动技术的应用领域越来越广,而气动控制乃至自动化控制越来越离不开 PLC,特别是阀岛技术的发展,使 PLC 在气动控制中变得更加得心应手了。

14.2 可编程控制器的组成及工作原理

14.2.1 可编程控制器的组成

从广义上来说,可编程控制器也是一种计算机控制系统,只不过它比一般的计算机具有更强的与工业过程相连接的接口和更直接的适用于控制要求的编程语言。所以,PLC 作为一种专门用于工业现场控制的计算机系统,与计算机控制系统的组成十分相似,也包括软件和硬件两大部分。其软件由系统软件和应用软件(或称用户程序)组成,系统软件又分为编程器系统软件和操作系统软件。在硬件组织结构方面也与计算机基本相同,也具有中央处理器(CPU)、存储器、输入/输出(I/O)接口、电源等,如图 14-1 所示。

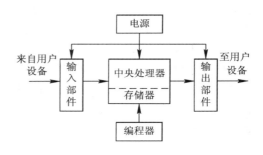

图 14-1 可编程控制器的基本组成

1. 中央处理器

中央处理器作为整个 PLC 的核心,起着总指挥的作用,主要有如下任务:

(1)按照 PLC 中系统程序所赋予的功能控制接收,并存储用户程序和数据,响应各种外部设备(如编程器、打印机、上位计算机、图形监控系统、条码判读器等)的工作请求。

(2)诊断 PLC 电源、内部电路的工作状态及用户程序中的语法错误。

(3)用扫描方式采集由现场输入装置送来的状态或数据,并存入输入映像寄存器或数据寄存器中。

(4)在运行状态时,按用户程序存储器中存放的先后顺序逐条读取指令,经编译解释后,按指令规定的任务完成各种运算和操作,根据运算结果存储相应的数据,并更新有关标志位的状态和输出映像寄存器的内容。

(5)将存于数据寄存器中的数据处理结果和输出映像寄存器的内容送至输出电路。

2. 存储器

PLC 内部的存储器有两类:一类是系统程序存储器,用于存放系统程序,包括系统管理程序、监控程序、模块化应用功能子程序以及对用户程序做编译处理的编译解释程序等。系统程序根据 PLC 功能的不同而不同，生产厂家在 PLC 出厂前已将其固化在只读存储器（ROM 或 PROM）中，用户不能更改。

另一类是用户存储器，包括用户程序存储区及工作数据存储区。其中，用户程序存储区主要存放用户已编制好或正在调试的应用程序；工作数据存储区包括存储各输入端状态采样结果和各输出端状态运算结果的输入/输出（I/O）映像寄存器区（或称输入/输出状态寄存器区）、定时器/计数器的设定值和经过值存储区、各种内部编程元件（内部辅助继电器、计数器、定时器等）状态及特殊标志位存储区、存放暂存数据和中间运算结果的数据寄存器区等。这类存储器一般由随机存取存储器 RAM 构成，其中，存储内容可通过编程器读出并更改。为了防止 RAM 中的程序和数据因电源停电而丢失，常用高效的锂电池作为后备电源，锂电池的寿命一般为 3～5 年。

3. 输入/输出接口

输入/输出（I/O）接口是将工业现场的各种设备与 CPU 连接起来的部件，有时也被称为 I/O 单元或 I/O 模块。它使 PLC 通过其输入端子接受现场输入设备（如限位开关、操作按钮、传感器）的控制信号，并将这些信号转换成 CPU 所能接收和处理的数字信号。

输入有两种方式：一种是数字量输入，也称开关量输入或触点输入；另一种是模拟量输入，也称电平输入，模拟量输入要经过 A/D 转换才能进入 PLC。为了提高 PLC 的抗干扰能力，输入信号与内部电路之间并无电联系，输入信号主要依靠输入部件内部的光电耦合、滤波等电路将信号传送给内部电路。通过这种隔离措施可以防止现场干扰串入 PLC。

输出接口与输入相反，它将经 CPU 处理过的输出数字信号（1 或 0）传送给输出端的电路元件，以控制其接通或断开，从而使接触器、微电机、电磁阀、指示灯等输出设备获得或失去工作所需的电压或电流。输出接口的形式通常有继电器输出型、晶体管输出型和可控硅输出型等。

4. 特殊功能模块

为了满足复杂控制功能的需要，PLC 上配有多种智能模块，如 PID 调节模块、通信模块、步进模块以及伺服模块等。

5. 电源

PLC 的电源是指将外部输入的交流电经过整流、滤波、稳压等处理后转换成满足 PLC 的内部电子电路工作需要的直流电的电源电路或电源模块。输入/输出接口电路的电源彼此要相互独立，以避免或减小电源间干扰。

现在许多 PLC 的直流电源采用直流开关稳压电源。这种电源稳压性能好，抗干扰能力强，不仅可提供多路独立的电压供内部电路使用，而且还可为输入设备或输入端的传感器提供标准电源。

6. 编程器

编程器是人与 PLC 联系和对话的工具，是 PLC 最重要的外围设备。用户可以利用编程器来输入、读出、检查、修改和调试用户程序，也可用它在线监控 PLC 的工作状态，进行故障查询或修改系统寄存器的设置参数等。一般来说，一台手持编程器可以用于同系列的其他 PLC，做到了一机多用。对 PLC 除采用手持编程器进行编程和监控外，还可通过 PLC 的 RS-232 外设通信口（或 422 口配以适配器）与计算机连机，并利用 PLC 生产厂家提供的专用工具软件对 PLC 进行编程和监控。比较而言，利用计算机进行编程和监控往往比手持编程工具更加直观和方便。

14.2.2 可编程控制器的结构

通常可将 PLC 的结构分为单元式（或称箱体式、整体式）和模块式两类。

1. 单元式结构

单元式结构把包括 CPU、RAM、ROM、I/O 接口、与编程器或 EPROM 写入器相连的接口、与 I/O 扩展单元相连的扩展口、输入/输出端子、电源、各种指示灯等的全部电路安装在一个箱体内，其外观如图 14-2 所示。其特点是结构非常紧凑，体积小，成本低，安装方便。整体式 PLC 的主机可通过扁平电缆与 I/O 扩展单元、智能单元（如 A/D、D/A 单元）等相连接。为了达到输入/输出点数灵活配置和易于扩展的目的，某一系列的产品通常都有不同点数的基本单元和扩展单元，单元的品种越丰富，其配置就越灵活。例如，日本立石的 C 系列机、三菱 FX_{2N} 系列及西门子 SIMATIC S7-200 就属于这种形式，目前点数较少的系统多采用单元式结构。

图 14-2 单元式结构

小型可编程控制器结构的最新发展也吸收了模块式结构的特点，各种点数不同的 PLC 主机和扩展单元都做成了同宽同高但不同长度的模块，这样，几个模块拼装起来后就成了一个整齐的长方体结构。三菱的 FX_{2N} 系列就是采用这种结构，立石 C 系列的小型机也采用这种结构。

目前 PLC 还有许多专用的特殊功能单元，这些单元有模拟量 I/O 单元、高速计数单元、位置控制单元、I/O 连接单元等。大多数单元都是通过主单元的扩展口与 PLC 主机相连，有部分特殊功能单元通过 PLC 的编程器接口与 PLC 主机连接。

2. 模块式结构

模块式可编程控制器采用搭积木的方式组成系统，在一个机架上插上 CPU、电源、I/O 模块及特殊功能模块，即可构成一个总 I/O 点数很多的大规模综合控制系统。其外观如图 14-3 所示。

模块式结构形式的特点是 CPU 为独立的模块，输入/输出、电源等也是独立的模块，因此配置很灵活。可以根据不同的系统规模选用不同档次的 CPU 及各种 I/O 模块、功能模块及其他诸如通信、计数、定位等特殊功能模块来组成一个系统。由于模块尺

图 14-3 模块式结构

寸统一，安装整齐，因此对于 I/O 点数很多的系统选型、安装调试、扩展、维修等都非常方便。这种结构形式的可编程控制器除了要有各种模块以外，还需要用机架（主机架、扩展机架）将各模块连成一个整体，若有多个机架时，则还要用电缆将各机架连在一起。目前大型系统多采用这种形式。

3. 叠装式结构

以上两种结构各有特色，前者结构紧凑，安装方便，体积小巧，容易与机床、电控柜相连成一体，但由于其点数有搭配关系，加之各单元尺寸大小不一致，因此不易安装整齐；后者点数配置灵活，又易于构成较多点数的大系统，但尺寸较大，难以与小型设备相连。为此，有些公司开发出叠装式结构的可编程控制器。它的结构也是各种单元、CPU自成独立的模块，但安装不用机架，仅用接口进行单元间连接，且各单元可以一层层地叠装，这样，既达到了配置灵活的目的，又可使体积做得小巧。

14.2.3 可编程控制器的工作原理

1. PLC 的工作方式

PLC 的运算处理从运算步序码 0 开始，依次执行所有指令的内容，然后再返回到运算步序码 0。这样反复循环执行从步序码 0 到尾步序之间的运算过程叫扫描运算，或称为循环扫描运算。

PLC 的工作方式是以循环扫描的方式为基础的，每一次扫描所用的时间称为扫描时间，也可称为扫描周期或工作周期。PLC 通电之后，由于所有状态均保持在断电前的状态，因而在最初的预扫描中，既不求解逻辑，也不驱动输出，仅使输入更新。在下一次扫描中，PLC 才按扫描输入求解用户逻辑，并根据所编程序的次序，从左到右，从上到下进行扫描，先扫到的先检查、先执行。

PLC 的扫描可按固定的顺序进行，也可按用户程序所指定的可变顺序进行。对用户程序的循环扫描过程一般可分为三个阶段进行，即输入刷新（输入收集）阶段、程序处理阶段和输出刷新阶段，如图 14-4 所示。

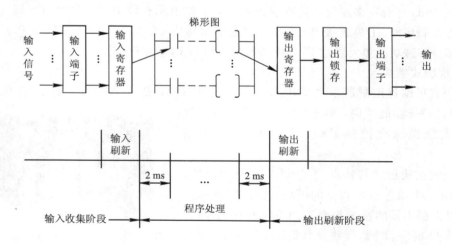

图 14-4　PLC 的程序执行过程

顺序扫描工作方式简单直观，便于程序设计和 PLC 的自检。具体体现在：PLC 扫描到的功能经解算后马上就可被后面将要扫描到的功能所利用；可在 PLC 内设定一个监视定时器，用来监视每次扫描的时间是否超过规定值，避免了由于内部 CPU 故障而使程序执行进入死循环。

2. PLC 对输入/输出的处理规则

PLC 在输入/输出处理方面遵循以下规则：

（1）输入状态映像寄存器中的数据取决于与输入端子板上各输入端相对应的输入锁存器在上一次刷新期间的状态。

（2）程序执行中所需的输入/输出状态由输入状态映像寄存器和输出状态映像寄存器读出。

（3）输出状态映像寄存器的内容随程序执行过程中与输出变量有关的指令的执行结果而改变。

（4）输出锁存器中的数据由上一次输出刷新阶段时输出状态映像寄存器的内容决定。

（5）输出端子板上各输出端的通断状态由输出锁存器中的内容决定。

14.2.4 可编程控制器的主要技术指标

PLC 的技术指标可分为硬件和软件指标两大类。硬件指标包括一般指标、输入特性和输出特性三个方面。软件指标可包括运行方式、速度、程序容量、指令类型、元件种类和数量等。实际应用中最关键的几个基本技术指标为 I/O 总点数、用户程序存储器容量、编程语言、编程手段、扫描速度。表 14 - 1 至 14 - 4 列出了 FX$_{2N}$ 系列 PLC 的主要指标。

表 14 - 1　FX$_{2N}$ 系列 PLC 的一般指标

环境温度	动作时，0～55℃；保存时，−20～+70℃	额定电压/V	AC 100～240
相对湿度	动作时，35%～85%RH(不结露)	电压允许范围/V	AC 85～264
抗振动	符合 JIS C0911，0～55 Hz，0.5 mm(最大 2 G)，DIN 导轨 0.5 G，3 轴向各 2 小时	额定频率/Hz	50/60
抗冲击	符合 JIS C0912，10 G，3 轴向各 3 次	允许瞬间断电时间	10 ms 以内的瞬间断电，机器继续运行，当电源电压为 AC 200 V 时，通过用户程序可将其改为 10～100 ms
抗噪音	噪声峰-峰电压 1000 V，噪声宽 1 μs，周期 30～100 Hz 的噪声模拟器	电源保险丝	250 V，3 A，32 点以下；250 V，5 A，48 点以上
耐压	AC 1500 V，1 分钟	全部端子和接地端子之间	冲击电流	最大 40 A，5 ms 以下，AC 100 V；最大 60 A，5 ms 以下，AC 200 V
绝缘电阻	DC 500 V，欧姆表量在 5 MΩ 以上			
接地	第三种接地(不可与强电系通用接地)、专用接地	传感器电源	DC 24 V，250 mA 以下，32 点以下(无扩展模块)；DC 24 V，460 mA 以下，48 点以上(无扩展模块)
工作环境	不要有腐蚀性、可燃性气体、导电性尘埃不严重			

表 14 - 2　FX$_{2N}$ 系列 PLC 的性能指标

项　目		FX$_{2N}$ 系列
运算控制方式		程序存储反复运算方式(专用 LSI)、中断命令
输入/输出控制方式		批处理方式(执行 END 指令时),但有 I/O 刷新指令
程序语言		继电器符号＋步进梯形图方式(可用 SFC 表示)
程序存储器	最大存储容量	16 K 步(含注释文件寄存器最大 16 K),有键盘保护功能
	内置存储器容量	8 K 步,RAM(内置锂电池后备)电池寿命约 5 年,使用 RAM 卡盒约 3 年(保修期 1 年)
	可选存储卡盒	RAM 8 K(可自配 16 K)/EEPROM 4 K,8 K/16 K/ EPROM 8 K,不能使用带有锁存功能的存储卡盒
指令种类	顺控步进梯形图	顺控指令 27 条,步进梯形图指令 2 条
	应用指令	128 种,298 个
运算处理速度	基本指令	0.08 μs/指令
	应用指令	1.52～100 μs/指令
输入/输出点数	扩展并用时输入点数	X000～X267,184 点(八进制编号)
	扩展并用时输出点数	Y000～Y267,184 点(八进制编号)
	扩展并用时总点数	256 点
辅助继电器	※1　一般用	M0～M499,500 点
	※2　保持用	M500～M1023,524 点
	※3　保持用	M1024～M3071,2048 点
	特殊用	M8000～M8255,156 点
状态寄存器	初始化	S0～S9,10 点
	※1　一般用	S10～S499,490 点
	※2　保持用	S500～S899,400 点
	※3　信号用	S900～S999,100 点
定时器(限时)	100 ms	T0～T199,200 点(0.1～3276.7 s)
	10 ms	T200～T245,46 点(0.01～327.67 s)
	※3　1 ms 乘法型	T246～T249,4 点(0.01～32.767 s)
	※3　100 ms 乘法型	T250～T255,6 点(0.1～3.2767 s)

项 目		FX$_{2N}$系列
计数器	※1 16 位向上	C0～C99, 100 点(0～32.767 计数器)
	※2 16 位向上	C100～C199, 100 点(0～32.767 计数器)
	※1 32 位双向	C200～C219, 20 点 (-2 147 483.648～+2 147 483.647)计数器
	※2 32 位双向	C220～C234, 15 点 (-2 147 483.648～+2 147 483.647)计数器
	※3 32 位高速双向	C235～C255 中的 6 点
数据寄存器 (适用一对时 32 位)	※1 16 位保持用	D0～D199, 200 点
	※2 16 位保持用	D200～D511, 312 点
	※3 16 位保持用	D512～D7999, 7488 点
	16 位保持用	D8000～D8195, 106 点
	16 位保持用	V0～V7, Z0～Z7, 16 点
指针	JAMP, CALL 分支用	P0～P127, 128 点
	输入中断, 计时中断	I0□□～I8□□, 9 点
	计数中断	1010～1060, 6 点
嵌套	主控	N0～N7, 8 点
常数	十进制(K)	16 位：-32 768～+32 767 32 位：-2 147 483.648～+2 147 483.648
	十六进制(H)	16 位：0～FFFF；32 位：0～FFFFFFFF

注：※1 非电池后备区，通过参数设置可变为电池后备区。

※2 电池后备区，通过参数设置可以改为非电池后备区。

※3 电池后备固定区，区域特性不可改变。

表 14-3 FX$_{2N}$系列 PLC 的输入特性

项 目	DC 输 入	
	(AC 电源型)FX$_{2N}$基本单元	扩展模块(FX$_{0N}$, FX$_{2N}$)扩展单元 FX$_{2N}$
机型		
输入信号电压	DC 24 V±10%	DC 24 V±10%
输入信号电流	7 mA/DC 24 V(X010 以后 5 mA/DC 24 V)	5 mA/DC 24 V
输入 ON 电流	4.5 mA 以上(X010 以后 3.5 mA/DC 24 V)	3.5 mA 以上
输入 OFF 电流	1.5 mA 以下(X010 以后 1.5 mADC 24 V)	1.5 mA 以上
输入应答时间	约 10 ms	约 10 ms
	X000～X017 内含数字滤波器，可在 20～60 ms 内转换	
输入信号形式	接点输入或 NPN 开路集电极晶体管	
输入电路绝缘	光耦合绝缘	
输入动作表示	输入连接时 LED 灯亮	

表 14 - 4　**FX$_{2N}$系列 PLC 的输出特性**

项　目		继电器输出	三段双向可控硅开关元件输出	晶体管输出
机型		FX$_{2N}$扩展单元 FX$_{2N}$扩展模块	FX$_{2N}$基本单元 FX$_{2N}$扩展模块	FX$_{2N}$基本单元 FX$_{2N}$扩展单元 FX$_{2N}$扩展模块
内部电源		AC 250 V, DC 30 V 以下	AC 85~242 V	DC 5~30 V
电路绝缘		机械的绝缘	光控晶闸管绝缘	光耦合器绝缘
动作指示		继电器螺线管通电时 LED 灯亮	光控晶闸管驱动时 LED 灯亮	光耦合驱动时 LED 灯亮
最大负载	电源负载	2 A/1 点 8 A/4 点公用 8 A/8 点公用	0.3 A/1 点；0.8 A/4 点	0.5 A/1 点，0.8 A/4 点， 1.6 A/8点(Y0,Y1 以外)，0.3 A/ 1 点(Y0,Y1)
	感应性负载	80 VA	15 VA/AC 100 V； 30 VA/AC 200 V (50 VA/AC 100 V； 100 VA/AC 200 V)	12 W/DC 24 V(Y0,Y1 以外)， 7.2 W/DC 24 V(Y0,Y1)
	灯负载	100 W	30 W[100W]	1.5 W/DC 24 V(Y0,Y1 以外)， 0.9 W/DC 24 V(Y0,Y1)
开路漏电流		—	1 mA/AC 100 V， 2 mA/AC 200 V	0.1 mA/DC 30 V
最小负载		DC 5 V, 2 mA 参考值	0.4 VA/AC 100 V， 1.6 VA/AC 200 V	—
响应时间	OFF→ON	约 10 ms	1 ms 以下	0.2 ms 以下 15 μs(Y0,Y1 时)
	ON→OFF	约 10 ms	10 ms 以下	0.2 ms 以下 30 μs(Y0,Y1 时)

PLC 按 I/O 点数和内存容量大致可分为微型机、小型机、中型机、大型机等四类。

(1) 微型机：I/O 点数在 64 以内，内存容量为 25 B~1 KB。

(2) 小型机：I/O 点数为 64~256，内存容量为 1~3.6 KB。

(3) 中型机：I/O 点数为 256~2048，内存容量为 3.6~13 KB。

(4) 大型机：I/O 点数在 2048 以上，内存容量在 13 KB 以上。

14.2.5　三菱微型可编程控制器 FX$_{2N}$系列的编程语言

可编程控制器由于品牌不同，故指令结构亦略有差异，但其功能均相似。PLC 最普遍使用的编程语言是梯形图(Ladder Diagram)和指令表(Statement List)。

梯形图是直接从传统的继电器控制图脱胎来的。它是一种采用常开触点、常闭触点、线圈和功能块构成的图形语言，类似于继电器线路，由许多阶梯组成。它结构简单，动作原理直观，可读性较高，并且照顾到了电气自动化技术人员的读图习惯及思维习惯。

现以三菱 FX_{2N} 系列 PLC 的基本逻辑指令为例，说明指令的含义、梯形图的编制方法以及对应的指令表程序。

1. 逻辑取和输出线圈(LD/LDI/OUT)

逻辑取和输出线圈的逻辑指令符号、名称、功能、电路表示和可用软元件、程序步如表 14-5 所示。

表 14-5　逻辑取和输出线圈的逻辑指令

符号	名称	功　能	电路表示和可用软元件	程序步
LD	取	常开触点逻辑运算起始	X, Y, M, S, T, C	1
LDI	取反	常闭触点逻辑运算起始	X, Y, M, S, T, C	1
OUT	输出	线圈驱动	Y, M, S, T, C	Y, M: 1; S, 特M: 2; T: 3; C: 3~5

逻辑取和输出线圈的梯形图程序如图 14-5 所示。

逻辑取和输出线圈的指令表程序如下：

```
0   LD    X000   ←  与母线连接
1   OUT   Y000   ←  驱动指令
2   LDI   X001   ←  与母线连接
3   OUT   M100   ←  驱动指令
4   OUT   T0     ←  驱动定时器指令
    SP    K19    ←  设定常数
7   LD    T0
8   OUT   Y001
```

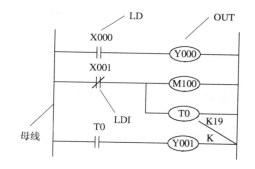

图 14-5　梯形图程序

注：SP 为空格键。

说明：

(1) LD、LDI 指令用于将触点接到母线上。另外，它与后述的 ANB 指令组合，在分支起点处也可使用。

(2) OUT 指令是对输出继电器、辅助继电器、状态继电器、定时器、计数器的线圈的驱动指令，对于输入继电器不能使用。

(3) OUT 指令可以多次并联使用，并行输出指令可多次使用(上例中，在 OUT M100 之后，接 OUT T0)。

(4) 对于定时器的计时器线圈或计数器的计数器线圈，使用 OUT 指令以后，必须设定常数 K。

2. 触点串联(AND/ANI)

触点串联的逻辑指令符号、名称、功能、电路表示和可用软元件、程序步如表 14-6 所示。

表 14 - 6　触点串联的逻辑指令

符号	名称	功　能	电路表示和可用软元件	程序步
AND	与	a 触点串联连接	X，Y，M，S，T，C	1
ANI	与非	b 触点串联连接	X，Y，M，S，T，C	1

触点串联的梯形图程序如图 14 - 6 所示。

触点串联的指令表程序如下：

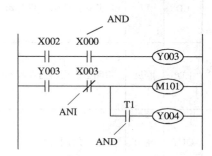

图 14 - 6　梯形图程序

```
0  LD   X002
1  AND  X000   ← 串联触点
2  OUT  Y003
3  LD   Y003
4  ANI  X003   ← 串联触点
5  OUT  M101
6  AND  T1     ← 串联触点
7  OUT  Y004   ← 纵接输出
```

说明：

（1）用 AND、ANI 指令可进行触点的串联连接。串联触点的个数没有限制，该指令可以多次重复使用。

（2）OUT 指令后，通过触点对其他线圈使用 OUT 指令称为纵接输出，如图 14 - 6 中的 Y004。对于这种纵接输出，如果顺序不错，可以多次重复。

（3）建议 1 行不超过 10 个触点和 1 个线圈，总共不要超过 24 行。

3. 触点并联(OR/ORI)

触点并联的逻辑指令符号、名称、功能、电路表示和可用软元件、程序步如表 14 - 7 所示。

表 14 - 7　触点并联的逻辑指令

符号	名称	功　能	电路表示和可用软元件	程序步
OR	或	a 触点并联连接	X，Y，M，S，T，C	1
ORI	或非	b 触点并联连接	X，Y，M，S，T，C	1

触点并联的梯形图程序如图14-7所示。

触点并联的指令表程序如下：

```
0   LD    X004
1   OR    X006   ← 并联连接
2   ORI   M102   ← 并联连接
3   OUT   Y005
4   LDI   Y005
5   AND   X007
6   OR    M103   ← 并联连接
7   ANI   X010
8   OR    M110   ← 并联连接
9   OUT   M103
```

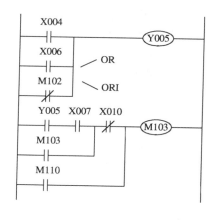

图14-7　梯形图程序

说明：

（1）OR、ORI 为一个触点的并联连接指令。连接两个以上的触点串联连接的电路块的并联连接时，要用后述的 ORB 指令。

（2）OR、ORI 指令从该指令的当前步开始，对前面的 LD、LDI 指令并联连接。并联连接无次数限制，但由于编程器和打印机的功能对此有限制，因此并联连接的次数实际上是有限制的（24行以下）。

4. 串联电路块的并联（ORB）

串联电路块的并联的逻辑指令符号、名称、功能、电路表示和可用软元件、程序步如表14-8所示。

表14-8　串联电路块的并联逻辑指令

符号	名称	功能	电路表示和可用软元件	程序步
ORB	电路块或	串联电路块的并联连接	软元件：无	1

串联电路块的并联的梯形图程序如图14-8所示。

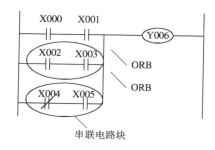

图14-8　梯形图程序

243

串联电路块的并联的指令表程序如下：

正确的编写程序

0	LD	X000
1	AND	X001
2	LD	X002
3	AND	X003
4	ORB	
5	LDI	X004
6	AND	X005
7	ORB	
8	OUT	Y006

不佳的编写程序

0	LD	X000
1	AND	X001
2	LD	X002
3	AND	X003
4	LDI	X004
5	AND	X005
6	ORB	
7	ORB	
8	OUT	Y006

说明：

(1) 两个以上的触点串联连接的电路称为串联电路块。串联电路块并联连接时，分支的开始用 LD、LDI 指令，分支的结束用 ORB 指令。

(2) ORB 指令与后述的 ANB 指令等均为无操作元件号的指令。

注意：

(1) 对每一电路块使用 ORB 指令，并联电路块数无限制。

(2) ORB 指令也可连续使用(见上述编写不佳的程序)，但重复使用 LD、LDI 指令的次数限制在 8 次以下。

5. 并联电路块的串联(ANB)

并联电路块的串联的逻辑指令符号、名称、功能、电路表示和可用软元件、程序步如表 14-9 所示。并联电路块的串联的梯形图程序如图 14-9 所示。

表 14-9 并联电路块的串联逻辑指令

符号	名称	功 能	电路表示和可用软元件	程序步
ANB	电路块与	并联电路块的串联连接	软元件：无	1

并联电路块的串联的指令表程序如下：

0	LD	X000	
1	OR	X001	
2	LD	X002	← 分支起点
3	AND	X003	
4	LDI	X004	← 分支起点
5	AND	X005	
6	ORB		← 并联电路块结束
7	OR	X006	← 并联电路块结束
8	ANB		← 与前面的电路串联
9	OR	X003	
10	OUT	Y007	

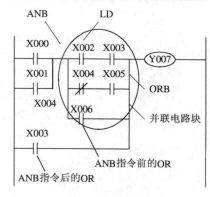

图 14-9 梯形图程序

244

说明：

（1）当分支电路并联电路块与前面电路串联连接时，使用 ANB 指令。分支的起始点用 LD、LDI 指令。并联电路块结束后，使用 ANB 指令与前面电路串联。

（2）若多个并联电路块顺次用 ANB 指令与前面电路串联连接，则 ANB 的使用次数没有限制。

（3）虽然可以连续使用 ANB 指令，但是与 ORB 指令一样，要注意 LD、LDI 指令的使用次数限制（8 次以下）。

6. 多重输出电路（MPS/MRD/MPP）

多重输出电路的逻辑指令符号、名称、功能、电路表示和可用软元件、程序步如表 14-10 所示。

表 14-10　多重输出电路逻辑指令

符号	名称	功　能	电路表示和可用软元件	程 序 步
MPS	进栈	进栈	MPS	1
MRD	读栈	读栈	MRD	1
MPP	出栈	出栈	MPP	1

这组指令可将连接点先存储，因此可用于连接后面的电路。

在 PLC 中，有 11 个存储运算中间结果的存储器，称之为栈存储器，其示意图如图 14-10 所示。

使用一次 MPS 指令，运算结果就推入该时刻栈的第一段。再次使用 MPS 指令，运算结果推入当时栈的第一段，入栈的数据依次向下一段推移。

使用 MPP 指令，各数据依次向上一段压移。最上一段的数据在读出后就从栈内消失。

MRD 是读出最上一段所存的最新数据的专用指令，栈存储器内的数据不发生移动。

图 14-10 所示的指令都是没有操作元件号的指令。

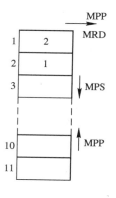

图 14-10　栈存储器示意图

多重输出电路指令的梯形图程序如图 14 - 11 所示。

多重输出电路的指令表程序如下：

18 LD   X004

19 MPS

20 AND   X005

21 OUT   Y002

22 MRD

23 AND   X006

24 OUT   Y003

25 MRD

26 OUT   Y004

27 MPP

28 AND   X007

29 OUT   Y005

30 END

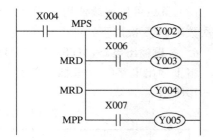

图 14 - 11　梯形图程序

说明：

（1）这项指令是进行如图 14 - 11 所示的分支多重输出电路编程用的方便指令。在对利用 MPS 指令得出的运算中间结果存储之后，驱动 Y002，用 MRD 指令将该存储读出，再驱动输出 Y003。

（2）MRD 可多次编程，但是由于打印机和图形编程器显示方面有限制，因此并联电路一般用在 24 行以下。

（3）最终输出电路以 MPP 指令取代 MRD 指令，从而可读出上述存储，同时复位。

（4）MPS 指令可以重复使用，MPS 指令与 MPP 指令的数量差额应少于 11，最终两者指令数要一样。

7. 主控指令（MC/MCR）

主控指令的符号、名称、功能、电路表示和可用软元件、程序步如表 14 - 11 所示。

表 14 - 11　主 控 指 令

符号	名称	功能	电路表示和可用软元件	程序步
MC	主控	主控电路块起点	⊣├─ MC　N　Y,M	3
MCR	主控复位	主控电路块起点	X001　M0　M1（扫描周期）	2

主控指令的梯形图程序如图 14 - 12 所示。

主控指令的指令表程序如下：

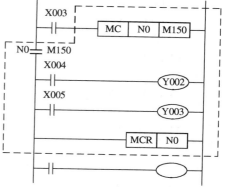

```
0   LD    X000
1   MC    N0
    SP    M000
4   LD    X001
5   OUT   Y000
6   LD    X002
7   OUT   Y001
8   MCR   N0        ←  2 步指令
```

←母线返回（N0 为嵌套级）。N：嵌套层数
（0～7）；SP：空格键。特殊辅助继电器不能用作
MC 的操作元件。

←在没有嵌套结构时，通用 N0 编程。N0 的
使用次数没有限制。有嵌套结构时，嵌套级 N 的
地址号增大，即 N0→N1…N6→N7。

说明：

（1）输入 X000 接通时，执行 MC 与 MCR 之
间的指令；输入 X000 断开时，元件状态如下：

保持当前状态的元件：积算定时器、计数器和
用 SET/RST 指令驱动的软元件。

断开的元件：非积算定时器和用 OUT 指令驱
动的元件。

（2）使用 MC 指令，母线（LD、LDI 点）移至
MC 触点之后，返回原来母线的指令是 MCR。

图 14－12 梯形图程序

（3）使用不同的 Y、M 元件号，可多次使用 MC 指令，但是，若用同一软元件号，则与
OUT 指令一样成为双线圈输出。

（4）在 MC 指令内再使用 MC 指令时，嵌套级 N 的编号就顺次增大（随程序顺序由小
到大）。返回时用 MCR 指令，从大的嵌套级开始解除（按程序顺序由大至小）。

注意：使用主控 MC 指令后必须要用 MCR 指令返回母线。

8. 置位与复位指令（SET/RST）

置位与复位指令的符号、名称、功能、电路表示和可用软元件、程序步如表 14－12
所示。

表 14－12 置位与复位指令

符号	名称	功　能	电路表示和可用软元件	程序步
SET	置位	令动作保持	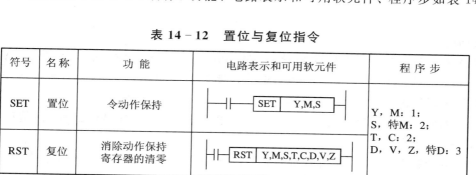	Y，M：1；S，特M：2；T，C：2；D，V，Z，特D：3
RST	复位	消除动作保持寄存器的清零		

247

置位与复位指令的梯形图程序如图 14－13 所示。

置位与复位指令的指令表程序如下：

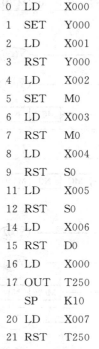

```
 0  LD    X000
 1  SET   Y000
 2  LD    X001
 3  RST   Y000
 4  LD    X002
 5  SET   M0
 6  LD    X003
 7  RST   M0
 8  LD    X004
 9  RST   S0
11  LD    X005
12  RST   S0
14  LD    X006
15  RST   D0
16  LD    X000
17  OUT   T250
    SP    K10
20  LD    X007
21  RST   T250
```

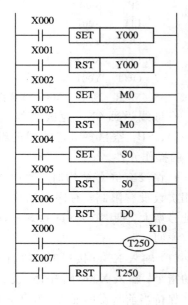

图 14－13　梯形图程序

置位与复位指令的时序图如图 14－14 所示。

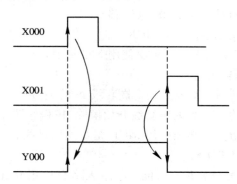

图 14－14　时序图

说明：

（1）在置位指令中，只要 X000 接通，Y000 就保持接通，即使 X000 再断开，Y000 依然保持接通。只要 X001 接通，Y000 就断开，即使 X001 再断开，Y000 也将保持断开。对于 M、S 也同样成立。

（2）对同一元件可以多次使用 SET、RST 指令，且使用顺序是任意的，但是只有最后执行的一条才有效。

（3）要使数据寄存器 D，变址寄存器 V、Z 的内容清零，也可使用 RST 指令（用常数为 K0 的传送指令也可得到同样的结果）。

9. 脉冲输出(PLS/PLF)

脉冲输出的逻辑指令符号、名称、功能、电路表示和可用软元件、程序步如表 14 - 13 所示。

表 14 - 13 脉冲输出指令

符号	名称	功 能	电路表示和可用软元件	程序步
PLS	上沿脉冲	上升沿微分脉冲	⊣├─[PLF │ Y,M] 除特M外	2
PLF	下沿脉冲	下降沿微分脉冲	⊣↓├─[PLF │ Y,M] 除特M外	2

脉冲输出指令的梯形图程序如图 14 - 15 所示。

脉冲输出的指令表程序如下:

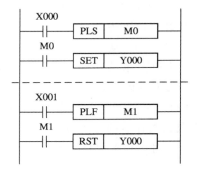

图 14 - 15 梯形图程序

```
0   LD    X000
1   PLS   M0      ←  2 步指令
2   LD    M0
3   SET   Y000
4   LD    X001
5   PLF   M1      ←  2 步指令
6   ORB
7   LD    M1
8   RST   Y000
```

脉冲输出指令的时序图如图 14 - 16 所示。

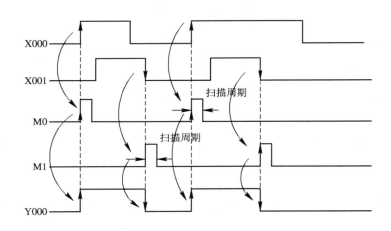

图 14 - 16 时序图

10. 计数器(OUT/RST)

计数器指令的符号、名称、功能、电路表示和可用软元件、程序步如表 14 - 14 所示。

表 14 - 14　计数器指令

符号	名称	功　能	电路表示和可用软元件	程　序　步
OUT	输出	计数器线圈的驱动 定时器线圈的驱动	──┤├──────（ C ）── K	32位计数器：5 16位计数器：3
RST	复位	输出触点的复位 当前值的清零	──┤├──[RST　　C]──	2

计数器指令的梯形图程序如图 14 - 17 所示。

说明：

（1）C0 对 X011 从 OFF 到 ON 的次数进行增计
数，但当它达到设定值 K10 时，输出触点 C0 动作，
以后即使 X011 从 OFF 到 ON，计数器的当前值不
变，输出触点依然动作。为了清除这些当前值，计数
器触点复位，此时，令 X010 为 ON。

（2）有必要在 OUT 指令后面指定常数 K 或间接
设定数据寄存器的地址号。

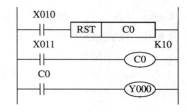

图 14 - 17　梯形图程序

（3）对于掉电保持用计数器，即使停电，它也能保持当前值以及输出触点的工作状态
或复位状态。

11. 空操作指令(NOP)

空操作指令的符号、名称、功能、电路表示和可用软元件、程序步如表 14 - 15 所示。

表 14 - 15　空操作指令

符号	名称	功　能	电路表示和可用软元件	程　序　步
NOP	空操作	无动作	──[NOP]── 软元件：无	1

空操作指令的梯形图程序如图 14 - 18 所示。

说明：

（1）程序若加入 NOP 指令，在改动或追加程序时，则可以减少步序号的改变。另外，
用 NOP 指令替换已写入的指令，也可改变电路。

（2）若将 LD、LDI、ANB、ORB 等指令换成 NOP 指令，则电路构成将有较大幅度的
变化，需注意。

（3）执行程序全清除操作后，指令将都变成 NOP。

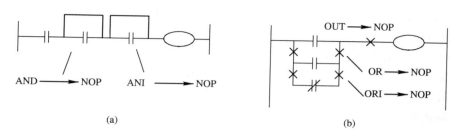

(a)

(b)

图 14-18 梯形图程序

（a）触点的短路；（b）电路的切断

12. 程序结束（END）

程序结束指令的符号、名称、功能、电路表示和可用软元件、程序步如表 14-16 所示。

表 14-16 程序结束指令

符 号	名 称	功 能	电路表示和可用软元件	程序步
END	结束	输入/输出处理 程序回到0步	END 软元件：无	1

可编程控制器反复进行输入处理→程序执行→输出处理。若在程序的最后写入 END 指令，则 END 以后的其余程序步不再执行，而直接进行输出处理。在程序中，若没有 END 指令，则可处理到最终的程序步。在调试期间，各程序段插入 END 指令可依次检测出各程序段的动作是否有误。在确认前面电路块的动作正确无误之后，依次删去 END 指令，如图 14-19 所示。注意：在执行 END 指令时，要刷新监视定时器（Watchdog timer）。

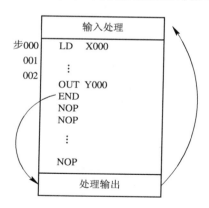

图 14-19　程序执行示意图

14.3　可编程控制器控制系统的设计步骤

可编程控制器控制系统的设计步骤一般如下：

（1）根据被控对象的控制要求，确定整个系统的输入/输出设备的数量，从而确定 PLC

的 I/O 点数，包括开关量 I/O、模拟量 I/O 以及特殊功能模块等。

（2）充分估计被控制对象和以后发展的需要，所选 PLC 的 I/O 点数应留有一定的余量。

（3）确定选用的 PLC 机型。

（4）建立 I/O 地址分配表，绘制 PLC 控制系统的输入/输出硬件接线图。

（5）根据控制要求绘制用户程序流程图。

（6）编制用户程序，并将用户程序装入 PLC 的用户程序存储器。

（7）离线调试用户程序。

（8）进行现场联机调试用户程序。

（9）编制技术文件。

14.4　气动自动控制系统设计举例

【例 14-1】　A、B、C 三个气缸的气动控制回路和运动—步骤图如图 14-20 和图 14-21所示，假设三个气缸均采用单电控电磁阀控制，试利用 PLC 控制其动作。

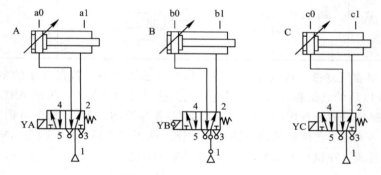

图 14-20　气动控制回路

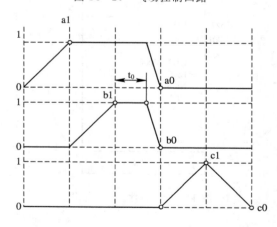

图 14-21　运动—步骤图

系统设计步骤如下：

（1）列出输入/输出元件和辅助继电器。

输入元件：三个缸的非接触式行程开关 a0、a1、b0、b1、c0、c1；

主令元件：启动按钮 PB1，停止按钮 PB2；

输出元件：控制气缸的电磁阀 YA、YB、YC；

辅助继电器：M0、M1；

定时器：T0。

本系统共有 8 个输入点和 3 个输出点。

（2）选用可编程控制器。

根据本系统的 I/O 点数要求，选用 $FX_{2N}-16M$ 微型可编程控制器。其输入点数为 8，输出点数为 8。

（3）列出 I/O 地址分配表。

建立 I/O 地址分配表，见表 14-17。

表 14-17   I/O 地址分配表

I/O 地址	符　号	说　明	I/O 地址	符　号	说　明
X000	a0	气缸 A 退回位置	Y000	YA	控制气缸 A 伸出
X001	a1	气缸 A 伸出位置	Y001	YB	控制气缸 B 伸出
X002	b0	气缸 B 退回位置	Y002	YC	控制气缸 C 伸出
X003	b1	气缸 B 伸出位置			
X004	c0	气缸 C 退回位置			
X005	c1	气缸 C 伸出位置			
X006	PB1	启动开关			
X007	PB2	停止开关			

（4）编写 PLC 梯形图程序，如图 14-22 所示。

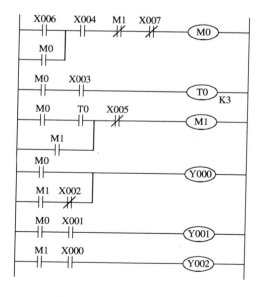

图 14-22   PLC 梯形图程序

（5）绘制出 PLC 硬件接线图，如图 14-23 所示。

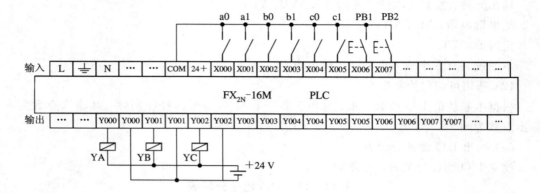

图 14-23 PLC 硬件接线图

思考题与习题

14-1 列出几种你所知道的 PLC 的类型。

14-2 可编程控制器的主要构成是什么？

14-3 什么是 PLC 的扫描周期？

14-4 简述使用 PLC 设计电路的步骤。

14-5 说明应用 PLC 的电路与传统电路的异同。

附录 常用液压与气动元件图形符号

(GB/T 786.1—2021/ISO 1219-1:2012)

表1 图形符号的基本要素和管路连接

图 形	描 述	图 形	描 述
	供油/气管路，回油/气管路，元件框线和符号框线		软管总成
	内部和外部先导(控制)管路，泄油管路，冲洗管路，排气管路		两条管路交叉没有交点，说明他们之间没有连接
	两条管路的连接应标出连接点		组合元件框线
	三通旋转接头		快换接头(不带有单向阀，断开状态)
	快换接头(带有一个单向阀，断开状态)		快换接头(带有两个单向阀，断开状态)
	快换接头(不带有单向阀，连接状态)		快换接头(带有一个单向阀，连接状态)
	快换接头(带有两个单向阀，连接状态)		端口(油/气)口

表 2　泵、马达和缸

图　形	描　述	图　形	描　述
	变量泵(顺时针单向旋转)		变量泵(双向流动,带有外泄油路,顺时针单向旋转)
	变量泵/马达(双向流动,带有外泄油路,双向旋转)		定量泵/马达(顺时针单向旋转)
	摆动执行器/旋转驱动装置(带有限制旋转角度功能,双作用)		手动泵(限制旋转角度,手柄控制)
	空气压缩机		气马达
	摆动执行器/旋转驱动装置(带有限制旋转角度功能,双作用)		真空泵
	气马达(双向流通,固定排量,双向旋转)		摆动执行器/旋转驱动装置(单作用)
	单作用单杆缸(靠弹簧力返回行程,弹簧腔带连接口)		双作用单杆缸
	双作用双杆缸(活塞杆直径不同,双侧缓冲,右侧带调节)		单作用柱塞缸
	单作用多级缸		双作用多级缸
	双作用带状式无杆缸(活塞两端带终点位置缓冲)		双作用缆索式无杆缸(活塞两端带可调节终点位置缓冲)
	双作用磁性无杆缸(仅右手终端带有位置开关)		双作用双杆缸(左终点带内部限位开关,内部机械控制;右终点带外部限位开关,由活塞杆触发)
	单作用压力介质转换器,将气体压力转换为等值的液体压力,反之亦然	p1　　p2	单作用增压器(将气体压力 p1 转换为更高的液体压力 p2)

表 3　控 制 机 构

图　形	描　述	图　形	描　述
	带有定位的推/拉控制机构		带有手动越权锁定的控制机构
	带有可调行程限位的推杆		用于单向行程控制的滚轮杠杆
	带有一个线圈的电磁铁(动作指向阀芯)		带有一个线圈的电磁铁(动作背离阀芯)
	带有两个线圈的电气控制装置(一个动作指向阀芯,另一个动作背离阀芯)		带有一个线圈的电磁铁(动作指向阀芯,连续控制)
	带有一个线圈的电磁铁(动作背离阀芯,连续控制)		带两个线圈的电气控制装置(一个动作指向阀芯,另一个动作背离阀芯,连续控制)
	外部供油的电液先导控制机构		电控气动先导控制机构

表 4　控 制 元 件

图　形	描　述	图　形	描　述
	二位二通方向控制阀(双向流动,推压控制,弹簧复位,常闭)		二位二通方向控制阀(电磁铁控制,弹簧复位,常开)
	二位三通方向控制阀(单向行程的滚轮杠杆控制,弹簧复位)		二位三通方向控制阀(单电磁铁控制,弹簧复位)
	二位四通方向控制阀(单电磁铁控制,弹簧复位,手动越权锁定)		二位四通方向控制阀(电液先导控制,弹簧复位)

图　形	描　述	图　形	描　述
	三位四通方向控制阀(电液先导控制，先导级电气控制，主级液压控制，先导级和主级弹簧对中，外部先导供油，外部先导回油)		三位四通方向控制阀(双电磁铁控制，弹簧对中，不同中位机能的类别)
	二位五通方向控制阀(踏板控制)		比例方向控制阀(直动式)
	三位五通方向控制阀(手柄控制，带有定位机构)		溢流阀(直动式，开启压力由弹簧调节)
	顺序阀(直动式，手动调节设定值)		顺序阀(外部控制)
	电磁溢流阀(由先导式溢流阀与电磁换向阀组成，通电建立压力，断电卸荷)		顺序阀(带有旁通单向阀)
	二通减压阀(直动式，外泄型)		二通减压阀(先导式，外泄型)
	流量控制阀(带有滚轮连杆控制，弹簧复位)		三通减压阀(超过设定压力时，通向油箱的出口开启)

图　形	描　述	图　形	描　述
	节流阀		单向节流阀
	单向阀(只能在一个方向自由流动)		单向阀(带有弹簧,只能在一个方向自由流动,常闭)
	液控单向阀(带有弹簧,先导压力控制,双向流动)		双液(气)控单向阀
	梭阀(逻辑为"或",压力高的入口自动与出口接通)		双压阀(逻辑为"与",两进气口同时有压力时,低压力输出)
	脉冲计数器(带有气动输出信号)		二位三通方向控制阀(差动先导控制)
	二位三通方向控制阀(气动先导和扭力杆控制,弹簧复位)		减压阀(内部流向可逆)
	二位五通气动方向控制阀(先导式压电控制,气压复位)		二位五通方向控制阀(单电磁铁控制,外部先导供气,手动辅助控制,弹簧复位)
	二位五通直动式气动方向控制阀(机械弹簧与气压复位)		三位五通直动式气动方向控制阀(弹簧对中,中位时两出口都排气)
	延时控制气动阀(其入口接入一个系统,使得气体低速流入直至达到预设压力才使阀口全开)		快速排气阀(带消音器)

表 5 附 件

图 形	描 述	图 形	描 述
	压力表		压差计
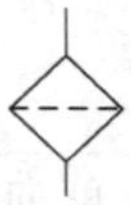	过滤器	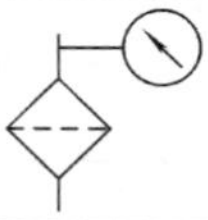	带有压力表的过滤器
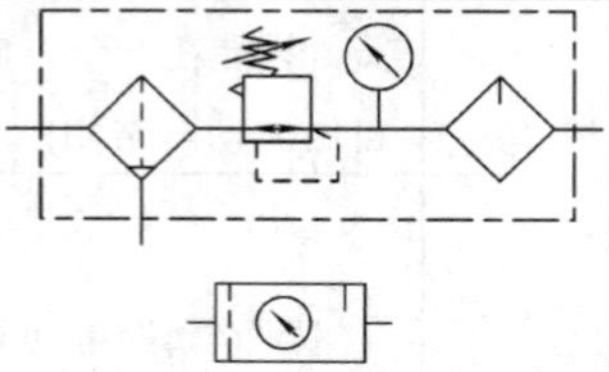	气源处理装置(包括手动排水过滤器,手动调节式溢流调压阀、压力表和油雾器) 上图为详细示意图,下图为简化图	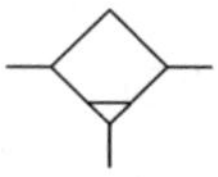	手动排水分离器
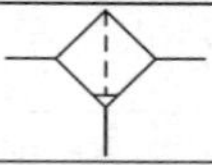	带有手动排水分离器的过滤器		自动排水分离器
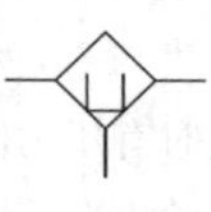	吸附式过滤器	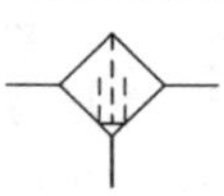	油雾分离器
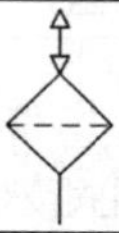	通气过滤器	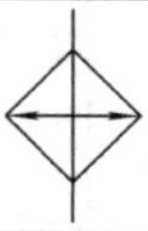	不带冷却方式指示的冷却器
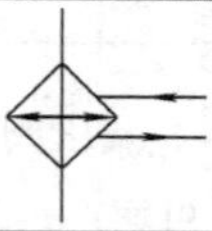	采用液体冷却的冷却器		加热器
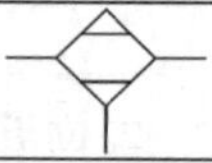	空气干燥器	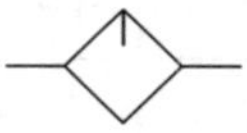	油雾器
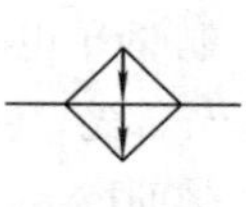	温度调节器	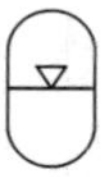	隔膜式蓄能器
	囊式蓄能器	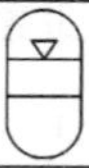	活塞式蓄能器
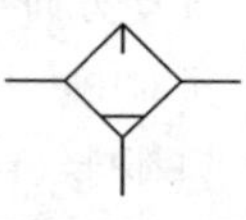	手动排水式油雾器	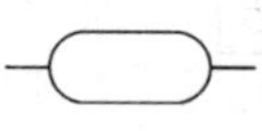	气罐
	气瓶		润滑点
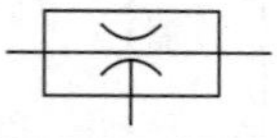	真空发生器		吸盘

参 考 文 献

［1］ SMC 中国有限公司. 现代实用气动技术. 北京：机械工业出版社，1998.
［2］ 周洪. 气动自动化系统优化设计. 上海：上海科学技术文献出版社，2000.
［3］ 左健民. 液压与气压传动. 北京：机械工业出版社，2000.
［4］ FESTO. TP101 气动基础教程.
［5］ FESTO. TP201 电气动基础教程.
［6］ 章宏甲. 液压与气压传动. 北京：机械工业出版社，2001.
［7］ 许福玲，陈尧明. 液压与气压传动. 北京：机械工业出版社，1996.
［8］ 劳动部培训司. 液压传动. 北京：中国劳动出版社，2000.
［9］ 吕淮熏，黄胜铭. 气液压学. 台北：高立图书有限公司，1998.
［10］ 张群生. 液压与气压传动. 北京：机械工业出版社，2002.
［11］ 屈圭. 液压与气压传动. 北京：机械工业出版社，2002.
［12］ 三菱机电. FX_{2N} 系列可编程控制器编程使用说明书.